科学出版社"十三五"普通高等教育本科规划教材
"十二五"普通高等教育本科国家级规划教材
普通高等教育"十一五"国家级规划教材

植物学实验与技术

（第二版）

金银根　何金铃　主编

科学出版社

北　京

内 容 简 介

本书包括植物形态学、结构植物学实验与技术和植物系统分类学实验与技术。主要介绍植物个体发育过程中的形态结构，植物界的系统发育与进化，不同植物类群及典型而有代表性的科、属、种的识别特征。此外，还介绍了研究和获取相关知识所必需的实验技术与方法等。强调植物外部形态、内部结构、功能与环境间的相互关系和统一性，着力培养学生的认知能力、观察分析能力、实践操作能力和科学探究能力。

本书可作为高等农林院校大农学类各专业、师范院校和综合性大学生物类等专业的本科教材，也可作为相关专业研究生培养的参考用书。

图书在版编目（CIP）数据

植物学实验与技术 / 金银根，何金铃主编. —2 版. —北京：科学出版社，2016

科学出版社"十三五"普通高等教育本科规划教材　"十二五"普通高等教育本科国家级规划教材　普通高等教育"十一五"国家级规划教材

ISBN 978-7-03-049754-3

Ⅰ.①植… Ⅱ.①金… ②何… Ⅲ.①植物学-实验-高等学校-教材　Ⅳ.① Q94-33

中国版本图书馆 CIP 数据核字（2016）第 199929 号

责任编辑：王玉时 / 责任校对：郑金红
责任印制：赵　博 / 封面设计：铭轩堂

科 学 出 版 社 出版
北京东黄城根北街16号
邮政编码：100717
http://www.sciencep.com

北京市金木堂数码科技有限公司印刷
科学出版社发行　各地新华书店经销

*

2007 年 8 月第 一 版　　开本：787×1092　1/16
2017 年 1 月第 二 版　　印张：11 1/2
2025 年 1 月第九次印刷　字数：273 000

定价：39.80 元
（如有印装质量问题，我社负责调换）

《植物学实验与技术》（第二版）编写委员会

主　　编　金银根　何金铃

副 主 编　丁雨龙　王庆亚　王俊玲　王艳辉
　　　　　　甘小洪　尚富德　季祥彪　蒯本科

编写人员（按姓氏汉语拼音排序）

曹宏哲（河北农业大学）　　聂江力（天津农学院）
程海涛（佳木斯大学）　　　尚富德（河南大学）
丁雨龙（南京林业大学）　　申　珅（河北农业大学）
董美芳（河南大学）　　　　田胜尼（安徽农业大学）
甘小洪（西华师范大学）　　王俊玲（河北农业大学）
关　萍（贵州大学）　　　　王庆亚（南京农业大学）
华鹤良（扬州大学）　　　　王艳辉（河北农业大学）
何金铃（安徽农业大学）　　魏　健（河北农业大学）
贺　晓（内蒙古农业大学）　吴晓霞（扬州大学）
季祥彪（贵州大学）　　　　叶爱华（安徽农业大学）
金银根（扬州大学）　　　　袁　艺（安徽农业大学）
景望春（西华师范大学）　　张巍巍（河北农业大学）
蒯本科（复旦大学）　　　　赵书岗（河北农业大学）
蓝登明（内蒙古农业大学）　朱　丹（黑龙江八一农垦大学）
骆　乐（扬州大学）

图片绘制与制作　金银根　何金铃

第二版前言

本书是学习和探究植物学知识、培养植物学科学素养和学好相关学科必备的基础教材之一。本书旨在以学生为主体、教师为主导，开展层次性、个性化实验和实践教学，促进学生动手、动脑、自主学习与合作学习，培养和提高其科学思维、创新意识和创新能力。

本书注重知识的系统性，力求做到编排合理、层次清晰、概念准确、举例典型，体现针对性、实用性、多样性和先进性。全书图文并茂，内容与方法指导具体明晰，操作性强，利于教和学。

本书内容兼顾不同专业对植物学知识、创新型人才培养的需求和大学一年级学生的认知与思维能力，帮助学生理解植物个体发育的形态结构特征，以及植物界不同类群、不同种类植物识别与分类的方法，强化获取相关知识和能力所必需的实验、实践方法与技能。

实验内容模块分设基础性实验、综合性实验和设计与探究性实验三个层次，可帮助学生进一步理解和消化学科知识，树立理论源于实践的科学思想，激发学生的求知欲，提高学生的综合思辨能力，对培养学生发现问题、分析问题和解决问题等方面有很好的作用。

本书第一版自2007年8月出版使用以来，受到使用者的广泛好评。这次修订得益于同仁们的关心和支持，对内容、图片和附录等进行了精简，使其更加精准、切实可行。教材中有许多知识点和实验技术等可通过二维码标识或直接进入科学出版社中科云教育平台（http://www.coursegate.cn/cms）进一步阅读、学习和训练，更加适应现代化教育教学需求，满足学生个性化学习、实时学习、动态学习和反复学习的需要，有利于学生视听结合、学思结合、知智能协同发展和提高。

本次教材的修订出版，得到了扬州大学教材出版基金和江苏省高校品牌专业（农学）建设工程一期项目（PPZY2015A060）资助。扬州大学教务处张清教授、扬州大学农学院刘巧泉教授，以及夏于琴和金明蔚等对教材的编写出版给予了极大的支持，在此深表谢意。同时，也诚挚地感谢扬州大学和所有参加、关心、支持与帮助本教材修订出版的其他高校及科学出版社等的各有关同志。

由于编者水平有限，教材中的不完善和疏漏之处在所难免，恳请赐教，以便改进和提高。

扬州大学　金银根
2016年4月

第一版前言

植物学实验与技术是学习和探究植物学知识、培养植物学科学素养必备的基础。

以实验教学为载体，以培育和提高学生的自主学习、创新意识与创新能力为目标，以学生为主体、以教师为主导，开展层次性、个性化实验教学是现阶段植物学课程教学改革的主旨之一。因此，要提高教学质量和教学效果，教师应转变教育观念，明确新的教学目标，充分运用现代教育手段和方法，倡导反思性教学方法，促进学生动手动脑，培养学生科学思维能力和实践创新精神，变"要我学"为"我要学"。

《植物学实验与技术》教材兼顾不同专业对植物学知识、创新型人才培养的需求和大学一年级学生的认知与思维能力，努力帮助学生理解植物个体发育的形态结构特征、植物界不同类群、不同种类植物识别与分类的方法，以及获取相关知识和能力所必需的实验技能。教材按知识模块将实验内容分设为验证性实验、综合性实验和设计性或探究性实验三个层次。验证性实验，能帮助学生进一步理解和消化课本知识，树立理论源于实践的科学思想。综合性实验可有效地激发学生的求知欲，提高学生的综合思辨能力。设计性或探究性实验能有效培养学生发现问题、分析问题和解决问题的能力，更有利于培养学生自主性和创新性学习，提高学生内化知识的能力和科学素养。

验证性实验是基础性必做实验，虽然内容面广量大，且在传统教学模式下要花费较多的时间和精力，但随着数字化互动教学系统的推广应用，验证性实验内容可更加准确、真实和快捷地完成。学生和教师都可以节省出较多的时间和精力去做一些更复杂、要求更高的实验。综合性实验是提高性实验，需要对相关知识综合理解和灵活运用，需要多种实验保障条件组合应用，同时对教师和学生的能力也有较高的要求。设计性或探究性实验是能力型实验，是对未知问题的探究过程，对知识量的要求、对试验保障系统的要求、对教师和学生的要求都将更高、更严，但其过程和结果却更有意义。因此，各高校可根据自身专业设计的特点、教学要求、学时数和学生的志趣，在完成验证性内容的基础上，选择、改进或增减综合性和探究性实验内容。提倡运用反思性教学法进行植物学的综合性、设计性或探究性的实验教学。

反思性实验教学：第一，"依据内容，明确问题"。学生在对每次实验内容充分预习与复习、掌握实验内容所及的基础知识，了解实验的材料、条件、步骤等的基础上，教师启发引导学生对实验内容、条件、要求和可能的结果进行不同层次的反思：实验材料是否唯一性，改用其他材料或改变实验条件结果有何不同，同种（或不同种）植物在同一（或不同）条件的影响下其结果又将如何，等等，进而设计出一个个子课题供学生选择。

第二，"围绕问题，确定目标"。在教师的指导下，学生根据反思的问题，自行选定探究课题，自主设计和实施探究方案，并对结果进行预测，对可能出现的变化准备对策。

第三，"设计方案，撰写计划"。针对要探究的问题，根据实验室条件和学生的能力，采用大组协作、小组分工的形式，让学生对实验材料和实验条件等进行组合、自行设计，提出假设和探究方案。探究方案包括探究目的、探究重点和难点、探究的材料用品与用具、探究的方法与步骤以及探究过程中的注意事项等。

第四,"实施探究方案,开展探究活动"。根据学生的意愿,将不同的子课题分配到各小组实施。其中一个小组进行验证性实验,以便与探究性实验进行比照,其他各小组则分别选择不同材料或不同处理条件进行探究性实验。根据实验设计,逐一观察记录探究过程和结果,然后进行大组交流和总结,完成实验报告。

第五,"大组讨论,全班交流"。同学们在大组内交流和讨论实验中得出的结论和体会,在形成一致意见的基础上,全班交流讨论,教师在明确学生怎样学、学会了什么、存在哪些不足应做哪些提高的基础上,认真总结、提出指导性意见和建议,布置作业。实验报告的内容包括实验课题、实验目的、材料用具、设计思路、设计方案、实验结论以及感悟等。

实践证明,探究性实验教学不仅能帮助学生了解从事植物科学问题探究的一般过程、技术方法和步骤,培养学生的科学素养和团队精神,提高学生学习的主动性、积极性,提高教学效果,而且能培养学生的创新思维能力、科学探究能力和实践创新能力,提高学生科学素养。同时,也能促进教师不断深入研究教学中的新问题,把自己锻炼成学者型教师,真正实现教学相长。

本教材注重知识的系统性,力求做到编排合理、层次清晰、概念准确、举例典型。体现针对性、实用性、多样性和先进性。语言表述力求规范通畅,增强可读性。全书图文并茂,内容与方法指导具体明确,可操作性强,更利于教学。

教材的编写分工主要是:第一篇(金银根、季祥彪、赵锦、王艳辉、何金铃、袁艺、燕玲、田秀英、刘伟元等),第二篇(金银根、丁雨龙、方炎明、孙炳耀、尚富德、甘小洪、景望春、陈之焕、邓蕾),第三篇(金银根、蒯本科、高红明、吴晓霞、甘小洪、何井瑞),附录(金银根、甘小洪、赵锦、王明辉)。全书由金银根负责统稿。

教材的编写出版,得到了中国科学院植物研究所徐克学研究员、华东师范大学马炜梁教授、南京师范大学施国新教授、丁小余教授的热情支持和帮助,得到了江苏省精品教材建设基金和扬州大学教材出版基金的大力资助。扬州大学副校长刘超教授、焦新安教授、扬州大学纪委书记严华海老师、扬州大学教务处顾松明教授、扬州大学生物科学与技术学院院长梁建生教授、副院长魏万红教授、生物工程系副主任淮虎银副教授、实验中心张彪高级实验师以及崔月花、夏于琴和金明蔚等对教材的编写出版均给予了大力支持。谨此,衷心感谢各位专家、教授对本教材的编写出版所给予的关心、支持和帮助。也诚挚地感谢江苏省教育厅、扬州大学和所有参加、关心、支持与帮助本教材编写出版的其他所有高校和科学出版社等的各有关部门的同志们。

由于时间短、任务紧迫,加之编者水平有限,教材中的不完善和疏漏之处在所难免,恳请使用者赐教,以便改进和提高。

扬州大学 金银根
2007年6月

植物学实验室规则

植物学实验是学生内化、综合、构建和探究植物学知识的重要平台。植物学实验教学有助于学生学习和掌握有关植物的形态和结构观察与研究的基本技术、方法和技能，培养独立思考和辩证唯物主义的思想方法，以及严肃认真的科学态度和实事求是的工作作风。植物学实验室是开展植物学实验教学和科学研究的场所，进入实验室后必须严格遵守下列规则。

一、充分准备，有备而进

每次实验前，每位学生必须认真复习与本次实验内容有关的知识，预习本次实验的目的要求、内容与方法，准备好实验报告纸及必要的用品、用具（如铅笔、橡皮、直尺等）。研究性学习或自主探究性实验还必须在教师的指导下准备好所需要的相关仪器、设备、材料和药品等。

二、认真实验，遵守纪律

学生应提前进入实验室，不得迟到、早退和无故缺席；进入实验室后按照指定位置就坐；实验开始前，应先检查实验器材和材料是否齐全，如有缺损，及时报告老师请求补发或调换，不得任意到其他桌上拿取；实验过程中，学生应根据实验教材和教师的指导严肃认真地开展实验，严格遵守实验操作步骤和仪器操作规范，独立操作、细心观察和认真比较分析实验现象，如实做好实验记录。遇有难以解决的问题，应积极思考、主动请教指导老师。认真完成并按时呈交实验报告，实验报告书写要求简明扼要、条理清楚。

严禁在实验室内大声喧哗、打闹和从事与实验无关的任何活动；实验结束后，应将实验仪器设备、用品用具清理干净、清点数量后整齐地放回原处，妥为保存。经指导老师许可后方可离开。

三、爱护公物，厉行节约

学生应自觉爱护实验室的所有设备、器具。实验过程中，应严格按照仪器设备的操作规程进行操作，并做好仪器设备使用记录；实验过程中如有仪器设备损坏或出现故障，应及时登记并报告指导老师，以便及时处理；严禁故意损毁器具；严禁私自调换仪器；严禁擅自将实验室内的用具和物品带出实验室；实验器材如有损毁及丢失，教师应根据具体情况处置赔偿责任。在保证实验正常进行的情况下应尽可能节约使用水、电和易耗品（如纱布、擦镜纸、滤纸、染料、试剂、盖玻片和实验材料等）。

四、注意安全，讲究卫生

实验过程中要保持实验室清洁整齐，不得在实验室吸烟、吃东西，严禁随地吐痰，实验器材和用具要保持清洁、摆放整齐，带到实验室的书包、衣帽、雨伞等非实验用物应按指定位置有序摆放。节约用水、正确用电，谨慎使用易爆、易燃、有腐蚀、有毒危险物品及刀片等锋利器具，注意安全防范，严防一切事故的发生。每次实验完毕，学生分组轮流值日，搞好清洁卫生工作；最后离开实验室的同学要确保水、电、门、窗等关闭严实。

目 录

第二版前言

第一版前言

植物学实验室规则

第一篇 种子植物的形态与结构

第一章 植物细胞与组织················3

实验一 植物细胞················3
一、目的与要求················3
二、材料与器具················3
三、内容与方法················4
四、作业················5

实验二 植物组织和组织系统················6
一、目的与要求················6
二、材料与器具················6
三、内容与方法················6
四、作业················14

综合·设计·探索················14
旱生与水生植物根或茎组织结构差异比较观察················14

第二章 种子植物营养器官的形态和结构················16

实验三 根的形态和结构（一）················16
一、目的与要求················16
二、材料与器具················16
三、内容与方法················16
四、作业················22

实验四 根的形态和结构（二）················22
一、目的与要求················22
二、材料与器具················22
三、内容与方法················22
四、作业················24

实验五　茎的形态与结构（一） ··· 24
　　一、目的与要求 ··· 24
　　二、材料与器具 ··· 24
　　三、内容与方法 ··· 25
　　四、作业 ··· 29
实验六　茎的形态与结构（二） ··· 30
　　一、目的与要求 ··· 30
　　二、材料与器具 ··· 30
　　三、内容与方法 ··· 30
　　四、作业 ··· 32
实验七　叶的形态与结构 ·· 33
　　一、目的与要求 ··· 33
　　二、材料与器具 ··· 33
　　三、内容与方法 ··· 33
　　四、作业 ··· 37
实验八　营养器官的变态 ·· 37
　　一、目的与要求 ··· 38
　　二、仪器与器具 ··· 38
　　三、内容与方法 ··· 38
　　四、作业 ··· 38
综合·设计·探索 ··· 39
　　一、目的与要求 ··· 39
　　二、材料与器具 ··· 39
　　三、内容与方法 ··· 39
　　四、作业 ··· 40

第三章　被子植物生殖器官的形态和结构 ································ 41

实验九　花的组成与结构 ·· 41
　　一、目的与要求 ··· 41
　　二、材料与器具 ··· 41
　　三、内容与方法 ··· 41
　　四、作业 ··· 42
实验十　雄蕊与雌蕊的发育和结构 ··· 42
　　一、目的与要求 ··· 42
　　二、材料与器具 ··· 42
　　三、内容与方法 ··· 43
　　四、作业 ··· 45
实验十一　种子与果实的发育和结构 ·· 46

一、目的与要求 46
　　二、材料与器具 46
　　三、内容与方法 47
　　四、作业 53
　综合·设计·探索 54
　　一、花芽分化各时期与外部形态特征的对应关系探讨 54
　　二、花芽不同发育时期雄蕊与雌蕊在结构上发育的对应关系观察 54
　　三、不同植物的雌蕊形态与结构特征差异观察 55

第二篇　植物界的类群与特征

第四章　植物界的基本类群特征与分类识别 59
　实验十二　低等植物类群与代表植物 59
　　一、目的与要求 59
　　二、材料与器具 59
　　三、内容与方法 60
　　四、作业 62
　实验十三　高等植物类群与代表植物 62
　　一、目的与要求 62
　　二、材料与器具 63
　　三、内容与方法 63
　　四、作业 67
　综合·设计·探索 67
　　一、调查与鉴别不同水质中的藻类植物 67
　　二、常见真菌的培养、分离与鉴定（根据专业特点选做） 69

第五章　被子植物主要分科概述 71
　实验十四　被子植物分类的形态学基础 71
　　一、目的与要求 71
　　二、材料与器具 71
　　三、内容与方法 71
　实验十五　双子叶植物纲 81
　　一、目的与要求 81
　　二、材料与器具 81
　　三、内容与方法 81
　　四、作业 96
　实验十六　单子叶植物纲 96
　　一、目的与要求 96
　　二、材料与器具 97

三、内容与方法 ……………………………………………………………… 97
　　四、作业 …………………………………………………………………… 104
综合·设计·探索 …………………………………………………………………… 105
　　一、利用检索表鉴定一定区域内的常见植物 …………………………… 105
　　二、对校园常见植物进行特征描述，并编制其检索表 ………………… 106

第三篇　植物形态结构观察和植物分类识别的一般技术

第六章　显微镜与数码显微互动教学系统 ……………………………………… 111
第一节　生物显微镜 ………………………………………………………… 111
　　一、光学显微镜的构造和使用 …………………………………………… 111
　　二、暗视野显微镜 ………………………………………………………… 115
　　三、荧光显微镜 …………………………………………………………… 116
第二节　体视显微镜 ………………………………………………………… 117
　　一、体视显微镜的一般构造 ……………………………………………… 117
　　二、体视显微镜的使用 …………………………………………………… 117
第三节　数码显微互动教学系统 …………………………………………… 118
　　一、数码显微互动系统的构成 …………………………………………… 118
　　二、数码显微互动系统的主要功能 ……………………………………… 119
　　三、数码显微互动实验教学程序 ………………………………………… 119

第七章　常用的植物切制片技术 ………………………………………………… 121
第一节　徒手切片法 ………………………………………………………… 121
　　一、器具与药品 …………………………………………………………… 121
　　二、徒手切片的步骤 ……………………………………………………… 121
第二节　冰冻切片法 ………………………………………………………… 123
　　一、器具与药品 …………………………………………………………… 123
　　二、冰冻切片的步骤 ……………………………………………………… 123
第三节　涂压制片法 ………………………………………………………… 123
　　一、器具与药品 …………………………………………………………… 124
　　二、涂压制片的步骤 ……………………………………………………… 124
第四节　离析制片法 ………………………………………………………… 125
　　一、器具与药品 …………………………………………………………… 125
　　二、离析制片的步骤 ……………………………………………………… 125
第五节　装片法 ……………………………………………………………… 126
　　一、器具与药剂 …………………………………………………………… 126
　　二、装片法的步骤 ………………………………………………………… 126
第六节　石蜡切片法 ………………………………………………………… 127

第八章　植物图片的绘制与数码拍摄 ……………………………………………………… 128
第一节　植物图片的绘制 ………………………………………………………………… 128
一、绘图的要求与技巧 ………………………………………………………………… 128
二、植物形态结构图绘制 ……………………………………………………………… 129
第二节　植物数码摄影技术 ……………………………………………………………… 131
一、植物显微结构图片的拍摄 ………………………………………………………… 132
二、植物形态图片的数码拍摄 ………………………………………………………… 134

第九章　植物标本的制作技术 …………………………………………………………… 135
第一节　植物材料的采集与腊叶标本的制作 …………………………………………… 135
一、采集工具 …………………………………………………………………………… 135
二、采集方法 …………………………………………………………………………… 135
三、腊叶标本的制作 …………………………………………………………………… 137
第二节　植物浸渍标本的制作 …………………………………………………………… 138
一、植物防腐浸渍标本的制作 ………………………………………………………… 138
二、植物原色浸渍标本的制作 ………………………………………………………… 138

参考文献 …………………………………………………………………………………… 140

附录 ………………………………………………………………………………………… 141
附录1　种子植物常见科的识别要点与代表植物 ……………………………………… 141
附录2　种子植物分科检索表 …………………………………………………………… 149
附录3　野外实习须知 …………………………………………………………………… 168

第一篇　种子植物的形态与结构

第一章　植物细胞与组织

　　植物细胞的结构包括细胞壁和原生质体两部分。在光学显微镜下，细胞壁具有层次性，包括胞间层、初生壁和次生壁。细胞壁上有初生纹孔场、纹孔和胞间连丝，它们是细胞间物质、信息和能量交换的通道。原生质体由细胞膜、细胞质和细胞核组成。在光学显微镜下，原生质体内的细胞核（包括核仁、染色质或染色体）、液泡、质体（包括白色体、有色体和叶绿体）和细胞的后含物等清晰可见，线粒体则经特定的染色处理才能观察到。细胞的其他结构，如细胞质膜、胞基质、内质网、高尔基体、微体、圆球体、溶酶体，以及微管、微丝等细胞器，或质体、线粒体、细胞核等的更细微结构则只能在电子显微镜下放大几千倍甚至数万倍才能观察清楚。观察细胞的结构，对了解组织的类型、发育时期和与环境的关系很有意义。观察和识别细胞的后含物对认识组织的特性、鉴别所在器官的特征和区别不同物种及其品质也有很高价值。

　　组织是由同类或不同类型细胞组合而成的结构单位。不同类型的组织在体内的分布位置、形态结构和功能不同。学习和掌握组织的发育特性，组织与组织间的区别和联系，组织的分布、特征和功能，以及组织的形态结构与环境间的相互关系，能够正确认识植物的发育、生长与调节的规律，更好地指导种植业生产。

实验一　植 物 细 胞

一、目的与要求

　　（1）了解光学显微镜的构造，掌握其使用方法。学会临时玻片标本的制作方法。
　　（2）掌握植物细胞在光学显微镜下的基本结构，了解质体的类型和特征，观察细胞壁上的纹孔和胞间连丝，理解植物细胞的分裂方式、过程和特征。

二、材料与器具

1. 实验材料

　　（1）永久装片：藓（*Funaria* sp.）叶装片、柿（*Diospyros kaki* L. f.）胚乳细胞横切切片、松（*Pinus* sp.）茎径向纵切片。
　　（2）植物材料：洋葱（*Allium cepa* L.）鳞茎、鸭跖草（*Commelina communis* L.）叶、黑藻（*Hydrilla verticillata* Royle）叶、辣椒（*Capsicum annuum* L.）红色果实、经充分浸泡的小麦（*Triticum aestivum* L.）籽粒等新鲜材料。

2. 实验器具

普通光学显微镜、刀片、镊子、盖玻片、载玻片、滴瓶、擦镜纸、吸水纸等。

3. 实验药剂

碘 - 碘化钾或碘 - 氯化锌溶液、蒸馏水等。

三、内容与方法

（一）显微镜的构造与使用（参见第六章）
（二）洋葱鳞叶表皮临时装片与植物细胞的一般结构

1. 洋葱鳞叶表皮临时玻片标本的制作

先准备好干净的载玻片和盖玻片，并在载玻片中央滴一滴蒸馏水。取经自来水浸泡过的洋葱鳞茎的一片新鲜鳞叶，用双面刀片在其内表面轻轻地划井字格（每格5mm×5mm左右大小），用镊子从井字格的一角轻轻夹起，并撕下一块鳞叶内表皮，将其表皮正面朝上浮于水滴上，然后缓缓盖上盖玻片即可（详细参见第七章第一节）。

2. 洋葱表皮细胞结构

先用低倍镜观察洋葱鳞叶临时玻片标本。可以看到洋葱鳞叶外表皮由许多无色透明、排列紧密、近长方形的细胞构成。选定一个表皮细胞，移至视野中央，再换高倍镜进行观察。认真辨认细胞的细胞壁、细胞质、细胞核和液泡。为了观察得更清楚，可以用吸管吸一滴碘-碘化钾溶液（或碘-氯化锌溶液）滴在盖玻片的一边，在对侧用吸水纸吸水，以拉动染液加速向盖玻片下扩散，使材料着色，这样就可以使洋葱表皮细胞的构造显得更加清晰。用碘-碘化钾溶液染色后，细胞壁仍无色透明；细胞核染色后呈深黄色，核外面是核膜，核里面有2个或3个发亮的颗粒，即为核仁；细胞质则染成浅黄色。在成熟的表皮细胞里还可以观察到中央大液泡，它不能染上颜色，但因它周围是细胞质，所以观察整个细胞时，看到中央也呈淡黄色（但颜色较浅）。如果用碘-氯化锌溶液染色，则细胞壁染成紫色，细胞质呈淡黄色，细胞核呈棕色。有的洋葱鳞叶外表皮细胞中的液泡为淡紫色，这是液泡中含有色素的缘故。

3. 质体类型和特征

质体是植物所特有的细胞器。根据质体的发育来源，质体可分为前质体、白色体、叶绿体和有色体四种类型。不同质体类型存在于不同类型的组织细胞中，其形态结构和功能不同。

4. 细胞壁结构

（1）细胞壁的层次性。取柿胚乳细胞永久制片，在低倍镜下找到多边形的细胞，然后转高倍镜观察，可见细胞间有清晰的条带（胞间层），胞间层两侧较厚的壁结构为初生壁，在细胞中央有一个空腔（即细胞腔），空腔内的褐色团块是细胞原生质体收缩后形成的（图1-1）。

利用相差显微镜观察纤维细胞的壁结构，可见其细胞壁除胞间层、初生壁结构外，向着细胞腔内还有次生壁结构，且次生壁具有明显的层次性（图1-2）。

（2）胞间连丝和纹孔。胞间连丝是相邻细胞间穿过纹孔的细胞质丝。通过胞间连丝，细胞间可进行物质、信息和能量的交换，使多细胞植物体成为一个整体协调的有机体。在观察柿胚乳细胞切片的过程中，选择细胞结构层次丰富、反差较为显著的视野，高倍镜下观察，可见相邻两个细胞间的细胞壁上有许多深色（染色所致）的细丝，即胞间连丝（图1-1）。

纹孔是细胞壁上未增厚的部分，是相邻细胞间进行信息、物质和能量交换的通道。不同的植物，其细胞壁上的纹孔特征不同。用经充分浸泡过的小麦籽粒或新鲜的辣椒，取其果皮制作临时玻片，观察其细胞壁结构，可见其细胞间相连的细胞壁上有几个透亮的、近于槽管状或缺口状的通道，即为单纹孔（图1-3A）。

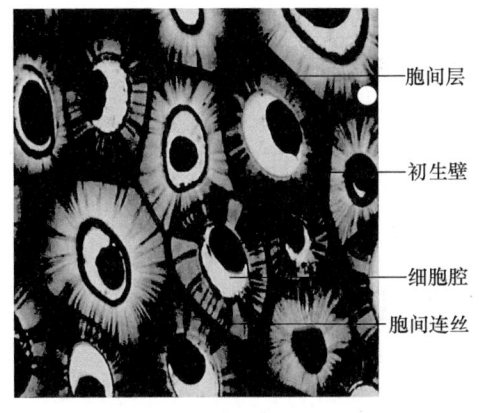
图 1-1　柿胚乳细胞胞间连丝

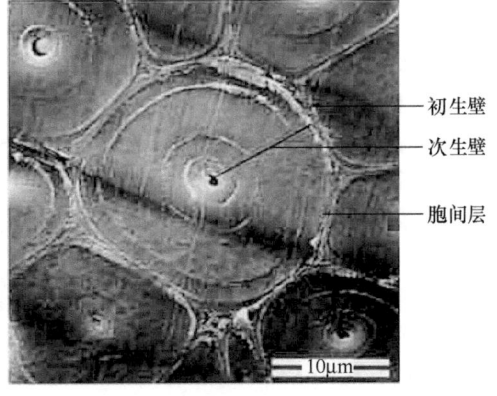
图 1-2　竹纤维细胞次生壁分层现象

取松茎径向纵切片观察，可见每一个管胞的壁上都分布着一列同心圆（这是由于纹孔道的近细胞腔一侧的纹孔口径小，而近胞间层一侧的纹孔口径大，经光线透折射所致），每个同心圆结构即为具缘纹孔（图 1-3B、C）。

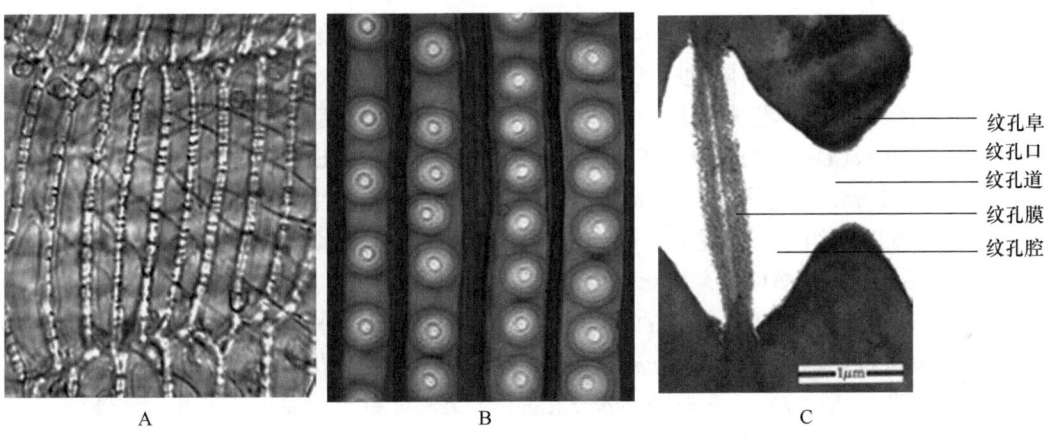

图 1-3　单纹孔和具缘纹孔
A. 小麦果皮单纹孔（箭头部分）；B. 松茎具缘纹孔（顶面观）；C. 具缘纹孔结构示意图（纵切）

5. 植物细胞的分裂

植物细胞的分裂方式通常有无丝分裂、有丝分裂和减数分裂等类型。不同的细胞分裂方式在体内发生的部位、发生的时间、分裂过程的复杂性程度、亚细胞结构的变化、能量的消耗、细胞分裂的结果和在生长、物种变异和进化中的意义均不同。细胞分裂是组织、器官和个体生长发育的基础。

四、作业

（一）课内作业

（1）绘制或数码拍摄洋葱鳞叶表皮细胞的显微结构图，并标注各部分结构名称。
（2）比较植物细胞有丝分裂和减数分裂的异同，完成表 1-1。

表 1-1　植物细胞有丝分裂和减数分裂的特征比较

	发生的部位或时期	分裂时间长短、能耗和染色体行为等	分裂结果	意义
有丝分裂				
减数分裂				

（二）课外作业

用图或表格归纳总结植物细胞的结构、功能和组成等特征。

实验二　植物组织和组织系统

一、目的与要求

（1）理解植物组织的概念，掌握植物组织的主要类型及其形态结构特征。
（2）了解不同组织的功能、分布及其相互间的关系。

二、材料与器具

1. 实验材料

（1）永久切片：丁香（*Syzygium aromaticum*）芽纵切片，黑藻顶芽纵切片，水稻（*Oryza sativa* L.）茎分蘖节纵切片，陆地棉（*Gossypium hirsutum* L.）茎、椴树（*Tilia tuan* Szyszyl.）茎或三叶草（*Trifolium* sp.）茎横切片，桑（*Morus alba* L.）茎横切片，甘薯茎横切片，南瓜 [*Cucurbita moschata*（Duch.）Poiret] 或向日葵（*Helianthus annuus* L.）茎横切和纵切片，甘薯（*Ipomoea batatas* Lam.）、鸢尾（*Iris tectorum* Maxim.）等叶表皮装片，芹菜（*Apium graveolens*）叶柄横切片，棉叶横切片，蚕豆（*Vicia faba* L.）幼根横切片，水稻根横切片，柠檬 [*Citrus limon*（L.）Burm f.] 皮横切片、蓖麻种子、小麦种子等的横切片。

（2）离析材料：经离析处理过的葡萄（*Viti vinifera* L.）、松茎或南瓜茎。

（3）新鲜材料：马铃薯（*Solanum tuberosum* L.）块茎、落花生（*Arachis hypogaea* L.）子叶（浸泡吸胀）、梨（*Pyrus bretschneideri* Rehd.）果肉、蚕豆（或烟草）叶、黑藻芽、芹菜叶柄、南瓜茎和蓖麻种子等植物的材料。

2. 实验器具

显微镜、体视镜、载（盖）玻片、解剖针、镊子、单（双）面刀片、擦镜纸、吸水纸等。

3. 实验药剂

碘-碘化钾溶液、1% 番红、0.5% 固绿及蒸馏水等。

三、内容与方法

（一）分生组织

依据在植物体内的分布位置，分生组织分为顶端分生组织、居间分生组织、侧生分生组织。

1. 顶端分生组织

顶端分生组织细胞有持续的分裂能力，常位于植物体茎尖和根尖的先端，是根或茎生长的基础。

取黑藻（或丁香）芽纵切片，观察茎尖生长锥（图 1-4A），其细胞排列紧密、无细胞间隙、细胞壁薄、细胞核位于细胞中央、细胞质浓、液泡不明显（图 1-4B）。

2. 居间分生组织

居间分生组织位于植物节间，花（果）、叶柄或幼嫩叶片等的基部，是顶端分生组织活动保留下来的、夹在多少已分化了的组织之间的、具有一定分裂能力的组织。居间分生组织与茎、叶等器官的快速伸长有关。

取水稻茎尖分蘖节纵切片，低倍镜下看清茎尖稍后方层次性分布的致密组织区，此区即为居间分生组织，将其移至视野中央，转换高倍镜观察，注意该处细胞的大小和颜色的深浅等（图1-5），并比较与顶端分生组织间的不同。

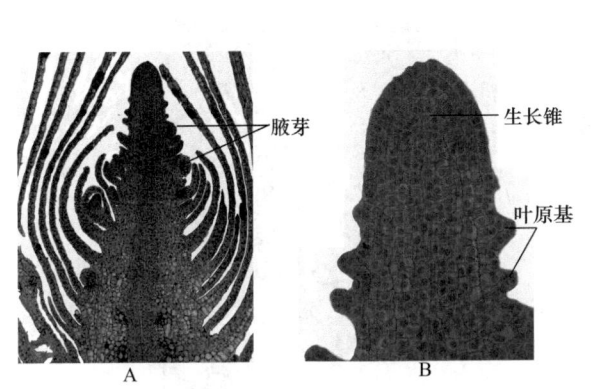

图1-4 黑藻芽纵切（A）及生长锥的放大（B）

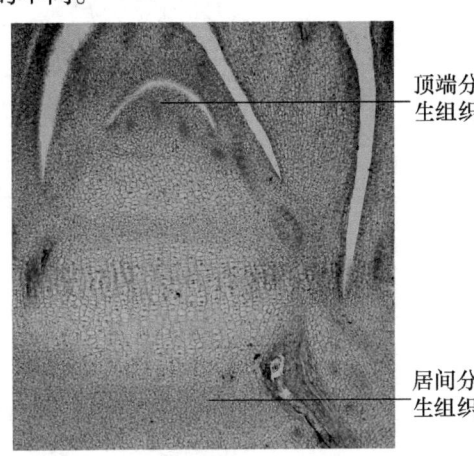

图1-5 水稻芽纵切示居间分生组织

3. 侧生分生组织

侧生分生组织位于根或茎外周，由成熟组织恢复分裂而来。其活动使根、茎不断增粗和形成新的保护组织。侧生分生组织包括维管形成层和木栓形成层。

观察三年生椴（或桃）树茎横切片，表皮下方几层扁平、排列紧密、细胞壁厚、径向壁成一条直线的细胞，即为木栓层。木栓层内侧一层内含物丰富、染色深浅不一致的细胞即为木栓形成层。木栓形成层以内有1～3层细胞，含有颗粒状物质，即为栓内层（图1-6）。

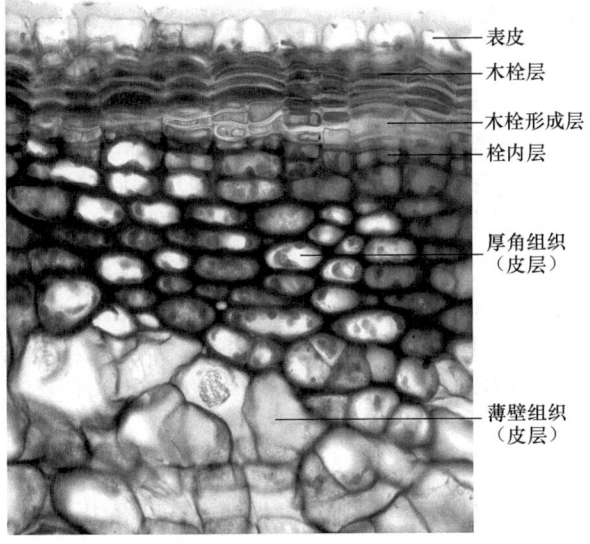

图1-6 桃树茎部分横切（示木栓形成层）

取三叶草茎横切片，由表及里，在切片中段区域内有数个呈椭圆状且较周围组织致密的结构为维管束（又称为复合组织，参见下文）。维管束近中部有一至数层扁平的致密细胞，此为束内（中）形成层（带）。在两个维管束之间，与束中形成层相邻或处于相似弧线上的扁平细胞，径向壁短，较其内外两侧的细胞体积小，这些细胞称为束间形成层（图 1-7）。

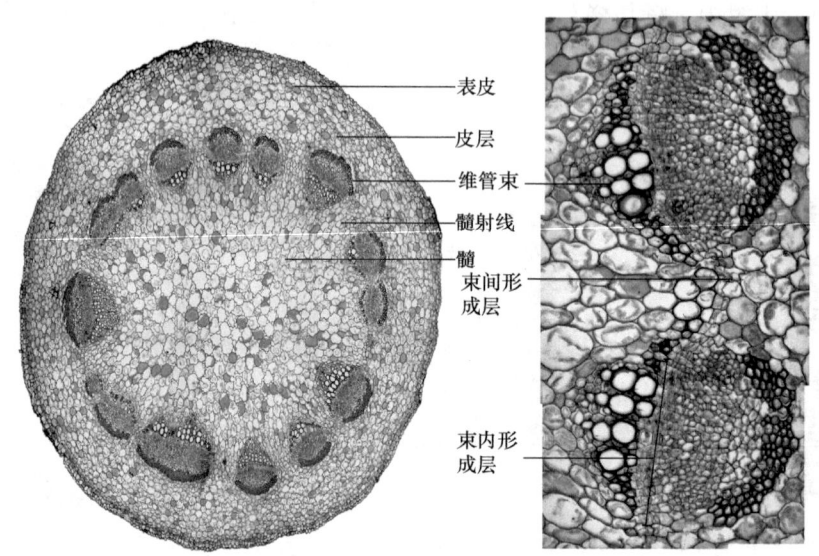

图 1-7　三叶草茎横切与维管形成层

（二）成熟组织

成熟组织依其形态结构和功能可分为以下 5 类。

1. 保护组织

保护组织存在于植物体表面，根据保护组织的来源和形态结构不同分为初生保护组织（表皮）和次生保护组织（木栓层）两类。

观察蚕豆（或烟草、甘薯）叶等的表皮装片，表皮上分布有许多气孔器，每个气孔器由 2 个并列的肾形保卫细胞和气孔（保卫细胞间的胞间层溶解后形成裂口）组成，甘薯叶气孔器具有副卫细胞结构，表皮细胞不规则、相互嵌合、紧密相连（图 1-8A、C、D）。

制作并观察小麦叶下表皮临时玻片，可见长方形表皮细胞与成行分散排列的气孔器很有规则。气孔器由 2 个哑铃形的保卫细胞和分列于保卫细胞外侧的 2 个菱形的副卫细胞组成（图 1-8B）。

观察桑茎横切面，其外侧有几层被染成深红色且排列紧密的细胞是木栓层（多层扁平、中空的死细胞叠生而成，其细胞排列紧密、高度木栓化，保护作用极强），注意其细胞的横切面形态、细胞壁的排列方向和细胞内含物的有无，为什么说木栓层是死细胞，而且保护功能极强（图 1-6）？

2. 基本组织

基本组织在根、茎、叶、花、果实和种子中广泛分布，依其功能的不同可分为吸收组织、同化组织、贮藏组织和通气组织。

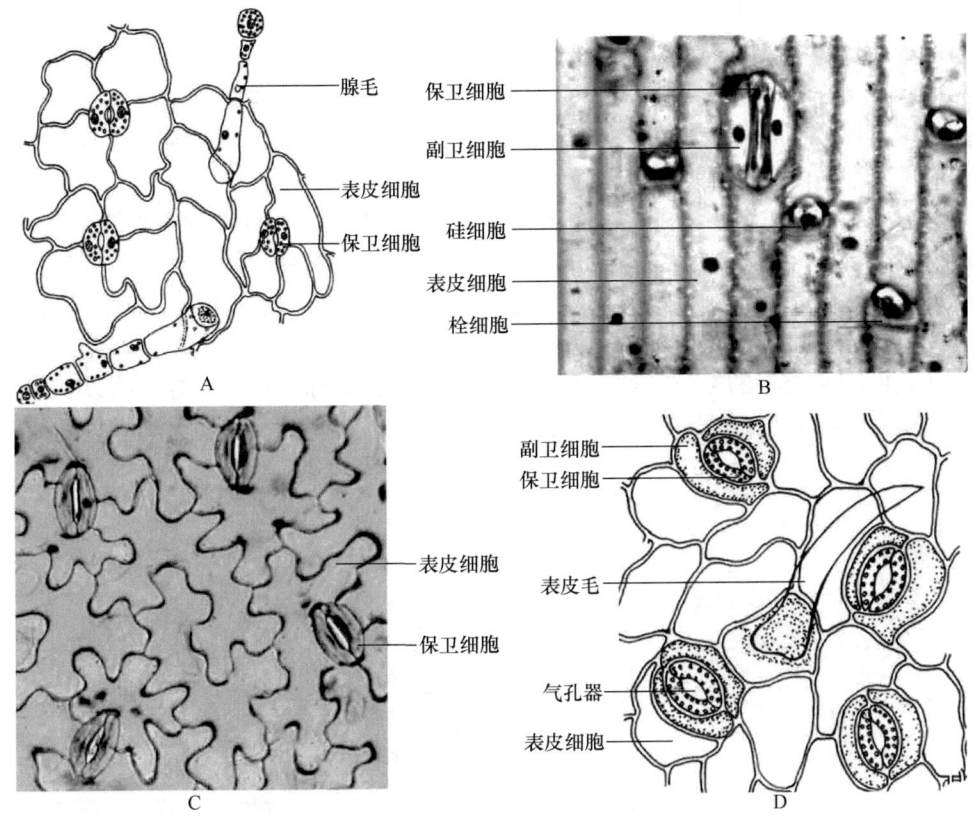

图 1-8 初生保护组织——叶表皮
A. 烟草叶下表皮；B. 小麦叶下表皮；C. 蚕豆叶下表皮；D. 甘薯叶下表皮

（1）吸收组织。吸收组织是存在于根尖稍后方根表的毛状物。观察萝卜根的外形和蚕豆幼根成熟区横切片，可见表皮细胞外壁向外突起形成一管状结构即为根毛（具有吸收养分和水分的功能），此为吸收组织（图 1-9）。

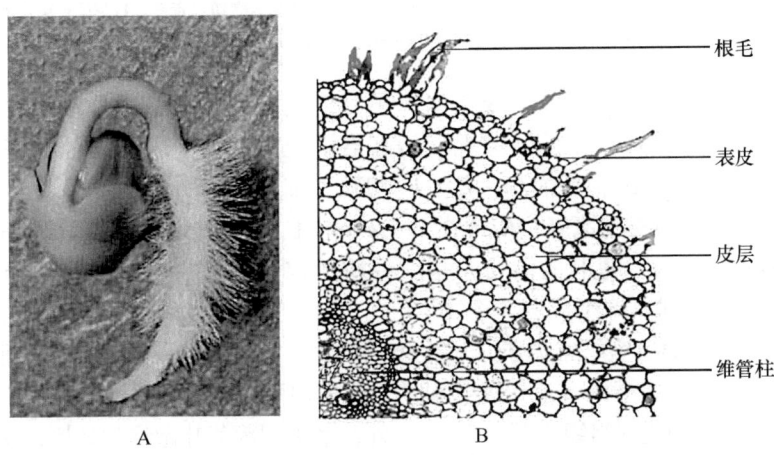

图 1-9 萝卜根尖外形（A）和蚕豆根横切（B）

（2）同化组织。同化组织常位于植物的叶片、幼嫩的茎或某些植物的幼果等器官中，其细胞含有大量的叶绿体而使细胞或组织呈现绿色，是植物进行光合作用的主要场所。

撕取白菜叶的下表皮，用带有少许绿色细胞（同化组织）的下表皮自制临时玻片，或直接取黑藻叶临时装片，在低倍镜下观察清楚后，选择分散的叶肉细胞转至高倍镜下观察，可见其细胞内含有许多绿色颗粒（叶绿体）。

（3）贮藏组织。贮藏组织主要分布于植物的种子、果实、根和茎的某些组织中。

用刀片或镊子轻刮马铃薯块茎内的组织，并涂抹于载玻片的水滴中，不要染色，制成临时玻片。在低倍镜下观察马铃薯块茎细胞，可以看到其内有许多小颗粒，转换高倍镜后，调节集光器及细准焦螺旋，可以看到淀粉粒较小的一端有一个点，即脐，其外面围绕着环状的明暗交替的轮纹。这种只有一个脐的淀粉粒称为单粒，有时可以观察到有2个或2个以上脐点并有各自轮纹的复粒，以及有2个或2个以上脐点并有共同轮纹的半复粒（图1-10）。

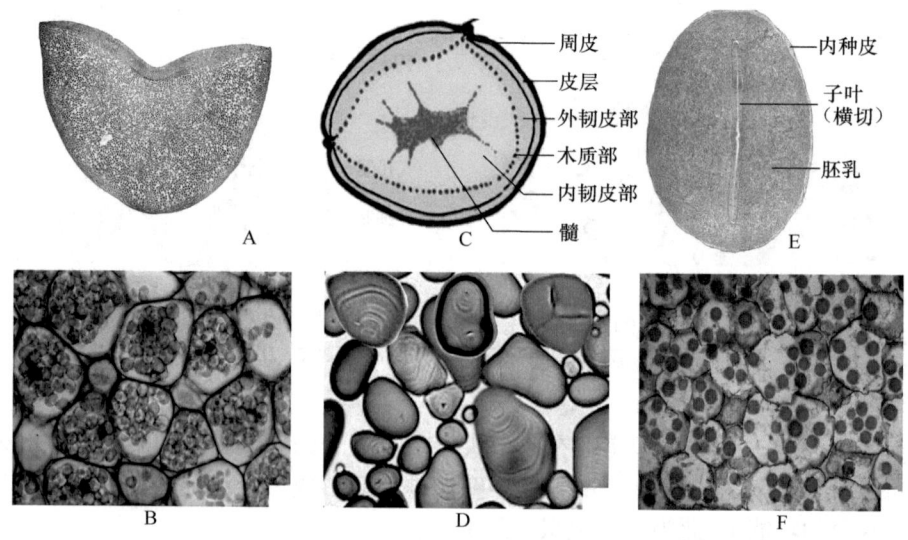

图1-10 贮藏组织

A. 花生子叶横切面；B. 花生子叶细胞示油滴；C. 马铃薯块茎横切示意图；D. 马铃薯淀粉粒（左：单粒；中：半复粒；右：复粒）；E. 蓖麻种子去外种皮横切面；F. 蓖麻胚乳细胞中的糊粉粒

取蓖麻种子切片或刮取蓖麻（或花生）子叶细胞少许置于载玻片水滴中央，加1滴苏丹Ⅲ染色，盖上盖玻片。先低倍镜观察后高倍镜观察，细胞内和细胞外许多红色的小滴，即油滴（图1-10）。细胞外油滴是刮片时切破了细胞，脂肪溢出后所致。

在显微镜下观察小麦或蓖麻（*Ricinus communis* L.）胚乳切片，可看到胚乳细胞中有圆形或椭圆形的糊粉粒，蓖麻的糊粉粒是由一团无定形的蛋白质包藏着一个至几个多面形的拟晶体和圆形的球晶体组成的（图1-10）。

（4）通气组织。通气组织常见于水湿生植物的根、茎、叶中。通气组织的胞间隙发达，常形成大的气腔或互相贯通的气道。观察水稻老根横切片，表皮下方许多薄壁细胞解体形成发达的空隙或通道，即通气组织（图1-11）。此外，也可用蒲草叶做临时玻片，观察通气组织的特征和分布。

3. 机械组织

机械组织的细胞壁有不同形式的加厚，在植物体内主要起保护或支持作用，主要分为厚角组织和厚壁组织两类。

（1）厚角组织。厚角组织常位于茎、叶柄、花柄等的表皮下方，细胞为长梭形，细胞壁的局部或角隅处加厚。

观察南瓜、向日葵茎或芹菜叶柄等的横切面或纵切永久玻片（或临时切片），可见表皮内侧几层细胞的角隅处加厚且具有绿色颗粒（叶绿体），即为厚角组织（图1-12）。

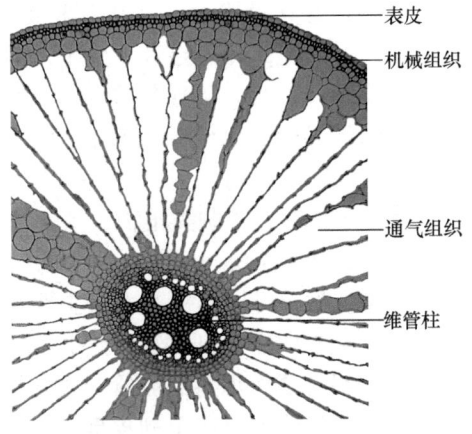

图1-11 水稻老根横切示通气组织

图1-12 向日葵茎横切部分

（2）厚壁组织。厚壁组织细胞多为死细胞，细胞壁全面次生加厚，如纤维和石细胞。

石细胞：取白梨果肉自制临时压片，观察梨果肉石细胞，可见其细胞腔极小，其细胞壁上有许多分支状的纹孔道（图1-13）。

纤维：观察离析的南瓜茎纤维细胞或南瓜茎纵切片与横切片，可见离开表皮层一定距离有许多横切面呈多边形、纵切面呈长梭状被染成红色的细胞，管壁上的孔状结构为纹孔（图1-13）。

4. 输导组织

输导组织贯穿于植物体各器官之中，是植物体内长距离运输物质的组织。依据其运输物质的不同可分为两类：运输水分和矿物质的导管、管胞；运输有机物质的筛管与筛胞等。

观察南瓜茎横切片或纵切片（图1-14、图1-15），

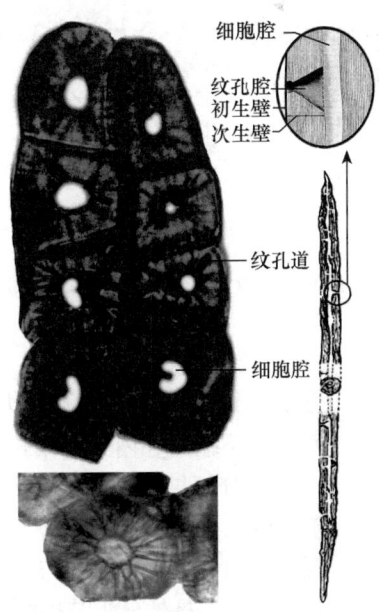

图1-13 厚壁组织细胞及其结构

由表及里注意其横切面，可见许多被染色成红色的呈径向排列、腔大而圆形或多边形中空的（死）细胞，即为导管（分子）。在南瓜茎的纵切片中可观察到许多被染成红色、呈现不同纹饰特征且上下连接成长管状的结构单位，即为导管。注意辨别环纹导管、螺纹导管、梯纹导管、网纹导管和孔纹导管 5 种类型导管壁木质化次生增厚的方式和特征，并能准确判读与识别。

管胞主要存在于蕨类植物、裸子植物中，被子植物的根、茎、叶中也有分布。选用松树茎木材部分组织块，经 2%～4% 的 NaOH 离析处理数周后，过滤、冲洗制成临时玻片或永久制片观察，可见其松茎木材主要由不同类型的管胞组成，判别管胞的类型及其特征，注意其与不同类型导管间的区分和联系。

在观察清楚南瓜茎的导管类型和特征后，可继续利用此类切片观察其输导有机养分的组织，即筛管（分布于韧皮部的、由若干端壁上含有多个筛孔的筛管分子上下连接而形成的管状结构，筛管分子不具有细胞核，但含有筛管质体和线粒体，是活细胞）。一般筛管分子侧边常有一个伴胞相随（协助其运输有机物质）。

南瓜茎中，在木质部的内外两侧均有许多筛管与伴胞的分布。筛管分子的横壁称为筛板，筛板有许多小孔（筛孔），相邻筛管分子间的物质通过筛孔运输，注意区别伴胞的形态及其与筛管的关系（图 1-14、图 1-15）。

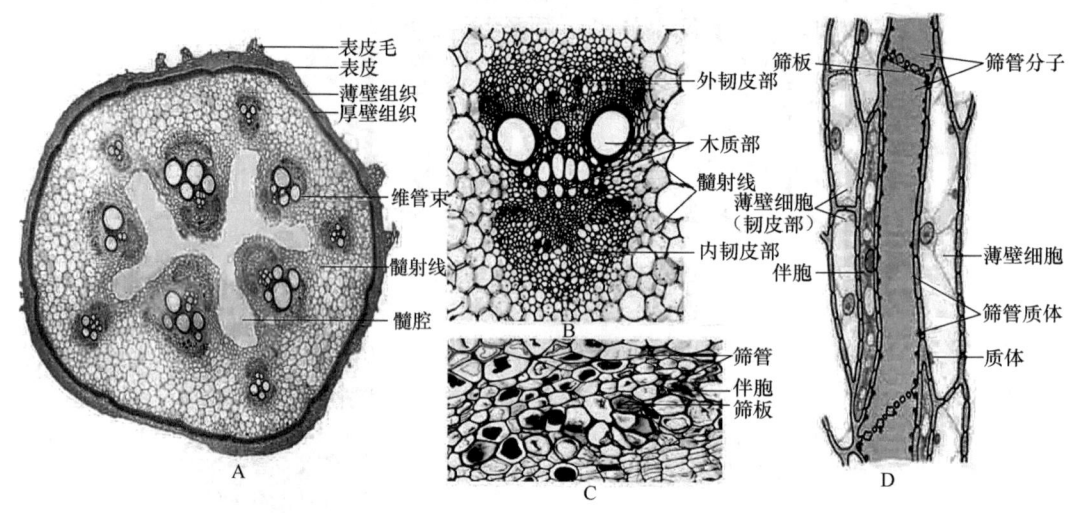

图 1-14　南瓜茎横切

A. 横切结构；B. 一个双韧型维管束横切放大；C. 韧皮部部分横切放大；D. 筛管、伴胞与韧皮薄壁细胞纵切示位置关系

5. 分泌结构

分泌结构主要由具分泌能力的薄壁细胞组成。依据分泌的物质是否排出体外，又将其分为外分泌结构和内分泌结构。

（1）外分泌结构。外分泌结构是将分泌物质排出体外的分泌结构。它们大多分布于植物体茎、叶或花器官的表面，如腺毛、腺鳞、蜜腺、排水器等。

观察棉叶横切片，可见其主脉下表面有许多乳突状的多细胞突起，即腺毛（图 1-16），腺毛是外分泌结构的一种。

（2）内分泌结构。内分泌结构是将分泌物质积贮于植物体内的分泌结构。它们常存

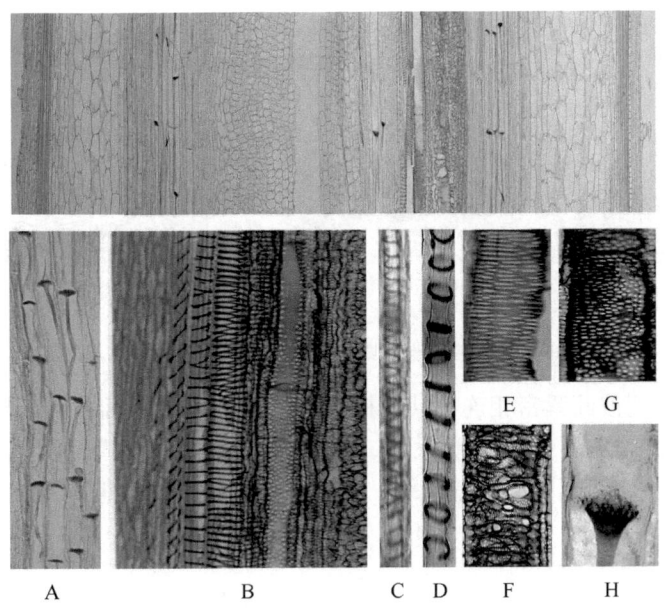

图 1-15 南瓜茎部分横径纵切

上图：南瓜茎部分横径纵切。下图：A. 筛管；B. 不同类型导管分布；C. 螺纹导管；D. 环纹导管；E. 梯纹导管；F. 网纹导管；G. 空纹导管；H. 筛板纵切放大

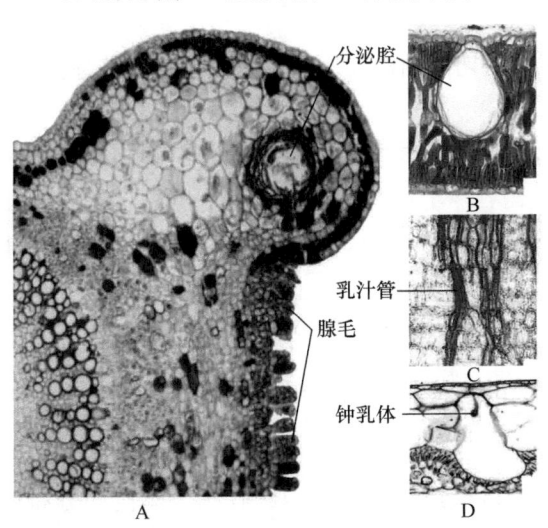

图 1-16 分泌结构

A. 棉叶中脉处横切；B. 桉树叶横切；C. 蒲公英茎纵切；D. 榕树叶横切

在于基本组织内，如分泌腔、乳汁管、钟乳体、树脂道、分泌细胞、分泌道等。

观察柠檬果皮横切片，可见果皮中有由许多薄壁细胞呈环状围成的圆腔状结构，其内有许多残余的物质，此为油囊（图1-17），油囊是内分泌结构的一种。

（三）组织系统

在低倍镜下观察南瓜茎（或向日葵茎、三叶草茎）的横切片，由表及里，可见表皮、厚角组织、薄壁组织、厚壁组织和维管束等，它们虽然形态、结构特征和所处的位置不

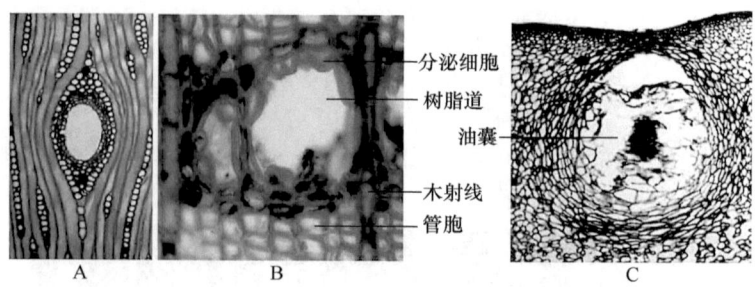

图 1-17　内分泌结构
A、B. 雪松茎部分横切示树脂道；C. 柑橘果皮横切示油囊

同，但它们的细胞间彼此紧密相连，共同构成了南瓜茎的横断面结构（图 1-8）。

在南瓜茎中，表皮属于皮组织系统，全部维管束组成维管组织系统，其余各组织（包括厚角组织和位于其下方的薄壁组织、厚壁组织）构成基本组织系统（图 1-14）。

四、作业

（一）课内作业

（1）绘制南瓜茎横切面结构简图和各类组织的代表细胞示意图，标注组织或细胞名称。

（2）绘制你在南瓜茎纵切片中所见到的几种导管类型、一个筛管分子及伴胞，注明各部分结构名称。

（3）数码拍摄南瓜茎横切面结构，标注各组织系统的名称。

（二）课外作业

（1）列表比较表皮与周皮、导管与筛管、厚角组织与厚壁组织的来源、特征、分布和功能等的差异。

（2）阐述不同组织间的发育联系，列表比较各成熟组织的特征、分布与功能。

综合·设计·探索

旱生与水生植物根或茎组织结构差异比较观察

（一）目的与要求

（1）了解薄壁组织、机械组织和输导组织在植物体内的分布位置、结构、功能和物种间的共性与差异。

（2）了解植物组织的发育、类型、形态、结构及功能与环境间的相互统一性。

（二）材料与器具

1. 实验材料

各地、各学校可根据季节任意选择旱生和水生两种生境条件下分布的代表植物各 1 种或 2 种。

2. 实验用具

滴瓶、载玻片、盖玻片、刀片、镊子等。

3. 实验药剂

0.5% 固绿、1% 水配番红、蒸馏水等。

（三）内容与方法

在教师的指导下，学生分组（每组 5 人或 6 人）野外调查水生境和旱生境条件下分布的植物种类，初步识别、区分植物的形态特征。然后，分别选择 1 种或 2 种生长在水生环境植物（如沉水植物，具体植物种类视当时、当地植物的分布和生长情况定，下同）和旱生环境植物（如耐旱植物）的根、茎、叶等。条件允许时，可选在不同生境下分布的同一植物，如水花生［*Alternanthera philoxeroides*（Mart.）Griseb.］的水生与陆生分布型等，用徒手切片法制作临时玻片（方法参照第三篇第七章）。用显微镜从低倍到高倍、由表及里逐一观察，比较分析并列表描述两种生境条件下生长的同一植物或不同植物体内的组织类型、分布和特征的差异（表 1-2）。

表 1-2 水生、旱生条件下生长的不同植物间茎（或根、叶）的组织类型和特征差异比较

植物名称	表皮		机械组织		薄壁组织		输导组织		其他
	细胞层数	细胞特征	组织类型	特征	组织类型	特征	组织类型	特征	
植物 1（水生）									
植物 2（旱生）									

此外，也可选取阴生（或耐阴生）环境下的同（或不同）种植物的茎或叶，在比较两者间的茎表型性状（节间长度、直径大小等）、叶（色泽、厚度、形态）差异的基础上，用徒手切片法制作临时玻片，显微观察、描述其结构差异（可数码摄图并标注结构名称），有利于真正理解植物的形态结构、功能与环境间的统一性。

（四）作业与思考

（1）列表比较两种生境条件下植物根、茎、叶的形态特征、组织类型和结构的异同。

（2）根据本实验的结果，试论述植物的形态特征、组织类型、结构功能与环境间的统一性关系。

第二章 种子植物营养器官的形态和结构

种子植物的营养器官包括根、茎、叶3种。根多生于地下,具有吸收、固着、输导、合成、贮藏等功能。双子叶植物的根一般可逐渐由初生结构发育成次生结构,功能也逐渐转变为运输、固着和支持;单子叶植物的根无次生生长,许多薄壁细胞在根发育的后期会厚壁化。随着根尖向下生长,根可分化出许多侧根,从而形成庞大的根系,有利于执行各种功能。有些土壤微生物能与一些植物的根发生共生关系,形成根瘤、菌根等结构。茎多生于地上,连接根和叶等器官,具有支持、输导等功能。茎上芽的不断产生、发育,使植物形成庞大的枝系。叶生于茎上,是植物进行光合作用的主要场所。

实验三 根的形态和结构(一)

一、目的与要求

(1)了解根系类型,掌握根尖分区及各区细胞的特征与功能。
(2)掌握双子叶植物根的初生结构,了解双子叶植物根的次生生长过程和特征。

二、材料与器具

1. 实验材料

(1)植物永久玻片标本:玉米(*Zea mays* L.)、洋葱(或大蒜)根尖纵切片,蚕豆、陆地棉(*Gossypium hirsutum* L.)幼根横切片,蚕豆根示形成层发生的横切片,棉花老根横切片,蚕豆示侧根发生的横切片,蚕豆或大豆根瘤横切片。

(2)新鲜或浸渍材料:玉米幼苗,棉花、玉米根系的实物标本,胡萝卜(*Daucus carota* L. var. *sativa* DC.)和萝卜(*Raphanus sativus* L.)肉质直根(示侧根),马尾松(*Pinus massoniana* Lamb.)的菌根,浸渍的大豆[*Glycine max*(L.)Merr.]根(示根瘤),经软化处理过的洋葱或大蒜根尖、蚕豆根尖等。

2. 实验器具

光学显微镜、镊子、刀片、载玻片、盖玻片、吸水纸、擦镜纸等。

三、内容与方法

(一)根系类型和根尖的观察

1. 根系类型观察

根系是植物体地下部分根的总称,通常分为直根系和须根系。直根系由粗壮发达的主根和逐级变细的各级侧根组成;组成须根系的所有根(主要为不定根)粗细相近,在根系中不能明显区分出主根。棉花根系为直根系,玉米根系为须根系。

2. 根尖观察

根尖是指从根的先端到根毛区的这一段长1~2cm的结构(图2-1)。肉眼可观察到根尖的不同分区,从根尖最先端开始,依次为根冠、分生区(生长点)、伸长区、根毛区。

根毛区又称为成熟区（图 2-1）。

观察玉米根尖纵切片或压片法制作的临时玻片。先用低倍镜辨认出根冠、分生区、伸长区、根毛区，然后换高倍镜观察。

根冠位于根尖最先端，整体形似帽状，有保护其内部生长点的功能。其外层细胞较大，形状不规则，细胞壁薄，细胞排列疏松，易脱落；其内部的细胞较小，有时可明显观察到细胞中的淀粉体（图 2-1、图 2-2）。

分生区位于根冠内侧，长 1~2mm。此区细胞具强烈的分生能力，细胞较小、排列整齐紧密，细胞壁薄，细胞核相对较大，细胞质浓，没有明显的液泡（图 2-1）。

伸长区位于分生区之上，由分生区细胞分裂而来。此区细胞逐渐停止分裂，一方面沿根的轴向伸长和长大；另一方面逐步分化，向成熟区过渡。切片中央可见到一些较宽而长的成列细胞，它们是正在分化的幼嫩导管（图 2-1）。

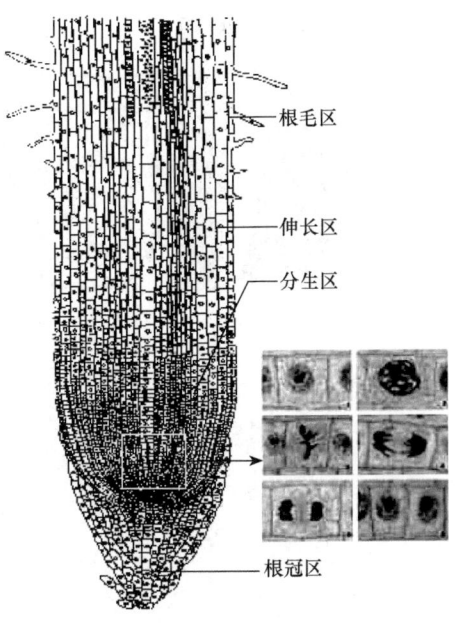

图 2-1　根尖纵切片（示根尖分区）

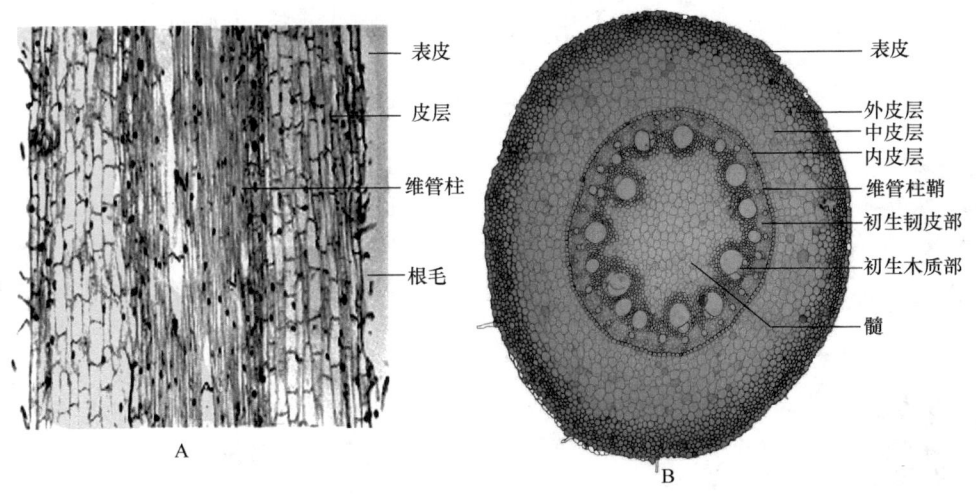

图 2-2　玉米根根毛区纵切（A）、横切（B）

根毛区位于伸长区之上，细胞基本停止了伸长生长，组织已分化成熟。其明显标志是表皮细胞部分外壁向外突出形成毛状结构（根毛），根的近中央区分化出了环纹导管、螺纹导管。根毛扩大了根与土壤的接触面积，加强了根的吸收作用（图 2-3）。

（二）双子叶植物根的初生结构

1. 蚕豆幼根横切

取蚕豆幼根横切片，先低倍镜下由表及里逐层观察，可见其结构由外向内分为表皮、皮层和中柱三部分（图 2-4），然后换高倍镜观察。

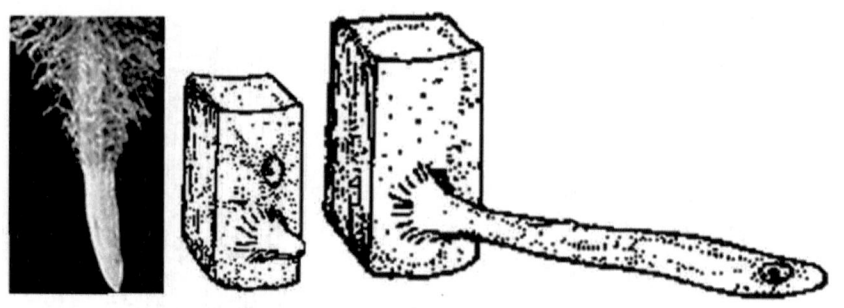

图 2-3　根尖与根毛细胞

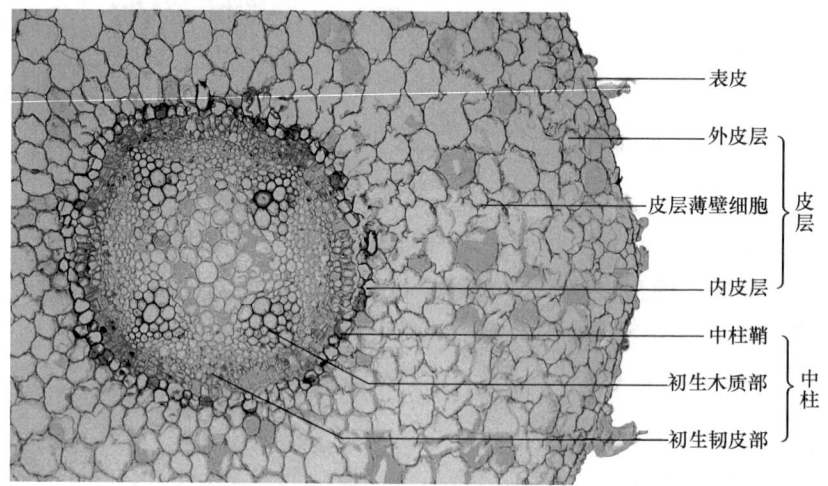

图 2-4　蚕豆幼根部分横切

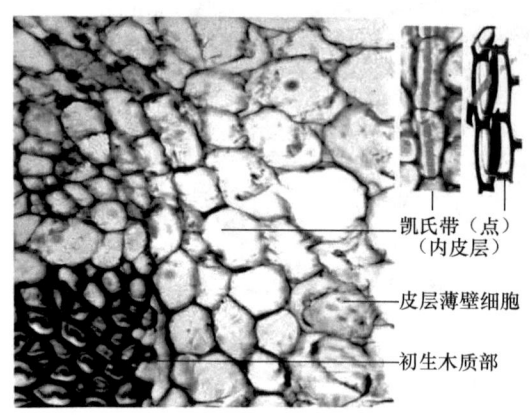

图 2-5　蚕豆幼根横切（示凯氏点、凯氏带）

（1）表皮。表皮是根最外面的一层细胞。细胞扁平，排列紧密。许多表皮细胞的外壁向外凸起形成根毛（因切片较薄，切到根毛的概率小，故在切片上不易看到根毛）。

（2）皮层。皮层位于表皮、中柱之间，占根横切面的较大比例，由多层薄壁细胞组成，可分为三部分（图2-4、图2-5）。

外皮层：与表皮相接的1~2层皮层细胞。细胞较小，排列紧密，形状规则。表皮破坏后，外皮层细胞壁增厚并木质化，起保护作用（许多植物的幼根中，外皮层与皮层薄壁细胞没有明显区别）。

皮层薄壁细胞：位于外皮层、内皮层之间的数层细胞。细胞体积大，排列疏松，有明显的胞间隙。

内皮层：皮层最内的一层薄壁细胞。此层细胞的径向壁、横向壁上有一连续的、由木栓质增厚而形成的带状结构，即凯氏带。在横切片上一般只能看到径向壁上增厚的点状结构，即凯氏点（带）（图 2-5）。有些双子叶植物根内皮层细胞不仅有凯氏点（带）结构，而且有部分细胞的细胞壁全面增厚成为厚壁细胞，加强了根的功能，如毛茛根（图 2-6）。

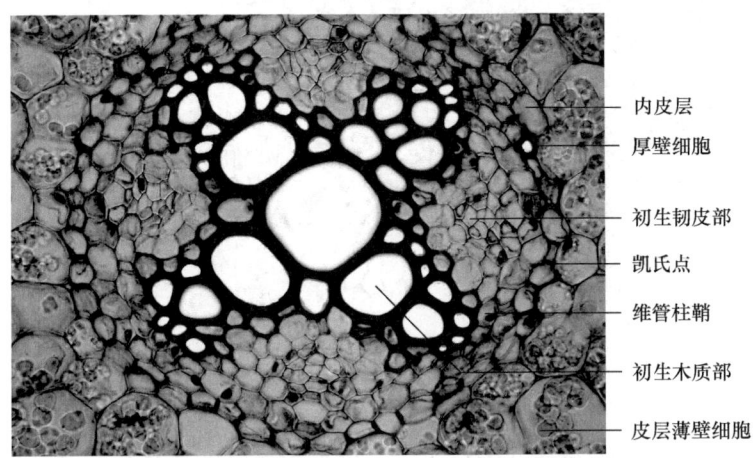

图 2-6　毛茛根部分横切（示内皮层上的凯氏点与厚壁组织）

（3）维管柱。维管柱又称为中柱，包括中柱鞘、初生木质部、初生韧皮部和薄壁细胞四部分（图 2-4）。

中柱鞘：紧靠内皮层里面的一层细胞。细胞排列紧密，具潜在分生能力，侧根、根的初始木栓形成层、根的维管形成层的一部分均发生于中柱鞘。

初生木质部：位于中柱鞘内，主要由导管、管胞、木薄壁细胞组成。切片中导管、管胞多被染成红色，有 4~5 束，呈辐射状。每束内导管口径大小不一，外侧靠近中柱鞘的导管口径小、染色深，这是较早分化出的导管；内部导管口径大，分化晚，有的导管被染成浅红色，有的导管仍呈蓝绿色，不呈红色。初生木质部的这种由外向内分化成熟的方式为外始式，这也是根的初生结构特征之一。

初生韧皮部：位于初生木质部的两个放射棱之间，与初生木质部相间排列，主要由筛管、伴胞、韧皮薄壁细胞组成。

薄壁细胞：位于初生木质部与初生韧皮部之间的细胞及中央的髓。在根的次生生长开始时，薄壁细胞中的一部分将脱分化，形成维管形成层的一部分。

蚕豆幼根中心有一群薄壁细胞，被称为髓。但在多数双子叶植物的根中，随着初生木质部向心式分化，根中心的细胞一般都分化成大的导管，而不再是薄壁细胞。

2. 观察棉花幼根横切片

棉花幼根具有双子叶植物典型的初生结构。内皮层细胞因具有分泌性质，被染成红色，所以不易清楚地观察到凯氏点。初生木质部为四原型或五原型，有的幼根中心细胞均分化成为初生木质部。

（三）双子叶植物根的次生结构

1. 维管形成层的发生

观察蚕豆示形成层发生的根的横切片，可见初生木质部和初生韧皮部之间的薄壁细胞已开始恢复分裂能力：细胞呈扁平形状，径向排列整齐，并由此产生了初期的形成层（弧状）（图 2-7）。

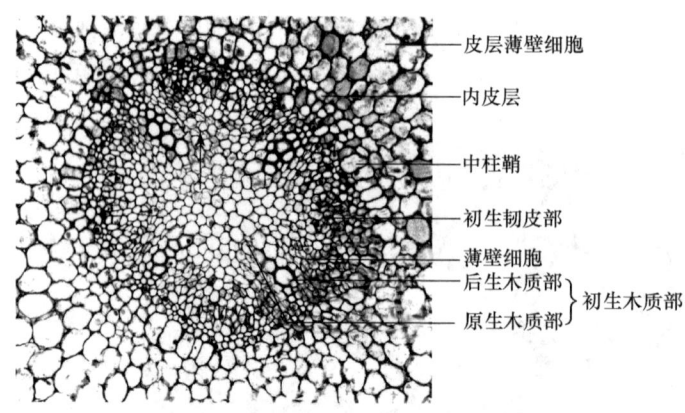

图 2-7　蚕豆幼根横切（示中柱）
箭头所指处为形成层形成初期

在有些切片中，因根的发育期较长，除出现弧状形成层外，还可见正对着原生木质部棱角处的中柱鞘细胞也恢复了分裂能力，这样就形成了波浪状的形成层环。波浪状的形成层环继续发育，可形成环状形成层。

2. 双子叶植物根的次生结构

观察棉花老根横切制片。在低倍镜下区分周皮、维管柱后用高倍镜观察以下结构。

周皮位于横切片的最外方，由数层细胞组成，可分为木栓层、木栓形成层、栓内层三部分（图 2-8）。

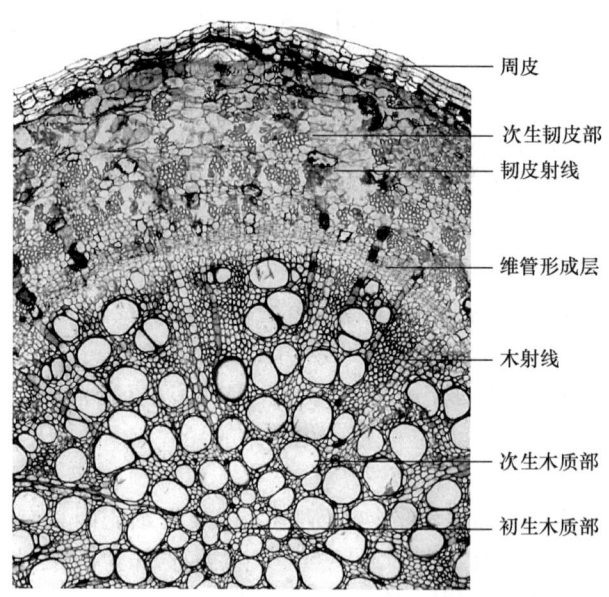

图 2-8　棉花老根横切部分结构（金银根等摄）

木栓层：最外面的 2 至多层扁长方形、径向壁垛叠整齐、排列紧密、细胞壁栓化的细胞，多被染成黄褐色。细胞多已死亡，细胞内一般观察不到细胞质、细胞核。

木栓形成层：木栓层以内的一层扁平细胞，细胞壁不栓化，都是生活细胞，通常可观察到细胞核。该层细胞切向分裂，向外分裂出的细胞形成木栓层，向内分裂出的细胞形成栓内层。

栓内层：位于木栓形成层内侧的1～3层薄壁细胞。与木栓形成层、木栓层相比，栓内层细胞增大明显。

有的棉老根切片中未形成周皮，仍然具有表皮和皮层，但中间次生结构已发生。这是因为维管形成层的发生早于木栓形成层的发生。

韧皮部：在切片中先找到"形成层区"，形成层以外、周皮以内为韧皮部（图2-8）。

初生韧皮部：位于次生韧皮部外侧，多已被挤毁，较难辨认。

次生韧皮部：位于维管形成层侧，由筛管、伴胞、韧皮纤维、韧皮薄壁细胞组成。

韧皮射线：由一些韧皮薄壁细胞径向排列而成，整体多呈内窄外宽的喇叭口状，很少呈窄细整齐的"射线"状。韧皮射线细胞比其他韧皮薄壁细胞略大，起横向输导作用。

韧皮纤维：细胞腔小，细胞壁厚。多成簇存在，一般被染成深红色。

筛管、伴胞、韧皮射线以外的韧皮薄壁细胞，在横切面上一般不易区分。

维管形成层：位于次生木质部和次生韧皮部之间，是具有强烈分生能力的一层扁长的薄壁细胞。其内外均有刚分裂出来、尚未分化的细胞，它们的形态与形成层细胞相似，因此在横切片上所看的是由多层扁平的细胞组成的"形成层区"（图2-8）。

次生木质部：位于形成层内方，由导管、管胞、木纤维、木薄壁细胞组成。一些木薄壁细胞径向排列整齐，形成木射线，起横向运输作用（木射线与韧皮射线是内外相连的，二者合称为维管射线）。

导管口径大，容易与其他细胞相区分，一般被染成红色，但形成层附近的幼嫩导管，其壁为淡红色或仍为绿色。管胞、木纤维也被染成红色，二者口径均较小，有别于导管；但在横切面上，管胞与木纤维不易区分。木薄壁细胞多被染成绿色，夹杂其中。

初生木质部：位于次生木质部内方根的中央区，导管口径比次生木质部导管口径小。外始式排列的初生木质部，呈4～5束辐射星芒状。这是根的次生构造和茎的次生构造相区别的主要标志之一。

（四）根瘤和菌根

1. 根瘤

观察大豆或蚕豆根浸渍标本，根部的许多瘤状物即为根瘤。

显微镜下观察蚕豆或大豆根瘤横切片，可见中柱、根瘤所在区域均近圆形，染色较深。但中柱中可观察到明显的导管，易与根瘤区别。

根瘤的形成是由于根瘤菌侵入根的皮层，皮层细胞受到刺激而迅速分裂，致使根部形成局部突起。有些根瘤直径甚至比根本体的直径还大。

根瘤外围被栓质的细胞包裹，内部为皮层薄壁细胞，中间染色深的为具有根瘤菌的细胞（图2-9）。

2. 菌根

取新挖的松树幼根，可见许多

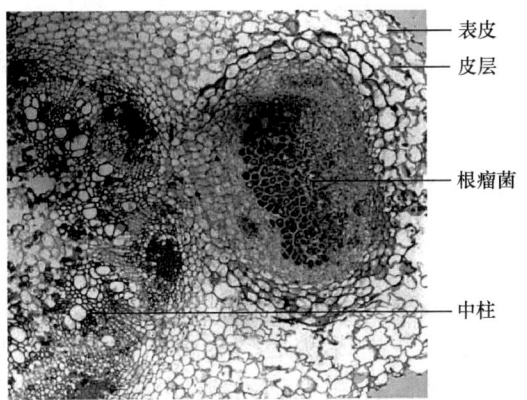

图2-9 蚕豆根横切（示根瘤）

白色或乳黄色的根尖。置于显微镜下观察，可见根尖上有许多丝状的真菌菌丝，此类菌根为外生菌根。

若观察竹、兰花或其他一些植物的菌根切片，在低倍镜下即可见一些皮层细胞内有真菌菌丝，此类菌根为内生菌根。

四、作业

（一）课内作业

（1）绘制蚕豆根初生结构简图或数码拍摄蚕豆根横切的结构图，注明各部分结构或组织的名称。

（2）绘制棉花老根结构简图和部分结构详图（或数码摄图），注明各部分结构或组织的名称。

（二）课外作业

（1）双子叶植物的根是如何由生长锥逐步分化出初生结构并进一步形成次生结构的？老根中是否保留着中柱鞘、皮层，为什么？

（2）双子叶植物的根由初生结构向次生结构分化的过程中，根的功能发生了哪些变化？

（3）根毛与侧根在形态、功能、发生上有何不同？

实验四　根的形态和结构（二）

一、目的与要求

（1）掌握禾本科植物根的形态与结构特征，了解非禾本科植物根的形态与结构特征。

（2）了解根瘤、菌根的形态与结构。

二、材料与器具

1. 实验材料

植物永久玻片标本：玉米根（*Zea mays* L.）横切片、水稻（*Oryza sativa* L.）幼根横切片、水稻老根横切片、小麦（*Triticum aestivum* L.）根横切片、鸢尾（*Iris tectorum* Maxim）或韭菜（*Allium tuberosum* Rottler）根横切片。

2. 实验器具

光学显微镜、镊子、刀片、载玻片、盖玻片、吸水纸、擦镜纸等。

三、内容与方法

（一）小麦根与水稻根的初生结构

1. 小麦根初生结构

取小麦根横切永久制片，在低倍镜下观察，辨认表皮、皮层、维管柱的轮廓部位，然后换高倍镜，由外向内观察（图2-10），或用徒手切片法制作小麦根横切临时装片观察。

（1）表皮。表皮是茎最外面的一层生活细胞，形状扁平，排列紧密，许多细胞外壁可向外凸起形成根毛。由于寿命较短，老根的根毛已残破不全，表皮细胞往往较早解体而脱落死亡。

（2）皮层。皮层包括外皮层、皮层薄壁细胞和内皮层。

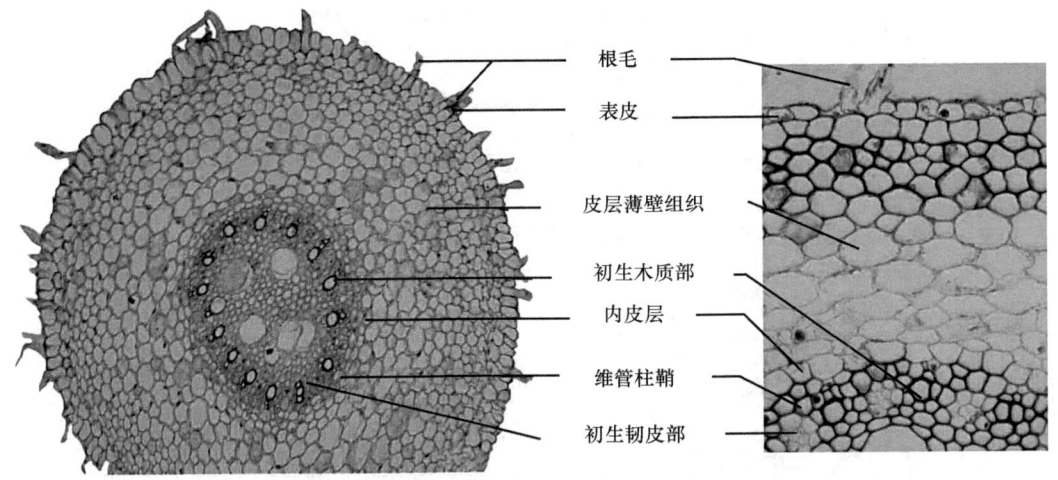

图 2-10　小麦幼根与部分老根横切

外皮层：靠近表皮的 1～3 层细胞，体积较小，排列紧密。在发育后期，外皮层往往形成栓质化的厚壁组织，具有支持和保护作用。

皮层薄壁细胞：外皮层内侧占比例较大的皮层薄壁细胞，细胞体积大，排列疏松，胞间隙显著。

内皮层：皮层最内侧的一层特化的细胞，初期具有凯氏带结构，但在稍老的根中，绝大多数内皮层细胞除外切向壁外，上下横壁、两侧径向壁、内切向壁均次生增厚，故在横切面上内皮层细胞呈马蹄形。而位于初生木质部辐射角处的少数内皮层细胞，除凯氏带外，其壁未见增厚，仍保持薄壁细胞状态，这些细胞即为通道细胞。

（3）维管柱。维管柱又称为中柱，包括维管柱鞘、初生木质部、初生韧皮部和薄壁细胞。

维管柱鞘（中柱鞘）：紧靠内皮层内侧的一层（局部双层）薄壁细胞，排列整齐。

初生木质部：多原型，且外始式。原生木质部导管口径小、数目多，紧邻维管鞘，后生木质部导管口径大、数目少，靠近中央区域。

初生韧皮部：与初生木质部相间排列，细胞数目少，不太显著。

薄壁细胞：在幼嫩的根中，主要分布于初生木质部导管分子之间。

2. 水稻根初生结构

取水稻幼根和老根横切片，与小麦根横切片对照观察（方法同上），其结构和特征与小麦根的横切结构基本相似。但由于水稻生活于水湿生环境中，其皮层结构与小麦明显不同。注意比较水稻根皮层薄壁细胞的细胞间隙大小及其皮层薄壁细胞的变化差异。提示：水稻根皮层薄壁细胞初期由排列疏松的薄壁细胞构成，且有明显的细胞间隙。后期由于薄壁细胞彼此分离、溶解而形成许多大型的气腔，仍可见到残余的皮层薄壁细胞和碎片（图 1-12）。

（二）鸢尾根或韭菜根的解剖结构

取鸢尾根或韭菜根的横切片，或用其新鲜、冲洗干净的根，徒手切片制作临时装片低倍镜观察。其主要结构层次与禾本科植物的根相似，也分为表皮、皮层和中柱三个部分，根中央被后生木质部的导管所充满，内皮层细胞也为马蹄形内五面加厚，并有细胞壁未增厚的通道细胞（图 2-11）。不同的是韭菜的初生木质部为四原型或五原型。

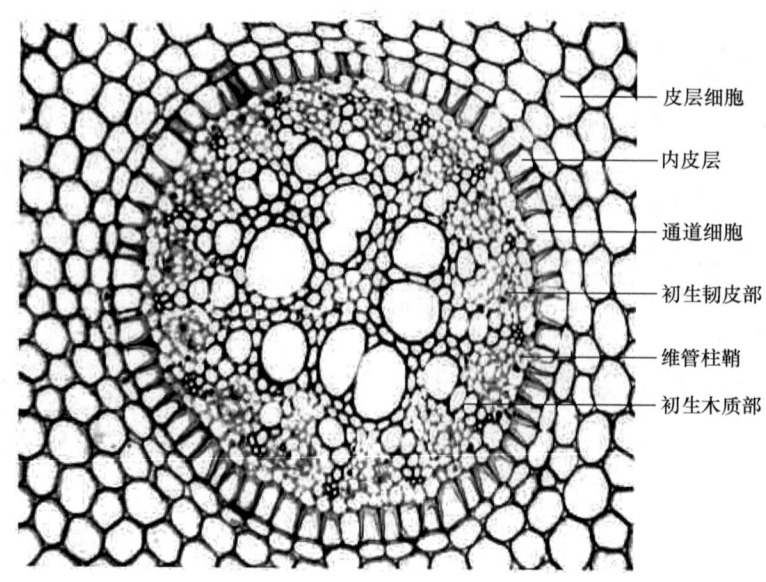

图 2-11 鸢尾根中柱部分横切结构

四、作业

（一）课内作业

（1）绘制玉米或小麦根横切结构简图和部分结构详图（或数码摄图），注明各部分结构或组织的名称。

（2）绘制水稻老根、鸢尾根或韭菜根的横切结构简图和部分结构详图（或数码摄图），注明各部分结构或组织的名称。

（二）课外作业

（1）玉米、小麦幼根和老根外皮层、内皮层细胞有何区别？其老根皮层薄壁细胞是否与维管柱完全隔绝，为什么？

（2）以水稻和小麦为例，简要说明植物根的形态、结构、功能与环境的关系。

实验五 茎的形态与结构（一）

一、目的与要求

（1）了解茎的基本形态特征、芽的类型和分枝方式。
（2）了解枝芽和茎尖的结构。
（3）掌握双子叶植物茎的初生结构和次生结构特点。
（4）了解裸子植物茎的结构特点。

二、材料与器具

1. 实验材料

（1）永久切片：黑藻 [*Hydrilla verticillata* (L. f.) Royle]、丁香（*Syzygium aromaticum*）或忍冬（*Lonicera japonica* Thunb.）顶芽或茎尖纵切片，向日葵、棉幼茎横切片，3～4 年

生椴树茎、松茎横切片。

（2）植物材料：杨树（*Populus* sp.）、桃（*Amygdalus persica* L.）、苹果（*Malus pumila* Mill）、胡桃（*Juglans regia* L.）、枫杨（*Pterocarya stenoptera* C. DC.）、女贞（*Ligustrum lucidum* Ait.）、桂花（*Osmanthus fragrans* Lours.）、泡桐［*Paulownia fortunei*（Seem.）Hemsl.］、法国梧桐（*Platanus hispanica* Muenchh.）、椴树（*Tilia* sp.）、侧柏［*Platycladus orientalis*（Linn.）Franco］、栀子（*Gardenia jasminoides* Ellis）或丁香（*Syringa* spp.）等的枝条，棉（*Gossypium hirsutum* Linn.）花果期的全株，或枣（*Ziziphus jujuba* Mill.）、葡萄（*Vitis vinifera* Linn.）的枝条。

大豆、蚕豆、向日葵等的幼苗，已萌发出芽的马铃薯块茎或甘薯［*Ipomoea batatas*（Lam）L.］块根。

2. 实验器具

光学显微镜、镊子、解剖针、载玻片、盖玻片、刀片、吸水纸等。

三、内容与方法

（一）茎的基本形态

观察杨树、法国梧桐、胡桃（图2-12）等的枝条，区分顶芽（terminal bud）、侧芽（lateral bud）、节（node）、节间（internode）、叶痕（leaf scar）、叶迹（folial trace）、皮孔（lenticel）及芽鳞痕（bud scale scar），并注意其特征。能否依据芽鳞痕的数目推断出枝条的年龄。

用指甲轻轻剥除法国梧桐当年生枝条下部的外层褐色"薄皮"，至刚好露出绿色为度，该"薄皮"即木栓层。

（二）芽的类型

观察不同类型的枝条，区分芽的位置和类型。

图2-12 胡桃枝条

1. 定芽和不定芽

观察萌芽的马铃薯块茎（或甘薯块根）和不同植物的枝条，根据芽在枝条上的位置，说出位于枝条顶端的芽（顶芽）和位于叶腋中的芽（腋芽），以及马铃薯块茎或甘薯块根上所萌生的芽分别属于何种类型。

2. 叶芽、花芽、混合芽

根据上述枝条上的芽，明确棉株上哪些是叶芽？哪些是花芽？苹果的腋芽属于何种类型？

3. 鳞芽、裸芽、叠生副芽和柄下芽

比较枫杨等的芽，以及杨树、桃树和胡桃等的芽有何不同？具有芽鳞痕的枝条是什么植物？枝条上芽鳞痕与枝条的年龄有什么关系？哪种植物的芽是柄下芽，哪种植物的芽是叠生副芽，其特征是什么，相互间如何区别？

（三）茎的分枝

观察棉、枣或葡萄植株上不同部位的枝条有何特点？不同部位枝条的分枝方式有何不同？你认为杨树、梧桐、泡桐等的分枝方式属何种类型，其特征是什么？丁香或栀子的枝条有何特点，其分枝方式与其他植物有何不同（图2-13）？

（四）茎尖的结构

取黑藻、忍冬或丁香茎尖（stem tip）纵切片，低倍镜观察，可见叶芽的基本组成，最顶端是生长锥（growing tip），其下方两侧的小突起为叶原基（leaf primordium），向下是长大的幼叶（little leaf）；幼叶的叶腋内呈圆形突起的是腋芽原基（axillary primordium），将来发展成腋芽（axillary bud）；中轴部分是芽轴，将来发育成茎或枝干（图1-9、图2-14）。

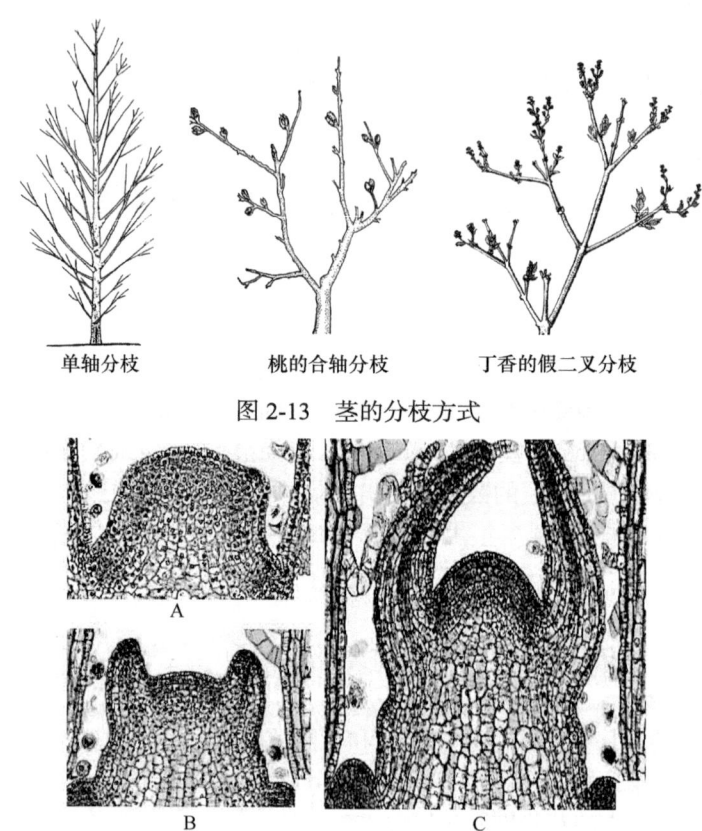

图 2-13　茎的分枝方式

图 2-14　丁香芽纵切
A. 叶原基初发生；B. 叶原基（上）与腋芽原基（基部）；C. B图放大

转换高倍镜观察生长锥、芽轴及其下方的细胞结构特点，自上而下可分为分生区（meristematic zone）、伸长区（elongation zone）和成熟区（maturation zone）。

（五）双子叶植物茎的初生结构

（1）取棉或向日葵幼茎横切片，低倍镜观察，先区分表皮、皮层和维管柱三部分及所占比例（图2-15），再转换高倍镜观察各部分的细胞组成与结构特点。

表皮：表皮位于幼茎最外一层。注意表皮细胞的形状、排列方式，能否观察到细胞核，外壁外侧有何特殊物质，其作用是什么？表皮上局部不连续处是什么结构？表皮上是否具毛状体，它的作用是什么？为什么说表皮是初生的保护组织？

皮层：皮层位于表皮内方，与根的皮层相比，所占横切面的比例如何？近表皮下的2~4层细胞的细胞壁厚度是否均匀一致？有何特点？其中的颗粒状物是什么？有何功能？内方的多层大型薄壁细胞属于什么结构？皮层最内一层细胞与根的内皮层有何联系和区别？

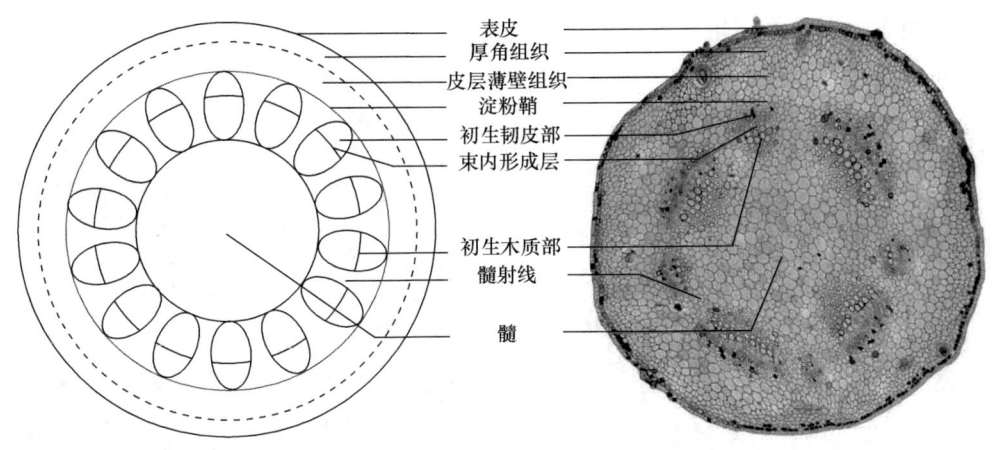

图 2-15 双子叶植物茎横切示初生结构

维管柱：维管柱为皮层以内的部分，与根相比，其所占横切面比例如何？维管柱内有哪些结构？其中维管束、髓和髓射线的细胞组成类型和特征分别是什么？维管束中初生木质部和初生韧皮部分布的位置关系是什么？初生木质部中导管断面的大小和分布规律如何？原生木质部与后生木质部的特征和分布有何不同？为什么说茎的维管束发育和成熟方式是内始式？位于初生木质部和初生韧皮部间的少数几层扁平的细胞是什么？来自何处？有何功能？这类维管束属于哪种维管束？维管束在茎中的排列规律是什么？位于相邻两维管束之间，径向内接髓、外连皮层的数列薄壁细胞为髓射线（pith ray），在草本植物茎和木本植物茎中髓射线的大小是否一致？它们的功能是什么？茎中央部分的细胞有何特点？为什么茎总是有髓？

（2）取大豆、蚕豆或向日葵幼苗的茎，做徒手切片，并制成临时制片，显微镜下观察（自选内容）。

（六）双子叶植物茎的次生结构

（1）取三叶草茎横切片，低倍镜观察，分清表皮、皮层和中柱结构。近表皮处的1~2层很扁平的皮层细胞属于什么结构，它与周皮的发育有什么关系？注意紧邻两个维管束束内形成层间的髓射线薄壁细胞恢复分裂形成的束间形成层细胞的特点（图2-16）。

取3~4年生椴树茎横切片，显微镜下观察：表皮是否存在？周皮细胞的组成和特征如何？为什么说周皮是次生的保护组织。在周皮上有时可看到皮孔。

栓内层的内方是皮层，由厚角组织和薄壁组织构成。韧皮部呈三角形，放射状排列于形成层外方，由外侧数量很少的初生韧皮部和内侧较多的次生韧皮部组成，其中有大量的韧皮纤维与筛管、伴胞、韧皮薄壁细胞间隔排列。多年生长后，皮层和初生韧皮部还存在吗？为什么？维管形成层为韧皮部内方呈圆环形的几层切向扁平薄壁细胞。木质部位于形成层内侧被染成红色，包括历年形成的大量次生木质部和数量很少的初生木质部。次生木质部中的几个同心圆环即为生长轮（年轮），每一生长轮中，内侧的细胞较大、壁较薄，为早材；外侧的细胞较小，壁较厚，为晚材。射线包括髓射线和次生射线（或维管射线），由薄壁细胞组成，在茎的次生生长过程中随着形成层的活动继续径向伸长。次生射线在木质部中称为木射线，常为1~2列细胞；在韧皮部中称为韧皮射线，常呈漏斗状。髓部位于茎的中央，由多数大型薄壁细胞组成，其外圈有一个由小型薄壁细胞组成的环髓带（图2-17）。

（2）观察椴树等多年生木本植物茎的横切面，区分生长轮、春材、夏材，了解各方向木质部和射线的排列规律。

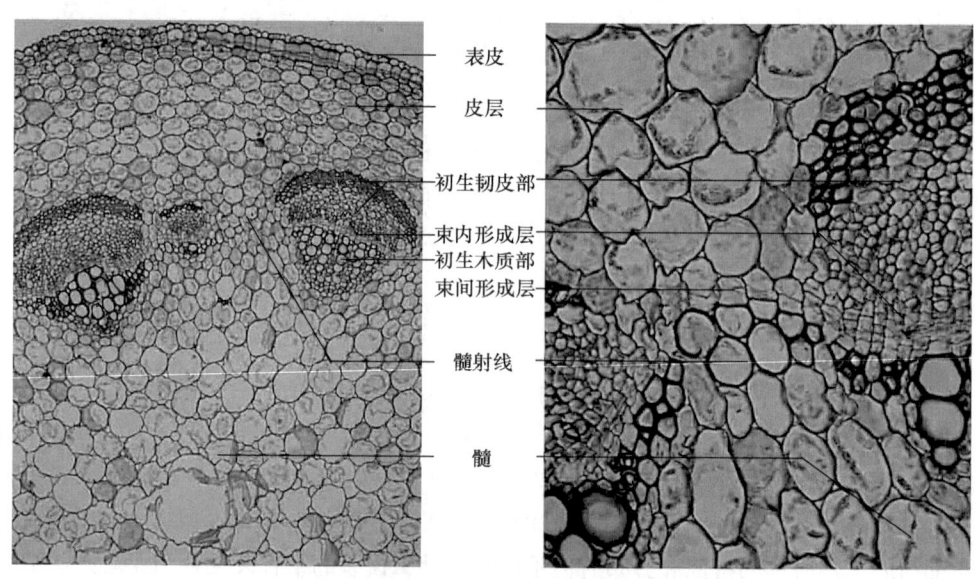

图 2-16　三叶草茎部分横切（示初生结构）

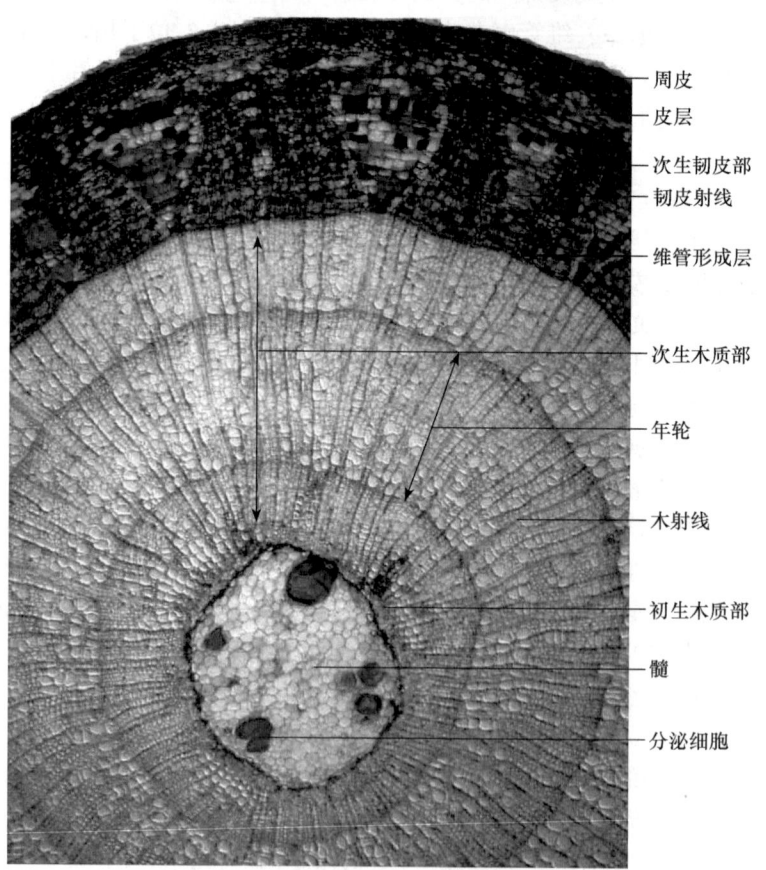

图 2-17　椴树三年生茎部分横切

（七）裸子植物茎的结构（林学类专业选做）

显微镜下观察松茎横切片，其结构与双子叶植物茎基本相似，主要区别有（图2-18）：

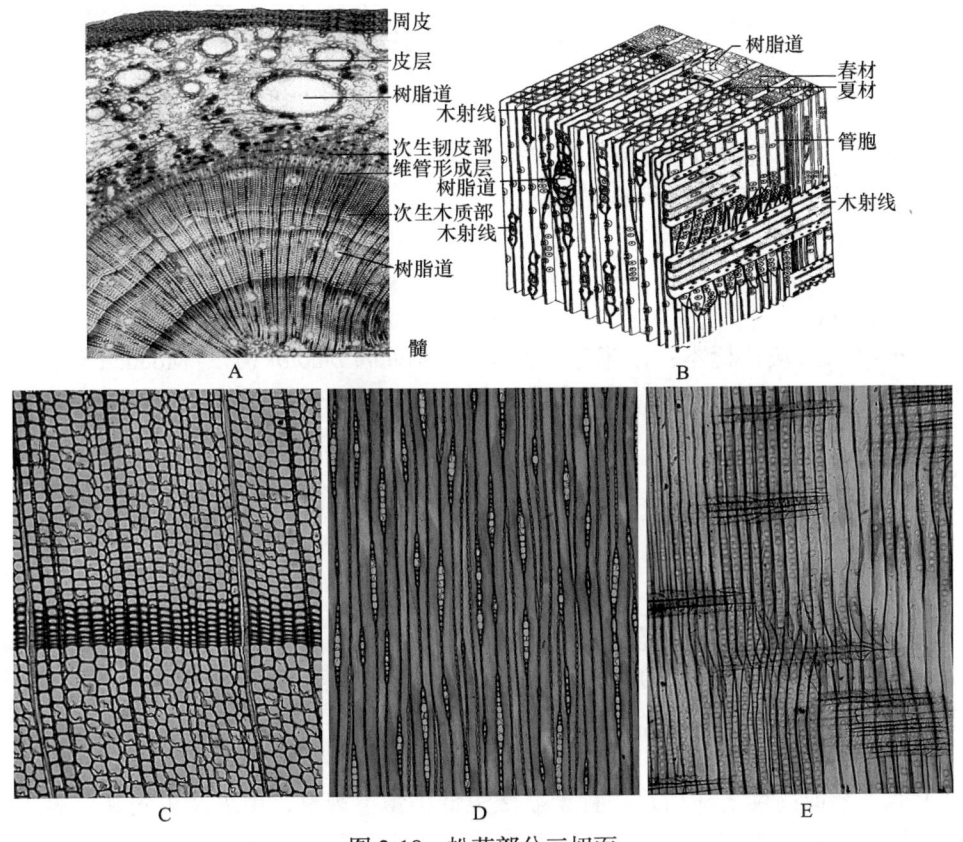

图 2-18　松茎部分三切面

A. 松茎部分横切；B. 松茎木材三切面立体模式图；C. 木材横切面；D. 木材平周纵切；E. 木材径向或垂周纵切

（1）具大量大而明显的圆形树脂道（resin duct），其周围是一圈具分泌功能的生活细胞；

（2）韧皮部细胞排列紧密，由大口径筛胞和小型韧皮薄壁细胞组成，无筛管和韧皮纤维的存在；

（3）木质部由大量排列均匀整齐的管胞和较少的木薄壁组织组成，其中早材的管胞壁薄腔大，晚材的管胞壁厚腔小，排列紧密，无导管和典型的木纤维；

（4）射线由一列横卧排列的长方形薄壁细胞组成。

四、作业

（一）课内作业

（1）绘制一种双子叶植物茎初生结构横切面结构简图、部分结构详图（或数码摄图），注明各部分结构或组织的名称。

（2）绘制一种双子叶植物茎或松树（其茎具次生结构）横切面结构简图，注明各部分结构或组织的名称。

（二）课外作业

（1）列表比较根尖与茎尖在形态和结构上的异同。

（2）比较双子叶植物根和茎初生结构的区别。

（3）双子叶植物根和茎维管形成层的发生和活动有何异同？

实验六 茎的形态与结构（二）

一、目的与要求

（1）了解禾本科植物的分蘖特点，掌握禾本科植物茎的形态、结构特点。

（2）了解其他单子叶植物茎的结构特点。

二、材料与器具

1. 实验材料

（1）植物永久玻片标本：玉米茎、高粱［*Sorghum bicolor*（L.）Moench］茎、小麦茎、水稻茎的横切片，龙血树（*Dracaena drcolor* L.）、葱等其他单子叶植物茎的横切片。

（2）植株实物：小麦、水稻、玉米等禾本科植物的幼苗或植株，其他单子叶植物的植株。

2. 实验器具

光学显微镜、镊子、解剖针、载玻片、盖玻片、刀片、吸水纸等。

三、内容与方法

（一）禾本科植物幼苗的形态

禾本科植物的分枝方式较为特殊，谓之分蘖，其主茎基部节密、节间极短，分枝主要集中在基部的节上，呈丛生状。

（二）禾本科植物茎的结构

（1）取玉米或高粱茎横切片，置于显微镜低倍镜下观察，由表及里先观察表皮，可见最外一层细胞排列紧密，外壁厚、具角质层。表皮内侧有几层细胞壁全面增厚的细胞组成的厚壁组织，其细胞小、排列紧密。厚壁组织以内含有大量的薄壁细胞（近厚壁组织的几层薄壁细胞中常含有叶绿体）。薄壁组织中散生着众多的维管束（外围维管束小、分布密，茎中部区域的维管束较大而少）（图2-19）。

在观察清楚上述结构特征的基础上，选一个具代表性的大维管束并转高倍镜详细观察。可见，玉米茎维管束的外围包裹着的是厚壁组织，即维管束鞘（bundle sheath）。在维管束鞘以内、朝向茎表皮一侧分布着多个近于五边形或六边形的大细胞（多为筛管）和近于四边形的小细胞（伴胞）组成的细胞团，即初生韧皮部（或简称为韧皮部），有时其外侧的原生韧皮部常被挤破成一狭缝带。韧皮部内侧具有明显的整体呈V形分布的几个导管。V形的上端为后生木质部，其导管主要是孔纹导管，腔大；基部为原生木质部，其导管腔小，包括一个环纹导管、一个螺纹导管及少量的木薄壁细胞，它们共同构成初生木质部。注意原生木质部导管及其周围的薄壁细胞在生长初期常被撕破而形成胞间道，形成气腔，具有贮藏空气和通气的作用。思考这种在初生韧皮部与初生木质部之间无束中形成层的维管束是否属于有限维管束（closed bundle）。

（2）取小麦茎横切片或徒手切片制作的临时装片，显微镜观察（观察步骤同上），可见其结构（图2-20）与玉米、高粱茎大致相同。主要区别为：①表皮内侧有几层同化组织薄壁细胞，并被波形的机械组织分隔；②维管束大致排为内、外两环，内环细胞较大

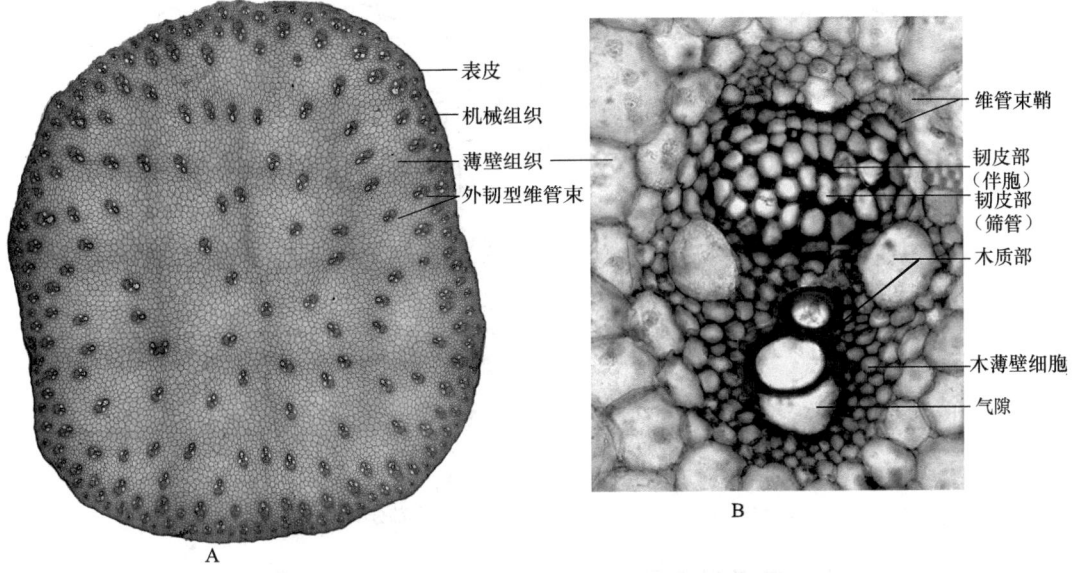

图 2-19 玉米茎横切（A）和一个维管束放大（B）

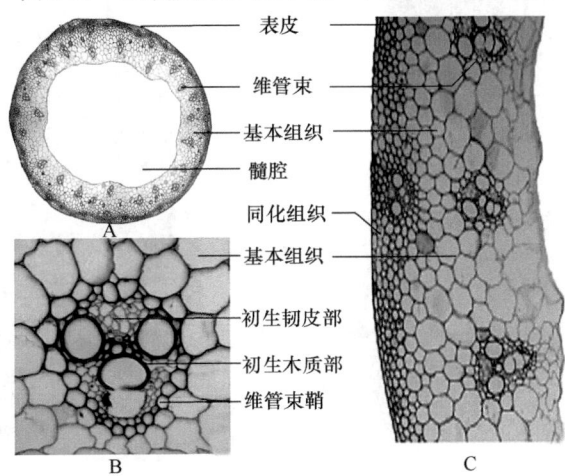

图 2-20 小麦茎横切（A）、部分茎（C）和一个维管束放大（B）

较少，外环细胞较小较多；③茎中央具中空的髓腔。

（3）取水稻茎横切片或徒手切片制作的临时装片，显微镜观察，其结构与小麦茎大致相同。主要区别为：①表皮细胞有一些外突，它们是短细胞中的硅细胞和栓细胞；②茎的基本组织中有一些气腔，即通气组织；③穗下节间横切，其外环维管束和该处的机械组织、表皮细胞一起凸起成棱。

（三）其他单子叶植物茎的结构

观察龙血树或刺苦草等单子叶植物茎的横切片。其观察步骤和解剖结构大体与禾本科植物的茎相似，也由表皮、基本组织（皮层）和散生的维管束组成（图 2-21、图 2-22）。

龙血树的茎尖可以产生形成层，但其起源和活动情况与双子叶植物有很大不同。其次生生长的分生组织发生于初生维管束外围的薄壁组织，由此产生新的维管束（图 2-21）。新维管束主要由管胞和少量的薄壁组织细胞组成。

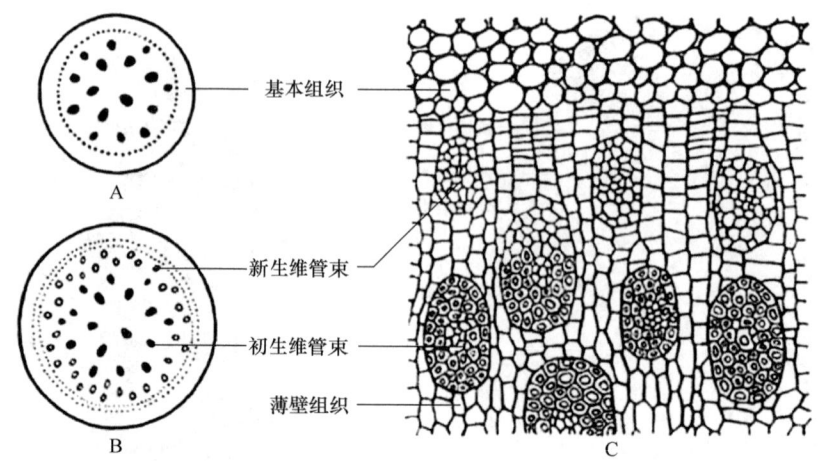

图 2-21　龙血树茎部分横切
A. 幼茎横切简图；B. 老茎横切简图；C. 老茎部分横切结构详图

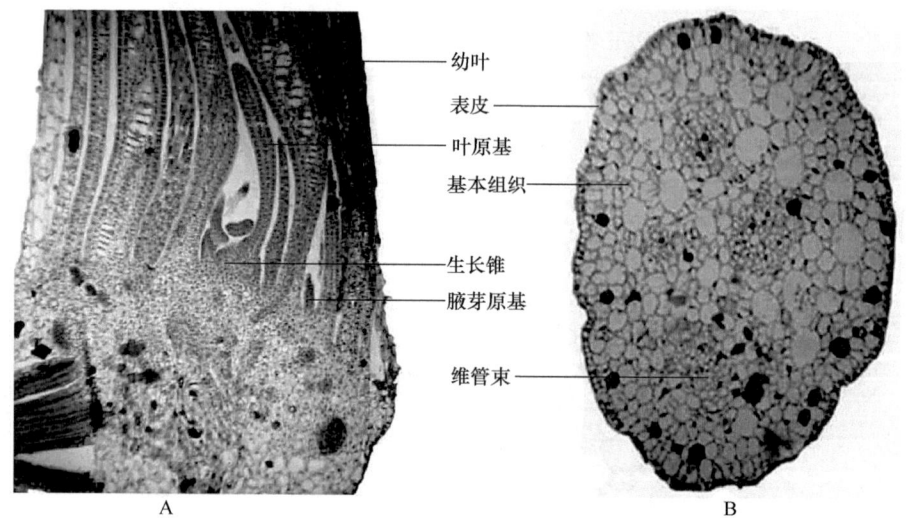

图 2-22　刺苦草茎尖纵切面（A）与茎的横切面（B）（何金铃，2007）

四、作业

（一）课内作业

（1）绘制（或数码拍摄）两种不同类型禾本科植物茎的横切面结构简图，并标注各结构名称。

（2）绘制（或数码拍摄）禾本科植物茎一个维管束的横切结构详图，并标注各结构名称。

（二）课外作业

列表比较双子叶植物茎与禾本科植物茎的形态与解剖结构差异。

实验七　叶的形态与结构

一、目的与要求

（1）了解单子叶、双子叶植物叶的基本形态与结构特征。
（2）了解裸子植物叶的解剖结构特征，了解离区的发生部位及其结构。

二、材料与器具

1. 实验材料

（1）植物永久玻片标本：蚕豆叶表皮、棉叶横切片、苹果或梨叶横切片、小麦叶表皮装片，小麦叶、玉米叶横切、眼子菜（*Potamogeton octandrus* Poir.）叶横切片，植物叶柄离区纵切片。

（2）新鲜植物材料：天竺葵（*Pelargonium hortorum* Bailey.）、菠菜（*Spinacia oleracea* L.）、菝葜（*Smilax china* L.）、小麦、玉米、葱（*Allium fistulosum* L.）、松（*Pinus* sp.）等新鲜叶片，洋槐（*Robinia pseudoacacia* L.）或紫叶李（*Prunus cerasifera* Ehrh.）的阳生叶、阴生叶。

（3）离析材料：小麦叶肉离析材料。

2. 实验器具

光学显微镜、载玻片、盖玻片、刀片、纱布、擦镜纸、镊子等。

3. 实验药剂

1% 番红、0.5% 固绿、碘液等。

三、内容与方法

（一）叶的形态组成

完全叶的组成包括叶片、叶柄和托叶三部分，如桑科、锦葵科、木兰科等植物的叶。不完全叶的组成常缺少托叶或叶柄。

（二）双子叶植物叶片的解剖结构

双子叶植物的叶片由表皮、叶肉、叶脉三部分组成。取蚕豆叶表皮永久玻片或临时装片，进行表皮层细胞类型和组成的观察。

（1）表皮。取棉叶（或苹果、梨叶）横切片，观察其叶片结构（图 2-23），可见其表皮细胞是叶片外表的一层细胞，横切面呈长方形，径向壁长度基本一致，因而成为整齐的一层。外壁角质化，有近透明的角质层（膜）。气孔的保卫细胞形状不规则，较小，成对存在，2 个保卫细胞间下方可见气室。下表皮中的气孔数常多于上表皮的气孔数。

（2）叶肉。棉叶叶肉细胞位于上、下表皮之间，分化为栅栏组织和海绵组织。

栅栏组织：紧接上表皮的一至数层圆柱状细胞，其长轴与表皮垂直，排列紧密。细胞内含较多的叶绿体，因此叶片上表面绿色较深，是进行光合作用的主要场所。

海绵组织：靠近下表皮的几层形状不规则、胞间隙大的细胞，含叶绿体较少，在气孔器的内方常有大而明显的气室。

（3）叶脉。观察棉、菠菜等的叶片正面，可见叶脉颜色较浅，为条索状，贯穿于

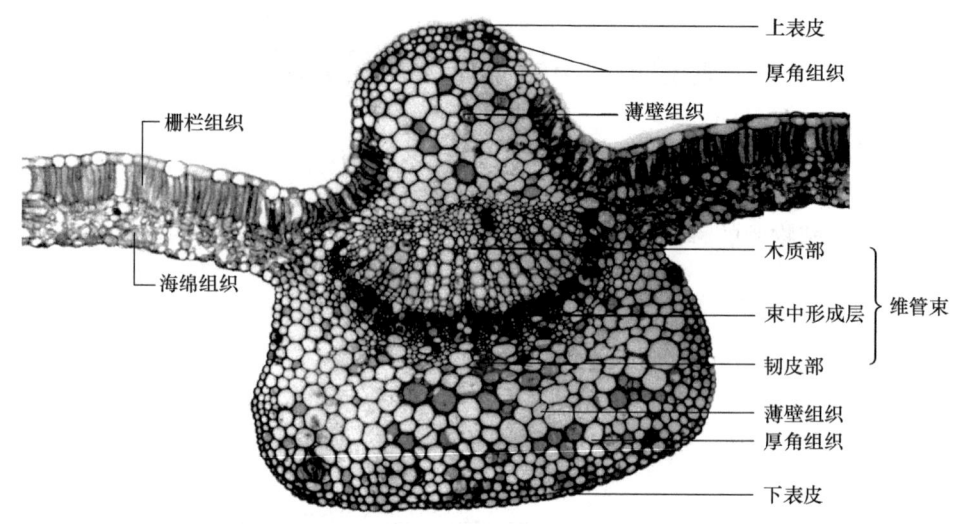

图 2-23 棉叶片过主脉横切

叶肉间，粗细不同的叶脉交织成网状，称为网状脉。位于叶片中央最粗大的叶脉称为主脉；主脉的分支称为侧脉，侧脉的分支称为细脉或小脉，细脉仍可分支，细脉的末端称为脉梢。叶脉起支持、输导作用，其主要成分为维管束，随着叶脉越来越细，其中的维管组织也越来越简单。

利用棉叶或梨叶横切片观察主脉横切面，从表皮向内依次可见数层厚角组织、薄壁组织及无限维管束。维管束近上表皮的部位为木质部，内有数个大导管；近下表皮的部位为韧皮部，二者之间为 1~3 层扁平小细胞组成的形成层，其活动微弱，故叶脉增粗生长不明显。切片中有时可观察到部分细脉的纵切部分，可见环纹导管或螺纹导管。

（三）禾本科植物叶的结构

禾本科植物的叶片结构也是由表皮、叶肉、叶脉三部分组成的。

（1）表皮。观察小麦叶表皮装片，可见表皮由较长、近矩形的表皮细胞排列成较规则的纵列，短小的栓细胞、硅细胞分布其间。表皮上还有规律地分布着成列的气孔器，气孔器由 2 个哑铃形的保卫细胞和 2 个近菱形的副卫细胞组成（图 1-10B）。

观察小麦叶片横切片，可见其结构包括（上、下）表皮、叶肉和叶脉三个部分（图 2-24）。上、下表皮各为一层细胞，表皮细胞较小，近矩形；泡状细胞（运动细胞）仅分布于上表皮中，为较大的薄壁细胞，常 3~5 个排列成扇形；保卫细胞小，其外侧各有一个稍大的副卫细胞，气孔器下常有气室。

（2）叶肉。小麦叶肉均是富含叶绿体的薄壁组织，无栅栏组织、海绵组织之分。离析小麦旗叶叶肉细胞制成临时装片，可观察到叶肉细胞的峰、谷、腰、环结构。

（3）叶脉。小麦的叶脉颜色较浅，为条索状结构。侧脉粗细相近，彼此大致平行，最终在叶尖或叶基汇合，称为平行脉。叶肉内可能有细脉存在，但肉眼不易观察。

观察叶脉结构，从表皮向内依次可见 1 至数层机械组织和有限维管束等。机械组织称为维管束鞘延伸区，起机械支持作用。维管束近上表皮的部位为木质部，内有 2 个或 3 个大导管；近下表皮的部位为韧皮部。

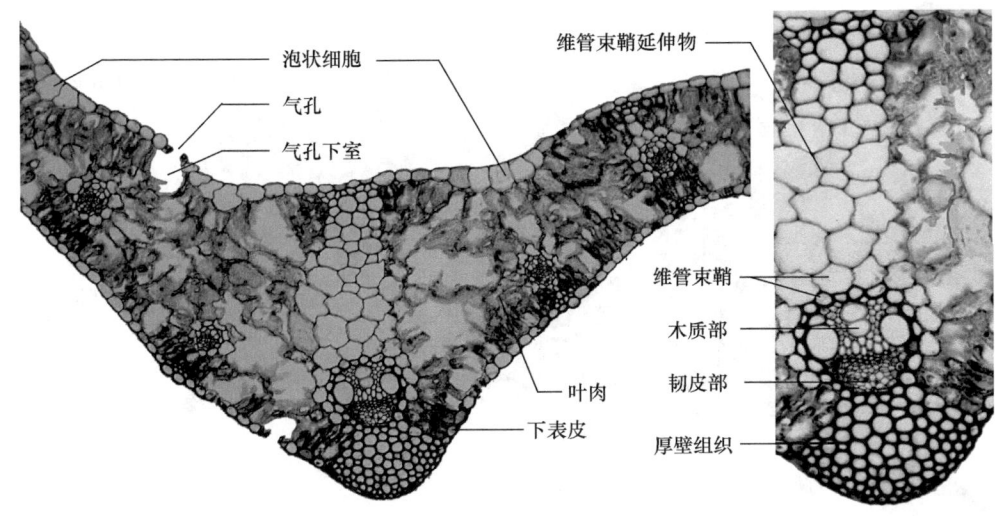

图 2-24　小麦叶过中脉横切

小麦是 C_3 植物，玉米为 C_4 植物，C_3 植物与 C_4 植物（如玉米等）叶片维管束结构有明显差异。

C_3 植物维管束鞘由 2 层细胞组成：第 1 层在大导管外侧，细胞较小，是厚壁细胞；其外是第 2 层，细胞稍大，是薄壁细胞，内含少量的叶绿体。

玉米、高粱等是 C_4 植物。C_4 植物叶片典型结构特征之一是其维管束鞘仅由一层薄壁细胞组成，位于大导管外侧，细胞较大，其所含叶绿体比叶肉细胞中的多而大且相对集中，分布于细胞外侧边缘，呈"花环"状。C_4 植物的另一个典型结构特征是维管束鞘外侧的一层长椭圆形叶肉细胞，围绕维管束呈辐射状排列（图 2-25）。

与小麦叶相比，水稻叶横切结构的主要特点是：表皮层具乳凸，上表皮泡状细胞发达；中肋（脉）粗，内含有数个维管束且具较发达的气腔；叶肉细胞具有峰、谷、腰、环结构（图 2-25）。

（四）裸子植物叶的结构

百合等单子叶植物的叶结构与双子叶植物叶结构相似。

以松针叶横切片为例，观察裸子植物的叶片结构，由外及内可见其由表皮系统、叶肉和叶脉组成（图 2-26）。

（1）表皮。表皮系统包括表皮和下皮层两部分。表皮细胞一层，细胞腔小，细胞壁厚，外壁上覆有厚的角质层。下皮层是表皮下的数层厚壁细胞，可见气孔的保卫细胞深陷于下皮层，副卫细胞拱盖在其上方。想一想松树叶表皮系统的这一特点有何适应意义。

（2）叶肉。位于表皮系统下方，为具内褶的薄壁细胞（有无栅栏组织与海绵组织的分化？）。叶肉内分布的许多腔状结构，称为树脂道。叶肉与内部的维管束之间有一圈明显的细胞，细胞壁可增厚并木质化，称为"内皮层"，其作用是什么？

（3）叶脉。单一主脉含 1~2 个维管束，主要由管胞、筛胞组成。维管束与"内皮层"之间具有传递细胞特征的结构，有利于维管束与叶肉组织间的物质运输。

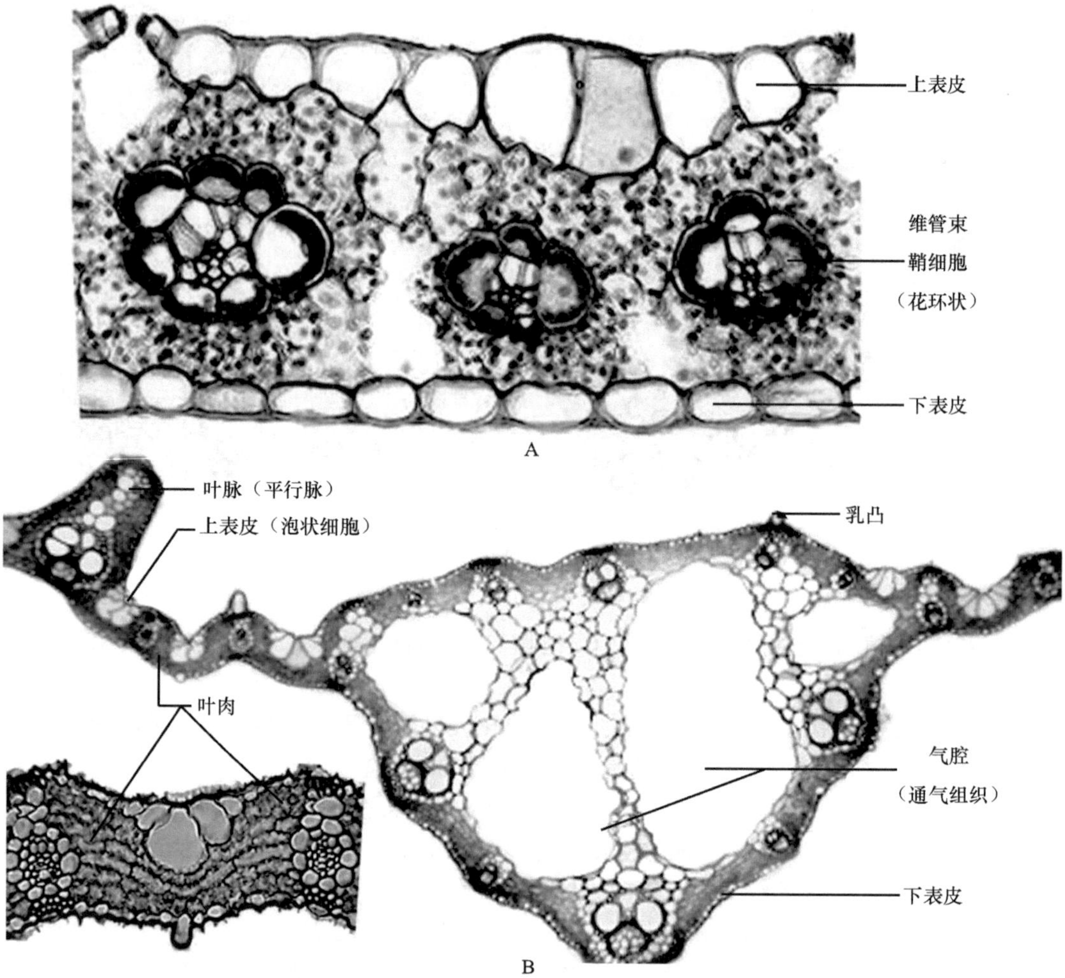

图 2-25 玉米（A）、水稻（B）叶部分横切

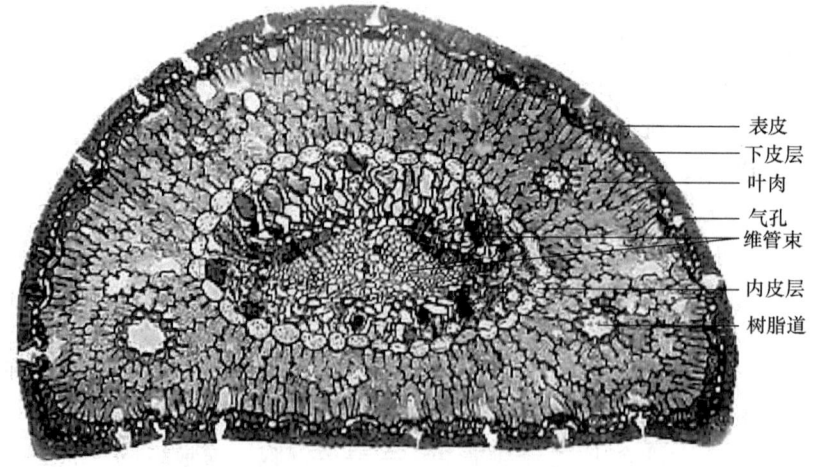

图 2-26 松叶横切

（五）离区

观察银杏叶和叶柄的结构。

观察杨树叶柄离区永久切片，可见有几层排列整齐、扁平的小细胞将茎与叶柄分开，这几层细胞共同组成离区（图2-27）。染色的切片中，此区细胞颜色与周围细胞明显不

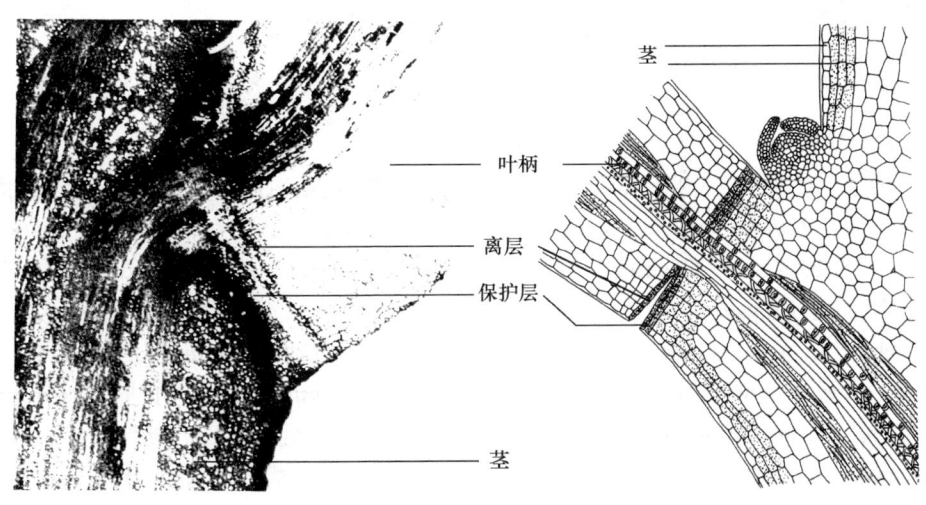

图 2-27　叶柄基部纵切示离区

同；其两侧的细胞颜色也不同，茎侧的细胞染色较深，叶柄侧的细胞染色较浅。随着离区的继续发育，离区细胞间的胞间层黏液化，解体消失，离区细胞分化成两部分，靠近茎一侧的细胞栓化为保护层，远离茎的为离层。当叶柄基部形成离层、保护层后，在外力作用下，叶柄将在离层处与枝条分离，使叶片脱落。

四、作业

（一）课内作业

（1）绘制棉叶片横切面简图，每种组织各绘数个细胞（或数码摄图），并注明各部分结构与组织名称。

（2）绘制小麦叶片横切面结构简图和部分结构详图（或数码摄图），并标注各部分结构与组织名称。

（二）课外作业

（1）分别选择10种常见植物，指出它们的叶所属类型和各自的组成特征。

（2）以棉和小麦为例，列表比较这两类植物叶的形态和结构各有哪些不同。

实验八　营养器官的变态

如何判断营养器官的变态？所谓变态是相对正常器官结构而言的，只要用正常器官结构的总原则去衡量分析，就容易区分开来。例如，茎具有节、节间，节上有叶和芽等；叶着生在茎上；根不具有节，不产生叶等。

功能相同、形态结构相似、来源不同的变态器官称为同功器官，如茎刺和叶刺、茎卷须和叶卷须等。来源相同、功能和形态不同的变态器官称为同源器官，如茎刺和茎卷

须、支持根和贮藏根等。

本实验内容各学校可根据专业特点和要求选择。

一、目的与要求

识别营养器官的变态，了解变态器官的来源类型和特征。

二、仪器与器具

1. 实验材料

（1）萝卜、胡萝卜、甜菜（*Beta vulgaris* L.）的肉质直根，甘薯的块根，玉米、高粱的支柱根，常春藤［*Hedera nepalensis* K. Koch. var. *sinensis*（Tobl.）Rehd.］、爬山虎［*Parthenocissus tricusppidata*（Sieb. et Zucc.）Planch.］等的气生根，菟丝子（*Cuscuta chinensis* Lam.）的腊叶标本，竹鞭、莲（*Nelumber nucifera* Gaertn）藕、马铃薯块茎、洋葱鳞茎、荸荠（*Eleocharis tuberosa* Schult.）、芋头［*Colocasia esculenta*（L.）Sochott］、慈姑（*Sagittaria sagittifolia* L.）的球茎，莴苣（*Lactuca sativa* L.）的肉质茎，皂荚（*Gleditsia sinensis* Lam.）、枸杞（*Lycium chinense* Mill.）、火棘［*Pyracantha fortuneana*（Maxim.）Li.］等的枝刺，葡萄（*Vitis vinifera* L.）或葫芦科（Cucurbitaceae）植物的卷须，草莓（*Fragaria ananassa* Duch.）、蛇莓［*Duchesnea indica*（Andr.）Focke］的葡匐茎，竹节蓼［*Homalocladium platycladium*（F. Muell）Bailey］、昙花［*Epiphyllum oxypetalum*（DC.）Haw.］等的叶状茎（枝），豌豆（*Pisum sativum* L.）、菝葜（*Smilax china* L.）的叶卷须，仙人掌科（Cactaceae）植物的叶刺，刺槐（*Robinia pseudoacacia* L.）的枝条，棉花、菊科（Asteraceae）植物的头状花序，其他各类新鲜、干制或浸制的常见植物变态器官标本。

（2）萝卜、胡萝卜、甜菜肉质直根的横切片，甘薯块根、马铃薯块茎的横切片。

2. 实验器具

光学显微镜、体视镜、镊子、解剖针、载玻片、盖玻片、刀片、吸水纸等。

3. 实验药剂

1% 番红、0.5% 固绿、碘液等。

三、内容与方法

（一）根的变态

（二）茎的变态

（三）叶的变态

四、作业

（一）课内作业

（1）将观察的植物鉴别后，填入表 2-1。

表 2-1 常见植物的变态器官来源及其特征

植物名称	变态器官	变态器官来源	形态、结构和功能	其他（鉴别依据及特征等）

（2）举例说明什么是"同源器官"？什么是"同功器官"？
（二）课外作业
（1）列表比较各类变态器官的来源、特征、功能和植物种类。
（2）简述同功器官和同源器官在植物进化及对环境适应方面的意义。
（3）列出你所见所闻的植物中，还有哪些变态器官，简要说明说出它们的特征。

综合·设计·探索

在不同生境条件下，植物的根、茎、叶结构均具有与生境相适应的特征。与水生植物相比，一般旱生植物各营养器官的吸收组织、机械组织、输导组织、保护组织均较发达。与阴生植物相比，一般阳生植物茎、叶的结构具有减少蒸腾、加强光合作用的特点。

研究植物根系形态建成规律和结构差异，对制定种植制度、实施田间管理和调节植物生长，实现优质、高产栽培很有意义。

一、目的与要求

（1）了解不同生境条件下，单子叶、双子叶植物根、茎、叶形态结构特征的差异。
（2）了解不同双子叶植物（木本植物、草本植物，直根系植物与须根系植物）根系形态、生长发育动态和结构建成规律，了解植物体的形态、结构、功能与生态环境相统一性。

二、材料与器具

1. 实验材料

（1）水生植物：水稻、睡莲（*Nymphaea tetragona*）、黑藻、浮萍（*Lemna minor* Linn.）和水花生［*Alternanthera philoxeroides*(Mart.)Griseb.］（陆生、水生植株）等的成株或幼苗。

（2）陆生植物：小麦、玉米、蚕豆、棉花、洋槐、大豆等的成株或幼苗。

（3）阴生植物：吊兰（*Chlorophytum comosum* R. Br.）、酢浆草（*Oxalis corymbosa* DC）、龟背竹（*Monstera deliciosa*）等。

（4）阳生植物：大叶黄杨（*Euonymus japonicus* Thunb.）、夹竹桃（*Nerium indicum* Mill.）、光叶海桐（*Pittosporum glabratum* Lindl.）（具阳生叶、阴生叶）、玉米等。

（5）须根系植物：车前（*Plantago asiatica* L.）或平车前（*Plantago depressa* Willd.）。

2. 实验器具

光学显微镜、体视镜；放大镜、测微尺、游标卡尺，盖玻片、载玻片、滴瓶、表面皿，刀片、解剖针、镊子、镐、铲等。

3. 实验药剂

10%甘油水溶液、0.5%固绿、1%番红水溶液等。

三、内容与方法

1. 不同生境条件下植物根、茎、叶的形态结构特征比较

（1）根。选取在不同生境中生长的代表植物1种或2种，分别取其根毛区的根段（主、侧根的次序、位置必须一致）制作横切临时装片（参见第三篇第七章），观察比较表皮、皮层、维管柱结构特征的异同，注意各组成部分的细胞大小，细胞壁的厚薄和加厚式样，细胞间隙的有无、多少与大小，以及组成部分的比例，等等。尤其注意通气组织、输导组织的发育及分布特征。

（2）茎。取（1）中的植株嫩枝，制作徒手切片，方法同上。注意由外而内观察各细胞层次，比较表皮、皮层、维管柱（维管束）结构特征的异同。

（3）叶。取上述植物的叶，观察比较叶的形态组成（如单叶与复叶、完全叶和不完全叶、平行脉与网状脉等），测量和评价叶的形态、大小等性状特征。

撕取上述植物叶片的上、下表皮，观察比较表皮细胞组成、形状及气孔器的结构与各类细胞的分布式样或规律等；制作叶片横切临时装片，观察比较表皮（角质层的厚薄）、复表皮的有无，叶肉（栅栏组织、海绵组织的发育与分布，栅栏组织的细胞层数、所占比例等）、叶脉的结构异同等。

2. 单子叶植物与双子叶植物根、茎、叶间的形态结构差异比较

（1）根。观察比较小麦、玉米、大豆和蚕豆等植物根系的形态、主侧根发生规律，分别取其根毛区根段，制作横切临时装片，比较表皮、皮层、维管柱结构细胞组成特征的异同。

（2）茎。观察上述4种植物的枝条，注意主侧枝关系，弄清各自的分枝方式。

分别取上述4种植物的茎尖，在其幼嫩处和较老处作横切临时装片，从细胞层次观察比较表皮、皮层、维管柱（维管束）结构特征的异同。

（3）叶。取上述4种植物的叶，评价其叶的形态、叶的组成，测量叶的形态、大小等特征（观察同上）。

分别撕取不同植物叶片的上、下表皮，观察比较表皮细胞组成、形状及气孔器的结构等；制作叶片横切临时装片，观察比较表皮、叶肉、叶脉的结构异同；用火棉胶（或指甲油、胶水等）涂于叶表皮上，待其凝固后将膜片揭下，制作临时装片显微镜观察，随机统计10个视野内的气孔数目，气孔器的结构、大小及特征，评价它们之间的差异。

3. 不同类型（木本与草本或直根系与须根系）**根系生长动态观察**

分别将洋槐、棉、大豆、蚕豆、小麦和玉米等不同类型植物的种子（籽粒）播种于玻璃缸中，观察种子（籽粒）萌发过程中根系不同阶段外部形态及内部结构的动态变化过程；或直接野外挖掘不同植物的根系，冲洗干净后比较观察。

外部形态指标：测量根不同生长阶段的生长量，侧根发生时间、规律及数量等。

内部结构变化：制作不同生长阶段根的临时装片，观察比较其内部结构的变化。

四、作业

（1）比较描述不同类型植物间根、茎、叶形态建成和分布的规律，指出它们的特征。

（2）图示或数码摄图并标注各部分组织结构名称，比较叙述单子叶、双子叶植物间根、茎、叶的结构特征差异。

（3）图示或数码摄图并标注各部分组织结构名称，并简述在不同生境条件下，不同植物根、茎、叶间的形态结构差异。

第三章 被子植物生殖器官的形态和结构

花由花芽发育而来,是适应于生殖、节间高度缩短的变态短枝。花的组成和各组成部分的数目与形态特征是被子植物分类的主要依据。

实验九 花的组成与结构

一、目的与要求

(1) 了解花的各个组成部分、常见花的类型,掌握典型花的结构、组成及相关的名词和概念。

(2) 了解花各组成部分的形态与功能的相互关系及适应性。

二、材料与器具

1. 实验材料

(1) 新鲜或浸渍材料:桃、杏(*Armeniaca vulgaris* Lam.)、山桃 [*Amygdalus davidiana* (Carr.) C. de Vos ex Henry]、油菜(*Brassica chinensis* L.)、紫丁香(*Syringa oblate* Lindl.)、菊(*Dendranthema grandiflorum* Ramat Kitam.)、蒲公英(*Taraxacum mongolicum* Hand.-Mazz)、槐(*Sophora japonica* L.)等植物的花。

(2) 植物永久玻片标本:荠菜 [*Capsella bursa-pastoris* (L.) Medic.]、油菜、棉花、向日葵、梅(*Armeniaca mume* Sieb.)、桃等花芽分化不同时期的花蕾永久切片。小麦、玉米或水稻花芽分化各期的幼穗永久切片。

2. 实验器具

光学显微镜、体视镜、滴瓶、载(盖)玻片、解剖针、镊子、单(双)面刀片、擦镜纸、吸水纸、纱布等。

三、内容与方法

(一) 花的组成

取桃(或山桃、杏)等新鲜或浸渍的完全花,观察其外形,先找到花梗和花托,然后用镊子(或解剖针)拨开花朵或用刀片纵切花朵,由表及里注意观察和记录萼片(5片)、花瓣(5片)、雄蕊(多数)和雌蕊(一枚)的数目及各部分的相互关系(分离或联合),雄蕊由花丝和花药两部分组成、雌蕊从上到下由柱头、花柱和子房三部分组成(图3-1)。

(二) 双子叶植物花芽分化的过程与特征

花芽分化的时间和各部分分化的先后顺序随植物种类不同而不同。花芽分化的顺序一般以花萼最先分化,若有副萼,则副萼最先分化。以油菜或棉(也可用油茶或桃花)的花芽分化为例,说明双子叶植物的花芽分化过程与特征。

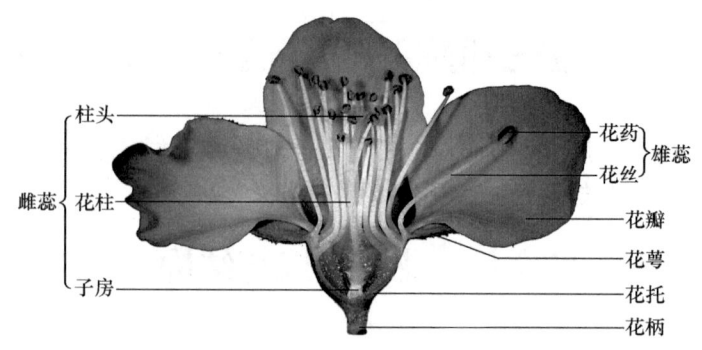

图 3-1 花的组成

（三）单子叶禾本科植物幼穗分化的过程与特征

水稻、小麦等禾本科植物的花和花序比较特殊，它们的分化一般统称为幼穗分化。禾本科植物的小花通常包括 2 枚浆片（鳞被）、3 枚或 6 枚雄蕊和 1 枚雌蕊，在小花的外侧有外稃、内稃各 1 枚。在小穗的基部两侧有外颖和内颖各 1 枚，小穗是组成花序的基本单位。

四、作业

（一）课内作业

绘制一朵完全花，注明各部分组成名称。

（二）课外作业

（1）举例描述花的组成部分及其各自的功能。
（2）比较小麦与水稻的小穗及花序幼穗分化过程的异同。
（3）试比较荠菜与小麦花序的特征及其各部分组成特征的差异。

实验十　雄蕊与雌蕊的发育和结构

雄蕊和雌蕊是花中与雄性、雌性生殖细胞产生直接有关的结构。一朵花中雄蕊和雌蕊的有无、多少、形态等均随植物种类的不同而异，其类型与特征是植物分类的重要依据。

一、目的与要求

（1）掌握雄蕊和雌蕊的组成和结构。
（2）了解花药和花粉粒的一般形态及结构组成特征。
（3）掌握子房、胚珠及成熟胚囊的结构组成特征。

二、材料与器具

1. 实验材料

百合花药幼期、成熟期横切片，花粉管萌发装片，百合子房发育各时期横切片，百合花药减数分裂各时期切片，花粉粒类型和花粉粒萌发装片，荠菜或油菜不同分化发育时期的花蕾。

2. 实验器具

光学显微镜、体视镜、放大镜、滴瓶、载（盖）玻片、解剖针、镊子、单（双）面刀片、擦镜纸、吸水纸和纱布等。

三、内容与方法

教师准备新鲜的花或浸渍的花，让学生观察雄蕊和雌蕊的组成及类型，必要时做纵切面观察，然后完成表3-1。

表3-1 几种常见植物的雌蕊、雄蕊类型

植物名称	雄蕊类型及特征	雌蕊类型及特征

（一）花药的发育与结构

1. 百合幼期花药

百合幼期花药永久切片：花药的横切轮廓如蝴蝶，有4个花粉囊，每个花粉囊外面是若干壁层，从外向内依次为表皮、药室内壁、中层（3层）、绒毡层；花粉囊内为花粉母细胞；花粉囊之间是药隔，药隔的中间是药隔维管束（图3-2）。

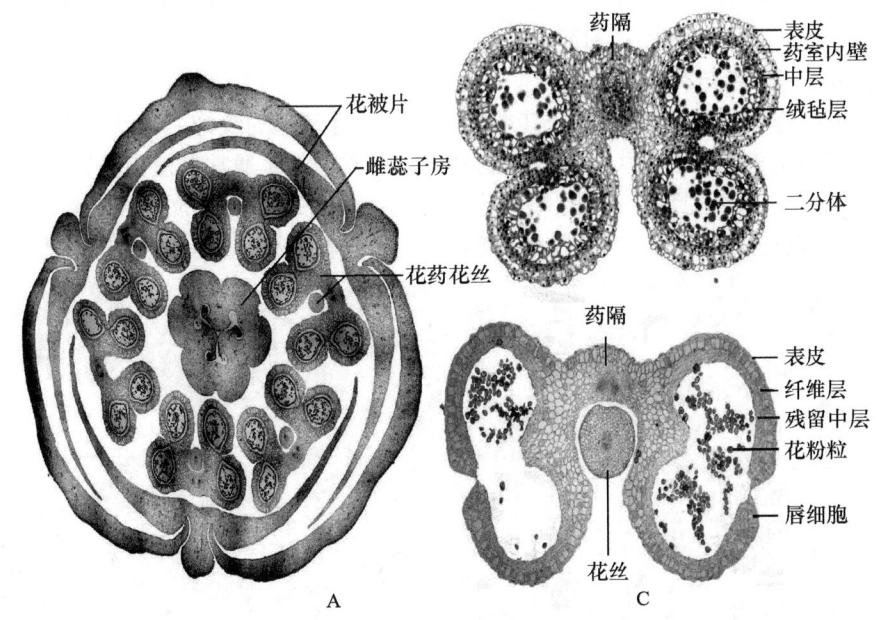

图3-2 百合花芽（A）、幼嫩花药（B）和成熟花药（C）横切

2. 百合成熟期花药

取百合成熟期花药永久切片，显微镜观察：整个蝴蝶形轮廓变大，花粉囊壁变薄，只有外面的表皮和里面的纤维层，开裂处的表皮细胞为唇细胞，细胞较大，染色较深。纤维层由药室内壁特化加厚而成。中层和绒毡层已作为花粉粒发育的原料被吸收，或仅残留部分。相邻两花粉囊壁处开裂，花粉囊内和开裂处可见成熟的花粉粒（图3-2）。

3. 花粉粒的发育与结构

取百合花药减数分裂永久制片，显微镜观察花粉囊内小孢子母细胞经减数分裂，形成四分体的过程。单子叶植物的四分体为四面体，由于观察侧面的不同，在花粉囊中有的呈4个细胞形态，有的看似2个细胞连在一起（图3-3）。

减数分裂后（或者说四分体分离后），由于胼胝质壁的溶解，单核花粉粒从四分体中游离出来，进一步发育为成熟花粉粒。其发育过程为：初期花粉粒的细胞壁薄、细胞质浓，细胞核位于细胞的中央。随着不断从绒毡层吸取养分，花粉粒体积增大，小液泡合并成大液泡，细胞核被挤向一侧（单核靠边期）。然后，细胞核不均等分裂形成一大一小两个细胞：大的近圆形，为营养细胞；小的纺锤形，为生殖细胞。大多数植物的成熟

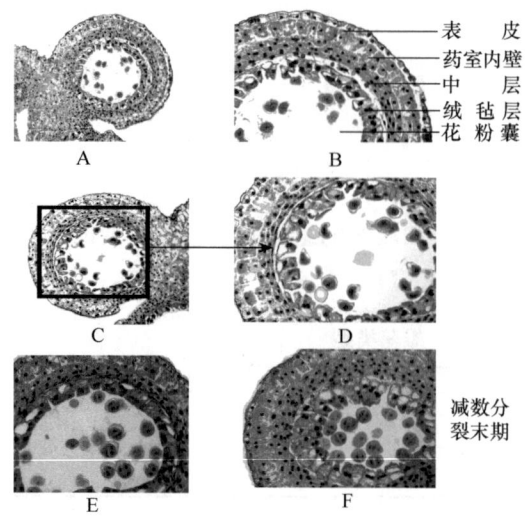

图3-3 百合花药减数分裂（田秀英摄）
A、B. 减数分裂前期的一个花粉囊；C、D. 减数分裂中期的一个花粉囊；E、F. 二分体、四分体时期的花粉囊

花粉粒为二细胞花粉粒。一些单子叶植物，如小麦、水稻等的生殖细胞进行一次有丝分裂，形成两个精细胞，成为三细胞花粉粒。

4. 花粉粒的形态与花粉粒的萌发

花粉粒的形态和构造十分多样，其形状、大小、外壁上的纹饰，以及萌发孔（沟）的数量和分布等特征都随植物种类而异，且这些特征非常稳定，通常是植物分类的依据之一。

显微镜下花粉粒类型装片可见：花粉粒的大小、形态、表面附属物、花纹等均不相同（图3-4），仔细观察你所看的装片，有几种花粉粒的类型？大小差异多大？有哪些附属结构？

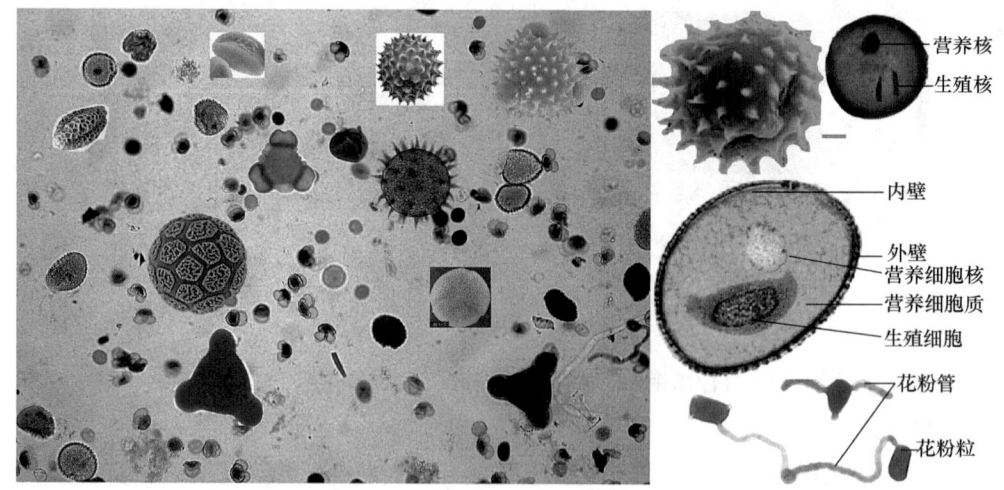

图3-4 花粉粒的形态与结构

显微镜下观察花粉管萌发装片，注意观察每个花粉粒上有几个萌发孔（沟）、花粉粒萌发出的花粉管数目。

（二）百合子房的发育与结构

1. 百合子房横切结构

先用肉眼观察百合子房永久制片，可见到其轮廓大致呈三角形，每个角上有一个小缺口，即为背缝线。然后将切片置于显微镜下，用低倍镜（4×）观察整个轮廓，可见百合子房是由三个心皮连合形成的三室子房，属于复雌蕊。背缝线下边有几个厚壁细胞的地方为背束维管束，背缝线正对着三个子房室，每室的腹缝线两侧着生着胚珠，横切面可见两个胚珠，每个子房室里则是两列。所以，该子房是三心皮三室中轴胎座。注意识别背缝线和腹缝线。腹缝线内侧也有腹束维管束，共6束（图3-5）。

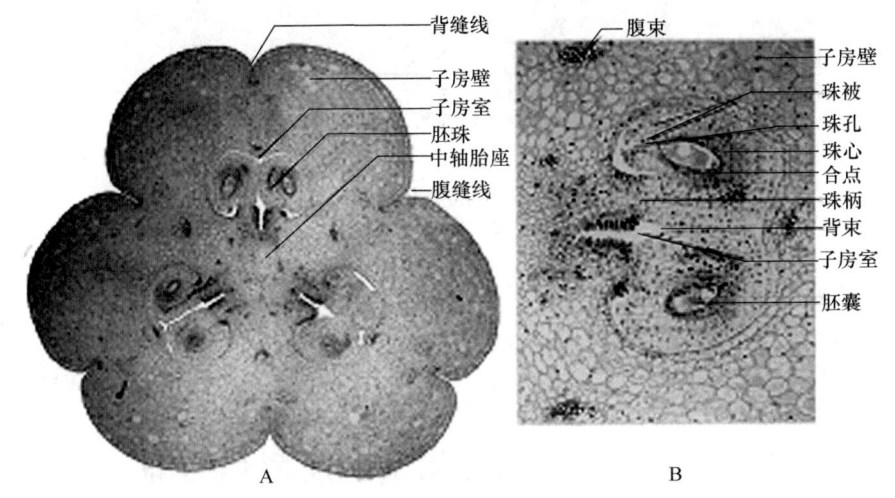

图3-5 百合子房横切（A）及一个子房室放大（B）

2. 百合胚囊的发育与成熟胚珠的结构

取百合胚囊发育各时期永久制片置于显微镜下，先用低倍镜找到正好经中央纵切的胚珠，可观察到在珠心组织中有一个核大、质浓的细胞，为大孢子母细胞，此时珠被刚刚开始形成突起。大孢子母细胞进行减数分裂（有时可看到正处在分裂期的细胞），形成二核胚囊、四核胚囊、八核胚囊，珠被也在逐渐长大形成，直至胚囊成熟（贝母型胚囊）。这时，可清楚地观察到：①珠被，包在胚珠外围，分为外珠被和内珠被两层；②珠孔，内、外珠被的顶端不闭合所保留的孔隙，注意珠孔和珠柄在同一侧，为倒生胚珠（绝大多数被子植物的胚珠属于此类型）；③合点，位于珠孔相对的另一端，是由胎座进入胚珠的维管束，经珠柄分叉进入珠被与珠心，是三者的汇合处；④珠心，珠被包围着的部分；⑤胚囊，位于珠心中央，成熟胚囊内有7个或8个细胞，即珠孔端的3个细胞（居于中间较大的1个是卵细胞，两侧2个较小的为助细胞，三者构成卵器）、合点端的3个细胞（反足细胞）、胚囊中间（多靠近珠孔端）有2个极核或融合为1个中央细胞（图3-6）。

四、作业

（一）课内作业

（1）绘制或数码拍摄百合成熟花药横切结构详图，注明各部分结构的名称。

（2）绘制百合子房横切结构简图，注明各部分结构的名称。

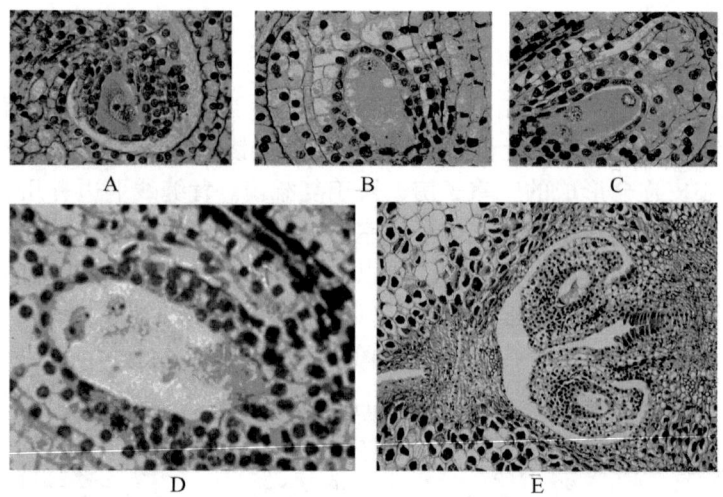

图 3-6 百合胚囊的发育及成熟胚珠的结构（田秀英摄）
A. 大孢子母细胞时期的胚珠；B. 二核胚囊；C. 四核胚囊；D. 八核胚囊；E. 2 个成熟胚珠

（二）课外作业

（1）绘制一个成熟胚珠的结构详图，注明各部分结构的名称。
（2）写出从花粉母细胞至成熟花粉粒、胚囊母细胞至成熟胚囊的发育过程与特征。

实验十一 种子与果实的发育和结构

被子植物开花、传粉和受精后，卵细胞受精发育成胚，极核或中央细胞受精发育成胚乳，珠被发育成种皮。因此，种子是由胚珠发育而来的结构。雌蕊的子房壁则发育成果皮，整个子房发育成果实。不同植物成熟的种子和果实有着不同的形态结构和类型，它们是植物分类的重要依据，也是人类生产和生存的重要食物来源。

一、目的与要求

（1）掌握种子与果实的发育和结构。
（2）了解种子和果实的基本类型与特征，了解幼苗的形态组成、类型与意义。

二、材料与器具

1. 实验材料

（1）植物永久玻片标本：油菜或荠菜花芽（胚珠）的系列纵切，小麦（*Triticum aestivum* L.）或水稻（*Oryza sativa* L.）的胚珠或子实纵切，胡桃、蓖麻（*Ricinus communis* L.）、慈姑（*Sagittaria pygmaea* Miq.）的种子纵切。

（2）实物材料：菜豆（*Phaseolus vulgaris* L.）、棉、慈姑的种子。玉兰（*Magnoli denudate* Desr.）、梧桐［*Firmiana platanifolia*（L. f.）Warsili］、八角（*Illicium verum* Hook. f.）、油菜、荠菜［*Capsella bursa-pastoris*（L.）Medic.］、大豆、落花生、绿豆（*Phaseolus radiatus* L.）、蚕豆、陆地棉（*Gossypium hirsutum* L.）、蓖麻（*Ricinus communis* L.）、罂粟（*papaver somniferum* L.）、

高粱 [*Sorghum bicolor* (L.) Moench]、小麦、玉米 (*Zea mays* L.)、栗 (*Castanea mollissima* Blume)、枫杨 (*Pterocarya stenoptera* DC.)、向日葵、蒲公英 (*Taraxacum mongolicium* Hand.-Mazz.)、胡萝卜、番茄 (*Lycopersicon esculentum* Mill.)、辣椒、柑橘 (*Citrus reticulate* Blanco)、桃、李、西瓜、黄瓜 (*Cucumis sativus* L.)、苹果、梨 (*Pyrus communis* L. var. *sativa* DC.)、莲、草莓 (*Fragaria ananassa* Duchesne)、悬钩子、无花果 (*Ficus carica* L.)、桑 (*Morus alba* L.)、菠萝 [*Ananas comosus* (L.) Merr.] 等植物的果实。

2. 实验用具

光学显微镜、体视镜、放大镜、解剖针、镊子、培养皿、刀片等。

3. 实验药剂

碘-碘化钾、甲基苯胺蓝等。

三、内容与方法

(一) 荠菜胚和核型胚乳的发育

取荠菜子房（从幼嫩胚珠到成熟胚珠）系列纵切片，低倍镜下观察，可见荠菜子房呈倒三角形、假二室，胚珠倒生。在幼嫩的子房切片中，选较完整的胚珠纵切，仔细辨认珠被、珠心、珠孔和合点。在近珠孔一侧的胚囊内，找出处于原胚期的胚和胚柄，记录并描述其可能的细胞数目和特征。对于原胚初期的结构特征，可转用高倍镜进一步观察胚柄和原胚结构，胚柄细胞有几个（一般成熟的胚柄有 7~9 个细胞，且在珠孔端的 1 个胚柄细胞大、高度液泡化，此为胚柄基细胞），胚细胞有多少（1 至若干个，由初期的 1 个细胞经有丝分裂形成 2 个、4 个、8 个、16 个细胞，最后形成多细胞的球形原胚，此为原胚期）（图 3-7A、B）。

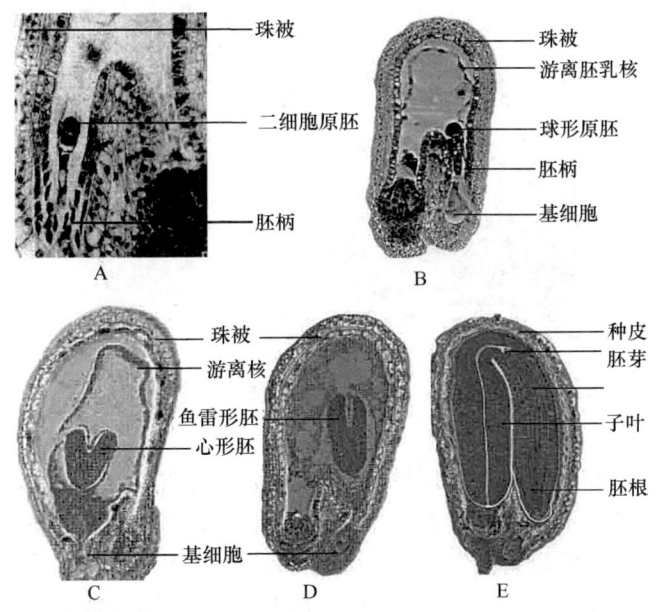

图 3-7 荠菜胚的发育过程

原胚期：A. 2 个细胞的原胚；B. 球形胚。幼胚期：C、D. 心形胚、鱼雷形胚。成熟胚：E. 成熟胚

在球形原胚期及其以前，受精极核（初生胚乳核）只进行细胞核分裂，形成由许多游离胚乳核组成的初生胚乳（图 3-7A、B、C）。

球形胚前端两侧进一步发育出的细小凸起部分为子叶原基，在纵切面上，胚体形似心脏，称为心形胚期（图 3-7C）。其后胚体进一步生长分化，子叶原基快速生长，胚体似鱼雷形，称为鱼雷形胚期（图 3-7D），胚囊周边的游离核周围出现细胞壁，向心形成胚乳细胞。胚体进一步生长，两片子叶弯曲生长，胚柄和胚乳细胞逐渐消失，养分转移到胚中（图 3-7D、E）。

成熟胚的胚根位于珠孔端，胚根之上为胚轴，子叶两片、肥大位于合点端，胚芽极小，位于两片子叶的基部（图 3-7E）。此时珠被发育成种皮，整个胚珠发育成了种子。

学生可以在老师的指导下，取不同大小（发育时期或阶段亦不同）油菜或荠菜等植物的花芽若干（最好是新鲜的或冷藏的植物材料），应用压片法观察和描述其胚的发育过程和特征。必须指出：胚发育初期，尤其是受精卵最初几次分裂形成的原胚比较难清楚地找到和观察到。在观察胚发育的过程中，学生应更加耐心细致，反复去做、去练，才能找全胚发育的各个时期，看清不同时期胚的特征，培养学生的显微操作能力。

（二）小麦或水稻胚与胚乳的发育

受粉约 3h 后，小麦或水稻的初生胚乳核开始分裂。2 天后，胚囊周边的游离核逐渐向心发育形成细胞壁，并分裂产生新的胚乳细胞，向子房中央推进（图 3-8）。

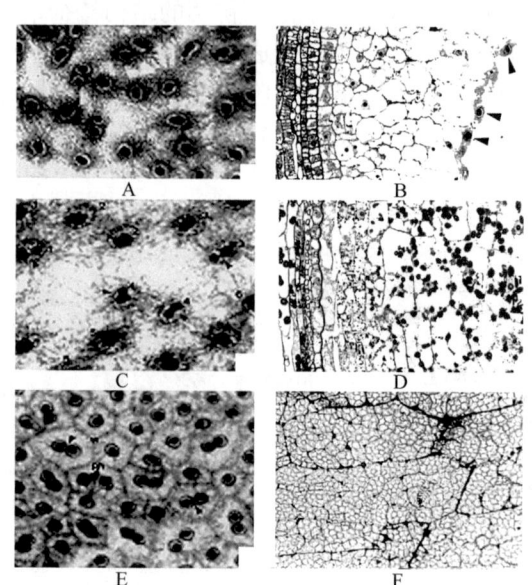

图 3-8 水稻胚乳发育过程
A、C. 游离核分裂；E. 细胞壁形成；B、D、F. 胚乳的细胞化与淀粉粒积累

胚的发育滞后于胚乳的发育，历经原胚期、幼胚期和成熟胚期的发育过程。与荠菜等双子叶植物胚的发育不同，小麦或水稻等单子叶禾本科植物的胚在发育的原胚期以梨形胚为最后阶段，幼胚期只有极短暂的心形胚阶段，内侧一枚子叶原基的生长显著快于外侧另一枚子叶原基的生长，胚体出现不对称弯曲，并开始胚结构的发育与分化成熟。

在观察小麦等单子叶禾本科植物胚的发育时，应注意胚在整个胚珠中的位置，以及成熟胚，尤其是子叶的位置、大小和结构等特征。为什么说小麦等禾本科植物是单子叶植物？这是因为小麦等的成熟胚仅具一枚明显的子叶（位于胚体的内侧，与胚乳接邻），另一枚子叶很小（位于胚体的外侧，与种皮相邻，在发育形成初期停止生长）。比较荠菜等双子叶植物成熟胚的结构与小麦等植物成熟胚的结构有何不同（在胚芽和胚根的外围分别有胚芽鞘和胚根鞘包裹）（图 3-9）？想一想，胚芽鞘和胚根鞘的作用是什么？

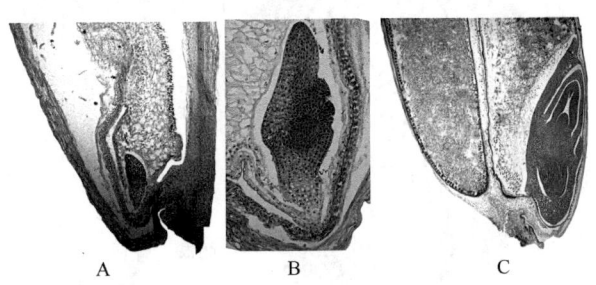

图 3-9 小麦胚的发育
A. 梨形胚期；B. 幼胚期；C. 胚成熟期

（三）种子的形态与结构

1. 双子叶植物无胚乳种子

（1）菜豆种子。

外部形态：取浸泡吸胀的菜豆种子，观其外形和色泽，注意种脐的形状和位置（椭圆形，位于种子腰部一侧的凹陷处，棕黑色）和种孔的位置（位于种脐的一侧，为一个微小的孔，其位置正好对着种皮内胚根的尖端，用手指挤压，可见有水自种孔处渗出）。

内部结构：剥去大豆种皮（一层），观察其胚的组成，识别子叶、胚芽、胚根、胚轴4部分组成的特征。种皮内有两片肥厚的豆瓣，即子叶，掰开相对扣合的子叶，可见两片子叶着生于胚轴上，胚轴上端的小芽状物为胚芽，下端的锥状突起为胚根（图 3-10）。

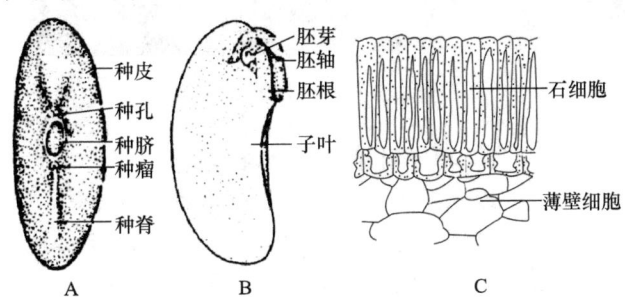

图 3-10 菜豆种子的形态与结构
A. 种子外形；B. 胚的组成；C. 种皮结构

（2）棉种子。观察前用开水浸烫使种皮内的胚由脆变韧而不易折断。

外部形态：棉花种子外面具有许多由种皮延伸形成的表皮毛，去掉表皮毛，可见坚硬的种皮。种子的一端尖形突起处有种脐，很小不易看到，种脐附近的种孔也不易看到，但当种子充分吸水膨胀后，吸干外面的水，挤压种子时，可见有水自种孔处渗出。

内部结构：从相对宽的一端细心剥去种皮，可见有一层薄膜包在胚的外面，这层膜是残留的胚乳。去掉残留的胚乳后，可见棉胚呈卵形（含胚芽、子叶、胚根、胚轴4部分）。慢慢展开其胚，可见子叶中部沿主脉方向皱缩，将其纵向折叠一次，各半子叶再向相反方向折叠一次，即成W形。子叶展开后可见圆锥状胚根，胚根上部与子叶相连的部位为胚轴，胚芽位于胚轴顶端夹于两片子叶之间，体积很小，肉眼难以辨认（图3-11）。

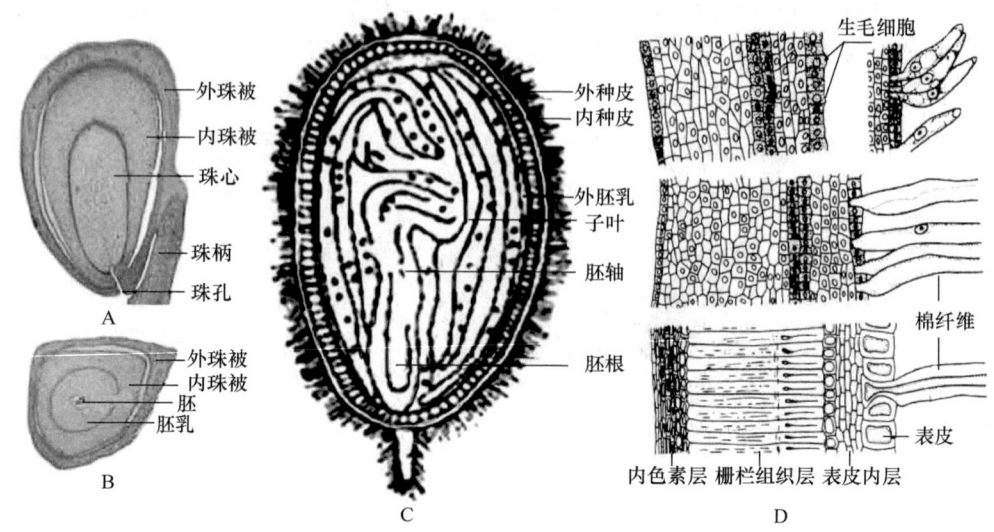

图3-11　棉胚珠与种子的结构
A. 胚珠纵切；B. 胚珠横切；C. 种子纵切；D（上、中、下）. 种皮与纤维的发育

（3）蚕豆种子。在认清大豆、棉花种子结构的基础上，同学们自己观察并识别蚕豆种子及各结构组成部分（图3-12）。

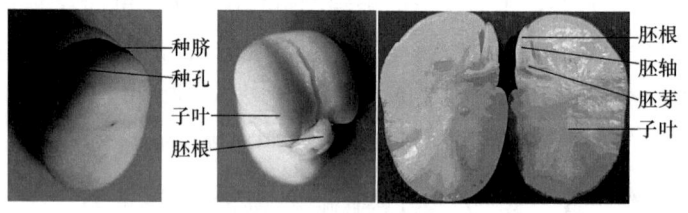

图3-12　蚕豆种子的形态与结构

2. 单子叶植物无胚乳种子

以慈姑种子为例，观察其形态、结构，特征如下。

外部形态：慈姑种子很小，需在放大镜下观察，外观呈卵形，在较尖的一端有种脐和种孔。

内部结构：在解剖镜下将种皮剥离（种皮很薄）。观察胚的整体形状，注意胚根、子叶、胚芽和胚轴在胚体中的分布位置（图3-13）。

3. 双子叶有胚乳种子

（1）蓖麻种子。观察蓖麻种子外形，其表面色泽和花纹如何？种子的一端是否有海绵状突起（称为种阜），其作用如何？注意区分种脊、种脐所处的位置和特征（图3-14）。

内部结构：剥去种皮，注意种皮层数、厚薄和质地。将剥去内种皮后的结构，沿其三个纵向的中轴线作纵切和横切，由

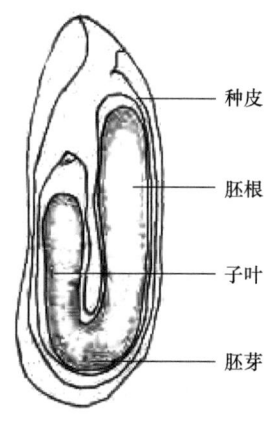

图3-13　慈姑种子的形态结构

外而内区分所剩结构。外围洁白的部分是什么（胚乳）？胚在哪里？子叶的大小、厚薄如何？胚芽、胚根与子叶的位置关系及其特征怎样？说出胚和胚乳的比例和位置关系（图 3-14）。

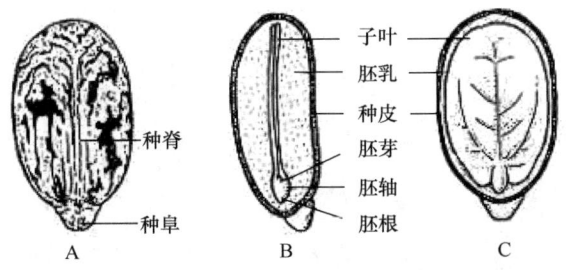

图 3-14　蓖麻种子

A. 腹面观；B. 与宽面垂直的正中纵切；C. 与宽面平行的正中纵切

（2）番茄种子（蔬菜专业选做）。取充分浸泡过的番茄种子一枚，将其外面黏滑物质揉搓掉，放在玻璃片上，用放大镜观察其外部形态，然后用刀片将种子切成两半（刀片与种子的圆面平行），用放大镜观察其内部结构，注意种皮表面的附属物特征、胚乳的颜色及胚的弯曲形态。

4. 单子叶植物有胚乳种子

（1）玉米籽粒。玉米或小麦的籽粒俗称为"种子"，是由子房发育成的果实。取玉米颖果观察，形似马蹄，一端宽厚，中部微凹，另一端突起呈锥状的结构是什么？剥去果柄，一个黑色的斑痕是种脐吗（图 3-15）？

内部结构：沿玉米颖果较宽的面作垂直纵剖，可见其剖面的外周部分结构紧密，颜色淡黄，称为角质胚乳，内含大量蛋白质；角质胚乳内侧为粉质胚乳，其结构疏松，粉白色。在剖面上滴一滴碘-碘化钾，粉质胚乳被染成紫蓝色，证明主要成分是淀粉。剖面基部呈白色的部分是胚，它与胚乳有明显的界限。用解剖镜观察胚的结构，紧贴胚乳且形如盾状的为盾片，是仅有的一片可见的子叶，与子叶相连的是较短的胚轴，上接胚芽，下连胚根，用解剖针挑起胚芽，可以看到它是由生长点和包被在生长点之外的数层幼叶组成的。包围在胚芽外方的鞘状物称为胚芽鞘。用解剖针挑拨胚根，可见胚根外有套状胚根鞘。或取玉米颖果永久切片观察，果皮、种皮分别在哪里？厚薄如何？胚和胚乳的位置关系、胚的结构有哪几部分？与双子叶植物相比，有哪些异同？其作用如何（图 3-15）？

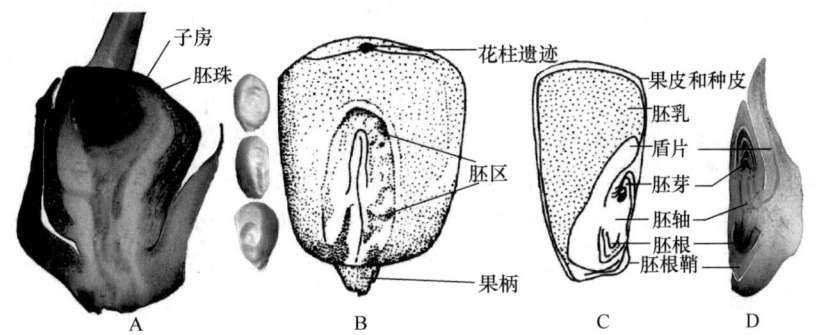

图 3-15　玉米颖果的形态与结构

A. 玉米小穗纵切；B. 颖果外形；C. 颖果纵切面；D. 胚纵切

（2）小麦籽粒。取小麦颖果，先判断其形态和背腹面，按上述方法观察其果皮、种皮、胚和胚乳的结构。找出胚芽、胚芽鞘、胚根、胚根鞘、盾片和胚轴等结构。在胚轴与盾片着生点的相对一侧有一小突起，是什么（图3-16）（金银根，2010）？

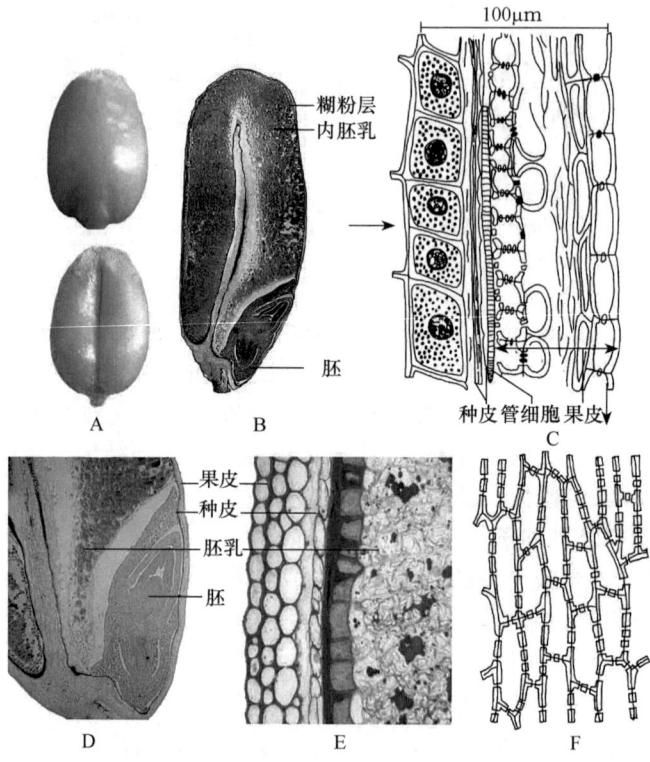

图 3-16 小麦颖果的形态与结构
A. 颖果表面观；B. 颖果纵切；C. B图部分放大；
D. 颖果部分纵切放大；E. 果皮切片；F. 果皮表皮细胞

（3）水稻籽粒。水稻谷粒实为小穗，去除稃片、小穗轴、小穗柄等结构的籽粒（俗称为糙米）为颖果。水稻颖果的发育和结构与小麦基本相似（图3-17）。

（五）果实的结构

1. 真果

真果是仅由子房发育成的果实。观察桃或李（*Prunus salicina* Lindl.）等的果实，判断肉质肥厚的食用部分是果皮的什么结构？果核是属于果实的哪一部分？内含种子几个（图3-18）？

2. 假果

假果是除子房发育成果实外，还有花的其他部分参与果实的形成，如梨果等。观察苹果或梨的果实，判断果实的果柄位置，与果柄相对的另一端细小突起是什么？横切其果实，仔细识别其维管束分布和横断面色泽的差异，如何区分花萼筒和子房壁的结构？苹果成熟果实的食用部分主要是什么结构发育而来的？近中部革质化的结构是什么？胎座类型是什么（图3-19）？

第三章 被子植物生殖器官的形态和结构 ·53·

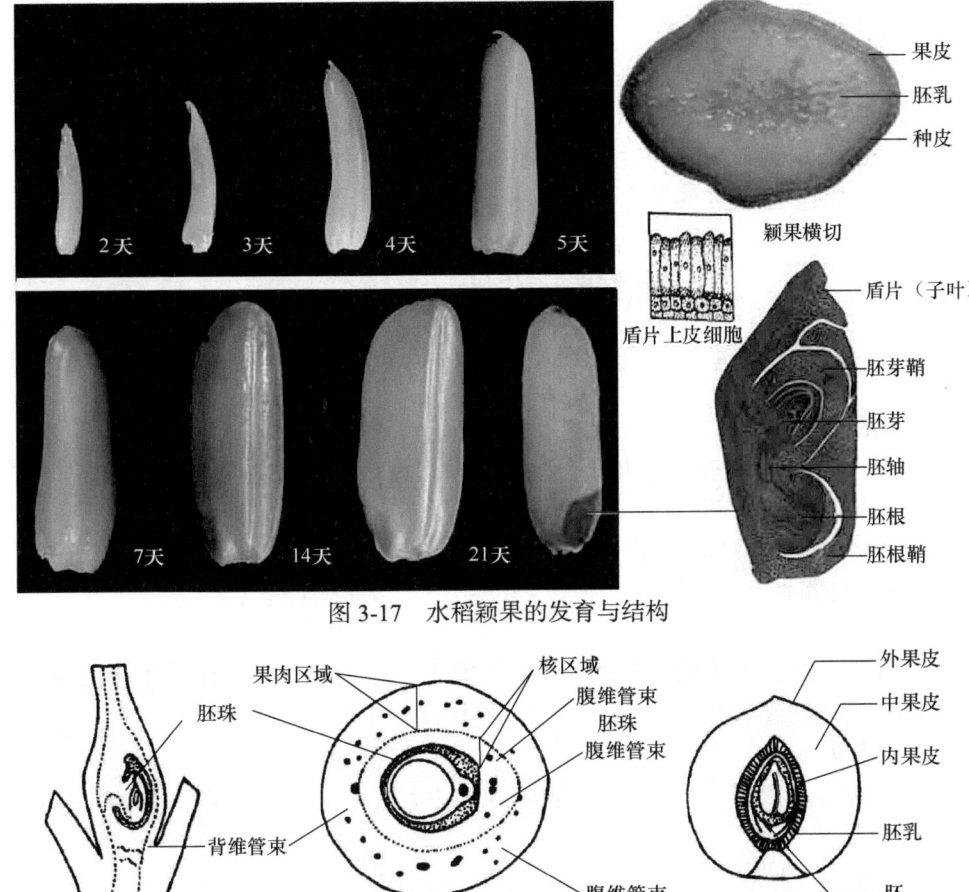

图 3-17 水稻颖果的发育与结构

图 3-18 核果的发育与结构
A. 梅的子房纵切面；B. 梅的果实横切面；C. 桃的果实维纵剖面

四、作业

（一）课内作业

（1）绘制或数码摄图油菜或荠菜胚和胚乳发育的几个典型阶段的胚珠纵切结构详图，注明各部分结构组成的名称。

（2）分别举例说明你知道的几种类型的果实，并完成表3-2。

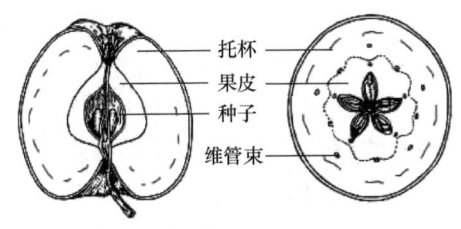

图 3-19 苹果的果实（假果）发育与结构
A. 果实纵切面；B. 果实横切面

表 3-2 植物的果实类型与特征

植物名称	果实类型	主要特征

（二）课外作业
（1）比较双子叶植物种子和单子叶禾本科植物种子的结构异同特征。
（2）简要叙述传粉受精后的子房、胚珠各部分结构的发育动态和结构特征。
（3）简要说明花粉粒发育的过程和特征。
（4）简要说明蓼型胚囊的发育过程和特征。

综合·设计·探索

一、花芽分化各时期与外部形态特征的对应关系探讨

（一）目的与要求
（1）通过学生自主学习，了解植物在花芽分化过程中，各组成部分的形成与花蕾生长、形态间的同生或对应关系。
（2）学会使用游标卡尺和显微测微尺。

（二）材料与器具

1．实验材料

根据季节和地区性的不同，选择有代表性的3~5种植物、不同形态大小的花芽，如桃等的花芽（新鲜的或事先采集浸渍的材料均可）。

2．实验器具

光学显微镜、体视镜、游标卡尺、测微尺、刀片、解剖针、镊子、载玻片、盖玻片、纱布、擦镜纸等。

（三）内容与方法

教师带领学生去植物园、校园等地观察处于花芽分化期的植物，选定3~5种植物作为实验观察对象。学生分组（每组5人或6人），每天定时采集几个大小相同的花芽带回实验室。先用游标卡尺测量花芽的长和宽，做好记录。然后，剥离花各组成部分，或用刀片纵切花芽，将切面置于解剖镜下，用镊子、解剖针拨动，仔细辨别花芽内的各个组成部分，如萼片原基、花瓣原基、雄蕊原基、雌蕊原基等，按天数顺次记录、描述芽长、各部分的产生及其大小，直至各部分发育成熟，形成一个即将开放的花蕾，实验结束。最后，根据记录，分析所观察植物的花芽分化各时期、各组分的发育状况与花芽外部形态特征的对应关系，写出实验报告。

（四）作业与思考
（1）根据实验观察结果，写出实验分析报告，说明不同植物的花芽分化与花的外部形态发育的关系。
（2）不同植物间花芽分化和花芽组成与结构的异同比较。

二、花芽不同发育时期雄蕊与雌蕊在结构上发育的对应关系观察

（一）目的与要求
（1）进一步学习和探讨不同植物雌蕊、雄蕊发育的过程和特征。
（2）认识和揭示植物花芽分化发育的不同时期，其雌蕊、雄蕊间的分化发育存在着

怎样的同步或对应关系。

（3）学习和训练植物的涂压制片技术，学会使用显微测微尺。

（二）材料与器具

1. 实验材料

油菜、荠菜、小麦等植物（根据季节或区域特征选择，最好是新鲜或事先采集冷藏）的花序。

2. 实验器具

光学显微镜、体视镜、显微测微尺、游标卡尺、刀片、解剖针、镊子、载玻片、盖玻片、滴瓶、纱布、擦镜纸等。

（三）内容与方法

教师准备好处于花芽分化不同时期的百合、油菜、荠菜或小麦等植物的花，学生分小组（每组5人或6人）。每小组分别取不同大小的花芽，按以下步骤观察。

（1）用游标卡尺测量并记录下所取花芽的尺寸。

（2）在体视镜下将花被剥去，分别观察并测量雄蕊和雌蕊的大小，描述其形态特征。

（3）用刀片纵（或横）切雄蕊的花药，然后置于载玻片上，依照涂压制片或徒手切片制片的方法与步骤，制作不同雄蕊发育时期的花药临时玻片标本（参见第三篇第七章）。在低倍镜下观察、判断花药结构的发育时期和特征，再转到高倍镜下，选择重点部位（如花药绒毡层、花粉母细胞与花粉发育的不同时期等）的组织或细胞进一步观察。每一步观察内容都要做详细记录。

（4）横切或纵切子房，看清子房的结构特征、胎座类型，胚珠着生方式等，并测量各部分大小。然后分别选取不同大小（发育时期）的胚珠各一个，用压片法或徒手切片法（参见第三篇第七章）制作临时玻片标本，在显微镜下观察胚囊的发育时期和特征，并做详细记录或描述，最后进行资料整理、比较和总结归纳。

（四）作业与思考

（1）以科技小论文的形式，描述不同发育时期雄蕊与雌蕊在形态和结构发育上的对应关系。

（2）根据实验结果，试分析雌蕊、雄蕊发育上的同步性与非同步性的原因？

三、不同植物的雌蕊形态与结构特征差异观察

（一）目的与要求

（1）通过学生自主学习，理解植物种类不同，其子房结构组成和特征也不同。

（2）强化学生动手能力的训练。

（二）材料与器具

1. 实验材料

小麦、向日葵、大豆、百合、黄瓜、石竹（*Dianthus chinensis* L.）等几种植物（根据季节和区域性的不同选择新鲜的或事先采集浸渍）的花。

2. 实验器具

光学显微镜、体视镜，放大镜、刀片、解剖针、镊子、载玻片、盖玻片、蒸馏水、滴瓶、纱布、擦镜纸等。

（三）内容与方法

教师准备好不同植物的花材料，分发给学生，指导学生观察花结构组成，记录和描述不同植物花器官各组成部分的类型和特征。然后让学生分别从不同的花中取出其雌蕊，观察雌蕊和子房的形态特征。必要时借助体视镜或放大镜，并用刀片对子房分别做纵切和横切，在体视镜或放大镜下观察不同花的组成和结构特征，对其差异进行描述，完成表3-3。

表3-3　几种不同植物花结构特征观察记录表

观察项目	植物名称					
	小麦	向日葵	大豆	百合	黄瓜	石竹
花的性别						
雌蕊类型						
子房类型						
子房位置						
心皮数						
子房室数						
胎座类型						
胚珠数						
子房壁						

（四）作业与思考

（1）比较描述所观察的几种植物的雌蕊类型和子房结构特征。

（2）试分析子房位置、子房结构、胎座类型与雌蕊类型等的相互关系。

第二篇　植物界的类群与特征

第四章 植物界的基本类群特征与分类识别

根据植物在自然界中出现的先后、生活史特征、形态结构的复杂性程度和对环境的适应性能力等的不同，将植物分为不同的类群。藻类、菌类和地衣是植物界中出现较早、较低级的类型，其形态上没有根、茎、叶的分化，构造上一般没有组织分化，生殖器官单细胞，合子发育时离开母体，不形成胚，故又称为无胚植物（non embryophyta）。而苔藓植物、蕨类植物、裸子植物和被子植物的植物体结构比较复杂，大多有根、茎、叶的分化，且都有胚的构造，大多为陆生，因此，又合称为高等植物（higher plant）或有胚植物（embryophyta）。

实验十二 低等植物类群与代表植物

低等植物类群包括藻类植物、菌类植物和地衣植物三大类。藻类植物的形态结构相对较简单，植物体没有真正的根、茎、叶等器官的分化。精卵受精离不开水，合子不发育成胚（多直接进行减数分裂）。生活史中，孢子体阶段很短，通常只有一个细胞，配子体阶段相对较长，可以有多个细胞。地衣并非是独立的植物类群，它是某些藻类植物和真菌的共生体，其生长与繁殖取决于共生结构中的藻类植物和真菌植物。

一、目的与要求

（1）通过实验，掌握蓝藻门（Cyanophyta）、绿藻门（Chlorophyta）、褐藻门（Phaeophyta）和红藻门（Rhodophyta）常见代表藻类的生长习性、细胞组成等。

（2）了解细菌的主要形态类型，常见真菌及藻菌共生的地衣结构。

二、材料与器具

1. 实验材料

（1）临时（或永久）装片：颤藻属（*Oscillatoria* sp.）、螺旋藻属（*Spirulina* sp.）、念珠藻属（*Nostoc*）、鱼腥藻属（*Anabeana*）、衣藻属（*Chlamydomonas*）、水绵属（*Spirogyra*）、小球藻属（*Chlorella*）、轮藻属（*Chara*）、细菌、酵母菌（*Saccharomyces*）、黑根霉（*Rhizopus nigricans*）、青霉（*Penicillium* sp.）。

（2）永久切片：海带（*Laminaria japonica* Aresch.）切片、紫菜（*Porphyra* sp.）切片、蘑菇（*Agaricus* sp.）菌褶切片、同层地衣和异层地衣切片等。

2. 实验器具

光学显微镜、体视镜、放大镜、镊子、解剖针、载玻片、盖玻片、吸水纸等。

3. 实验药剂

5% KOH 溶液、碘-碘化钾溶液、鲁格氏固定液、结晶紫染液等。

三、内容与方法

（一）藻类植物

1. 蓝藻门

可根据不同专业选择观察内容，或示范观察即可。

（1）颤藻属。采集颤藻属植物的新鲜材料后置于含清水的培养皿中，取少量藻丝制作临时玻片，先在低倍镜下找到丝状藻体后转入高倍镜下观察。仔细观察颤藻的藻体形态，藻丝是直走还是弯曲？是否分枝？外表有无胶鞘？另观察藻丝端部，端部细胞的形状如何？是否渐狭呈尖细状？是否形成弯曲的钩状或作螺旋状转向？能否观察到藻丝的运动？如何运动？藻丝上可以区分出哪几种类型的细胞？是否可以观察到双凹形的死细胞或胶质膨大的双凹形隔离盘？如何判断藻殖段？观察细胞内部，可否区分细胞内含色素的载色体和不含色素的中央质（含染色质）？另取少许材料作装片，在盖玻片一侧滴加碘-碘化钾溶液，可观察蓝藻淀粉（图4-1A、B）。

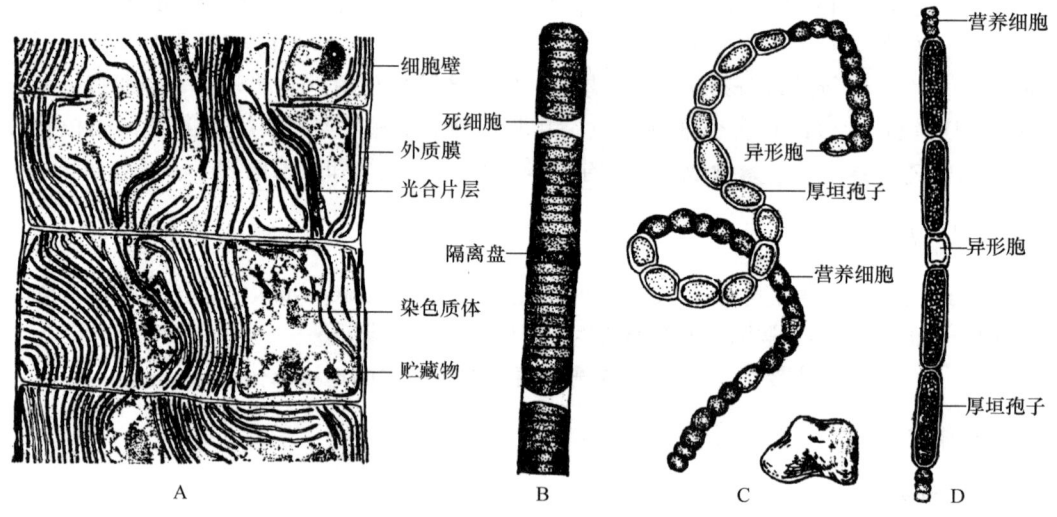

图 4-1 蓝藻

A. 颤藻属电子显微镜下的结构；B. 颤藻属外形；C. 念珠藻属去掉胶质包被；D. 鱼腥藻属

（2）念珠藻属。

（3）鱼腥藻属。

2. 绿藻门

（1）衣藻属。

（2）水绵属。用镊子从盛有水绵的培养皿中取少许藻丝，置载玻片上，用解剖针将重叠的藻丝尽可能分开，滴上蒸馏水，盖上盖玻片。显微镜下可见藻丝上所有细胞均呈圆柱形，无细胞分化。先在低倍镜下观察藻丝是否分枝？藻丝上细胞在形状、大小上是否有明显差异？转入高倍镜下观察，看单个细胞内细胞核的数目、大小和位置，可否发现核周围的细胞质处存在放射状的细胞质丝？它们与细胞壁旁的细胞质是如何连接的？再观察细胞内的螺旋带状结构，是否是载色体？数目有多少？另从盖玻片一侧滴加碘-碘化钾溶液，转入高倍镜下选择一个细胞观察，能否发现位于载色体上的蛋白核？数目有多少？观察液泡的位置，并留意染色后蛋白核、细胞质、细胞核等的颜色变化。

接合生殖是水绵特殊的有性生殖方式（包括侧面接合和梯形接合）。实验时，取水绵的梯形接合装片或临时装片观察其接合生殖类型和特征（图4-2）。

图 4-2　水绵属的有性生殖
A. 水绵营养体；B. 接口管起始期；C. 接合管形成期；D. 配子结合期；E. 合子形成期

3. 褐藻门

褐藻的藻体在藻类植物中最大，内部的组织分化复杂。海带是褐藻门中与人类生活关系最密切的代表性藻类植物之一。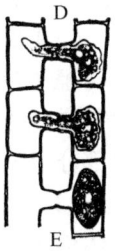

观察浸泡的海带孢子体标本。从外形上区分出假根、柄和带片三个部分，仔细观察假根的分支方式、柄和带片的形状及质地等。

4. 红藻门

红藻门绝大多数种类生于海水，营固着生活。紫菜属（*Porphyra*）是红藻门的代表属，代表种类有甘紫菜（*P. tenera*）等。紫菜属习见的植物体是其配子体，即呈紫色的单层或双层细胞组成的叶状体，其基部有圆盘状固着器。

（二）菌类植物

1. 细菌门

2. 真菌门

真菌门（Eumycophyta）是一类异养真核生物（腐生或寄生），生殖方式多样，无性生殖极为发达，可产生多种类型的孢子；有性生殖有同配生殖、异配生殖和卵式生殖等多种方式。

（1）根霉属。自然界根霉属的分布非常广泛，空气、土壤及各种器皿表面都存在根霉。常可引起馒头、面包、甘薯等淀粉质食品霉变，或造成水果、蔬菜腐烂。黑根霉（图4-3）和匍枝根霉（*Rhizopus stolonifer*）是根霉属常见的代表种类。

实验前将面包或馒头等淀粉质食品暴露于空气一段时间后，置于霉菌培养箱25℃保湿、弱光或暗培养约3天后用作实验材料。

实验时先观察培养物上菌丝体的一

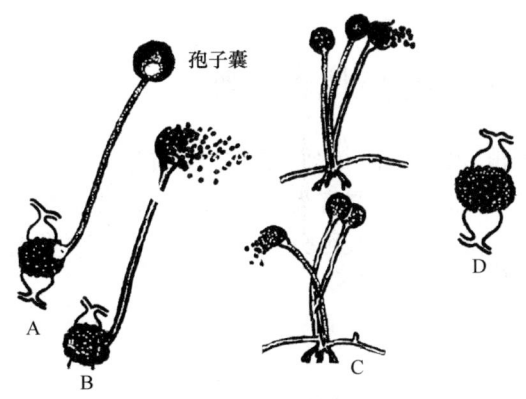

图 4-3　黑根霉
A. 孢子囊形成；B. 子囊孢子散发；C. 无性繁殖；D. 接合生殖

般形态特征，培养物表面长满的白色绒毛即为根霉菌丝体。注意菌丝体顶端是否有黑色小点？是否是孢子囊？用镊子或解剖针取少许菌丝体，置于载玻片上制作水封装片。显微镜下观察，是否可区分出组成根霉菌丝体的假根、匍匐菌丝、孢子梗和孢子囊等各部分？另注意在高倍镜下观察，菌丝有无横隔？假根是否分支？

（2）蘑菇属。蘑菇属（*Agaricus*）为担子菌纲无隔担子菌亚纲真菌，其子实体（担子果）呈伞形，下部有菌柄，上部为菌盖。菌褶即为伞菌子实体菌盖内侧的皱褶部分，为放射状的薄片。菌褶内部结构由子实层、子实层基和菌髓三个部分组成。

（3）真菌子实体。真菌子实体主要分为子囊果和担子果两种类型。子囊菌亚门的子实体称为子囊果，而担子菌亚门的子实体称为担子果。通过观察不同种类真菌的子实体，比较它们在形状、色泽、大小等方面的特点，有利于较全面地理解子实体的结构和功能，以及它们在分类上的意义。

（三）地衣门

地衣（Lichenes）在形态上可依生长型的不同区分为壳状地衣（crustose lichen）、叶状地衣（foliose lichen）、枝状地衣（fruticose lichen）三种类型。

观察壳状地衣、叶状地衣、枝状地衣实物，比较它们在生长习性、形态、所附基质等的主要差异。显微观察同层地衣和异层地衣切片，从细胞类型、结构层次、排列等方面比较两者在内部结构上的差异。

四、作业

（一）课内作业

（1）绘制或数码摄图颤藻属一段丝状体并标示出各种类型的细胞和结构。

（2）绘制或数码摄图根霉属菌丝体的一部分，标注出假根、匍匐菌丝、孢囊梗、囊轴、囊壁和孢子等。

（二）课外作业

（1）为什么将细菌、蓝藻、真核藻类和真菌归为低等植物？

（2）你是如何理解代表植物的？你认为作为一个植物类群的代表种应该具备哪些条件？

实验十三　高等植物类群与代表植物

高等植物是苔藓植物、蕨类植物和种子植物的合称。它们在形态上有根、茎、叶的分化，又称为茎叶体植物。在构造上有组织分化，生殖器官为多细胞结构，合子在母体内发育成胚，故又称为有胚植物。在分类上高等植物一般可分为苔藓植物门、蕨类植物门和种子植物门。

一、目的与要求

（1）理解和掌握高等植物各类群及其代表植物的主要特征，着重掌握各类群之间的主要差异和在进化中的地位。

(2) 熟悉各类群常见的代表植物和识别特征。

二、材料与器具

1. 实验材料

（1）永久装片或切片：地钱（*Marchantia polymorpha*）胞芽装片、地钱孢子体切片、地钱雌托纵切片、地钱雄托纵切片、葫芦藓（*Funaria hygrometrica*）雌雄蒴苞纵切片，原叶体装片、蕨（*Pteridium aquilinum*）类植物叶孢子囊群纵切片，松大、小孢子叶球纵切片。

（2）实物材料：①地钱雌、雄配子体，葫芦藓配子体，蕨类植物孢子体实物（营养叶、生殖叶）；②裸子植物门各纲的代表植物实物或腊叶标本。例如，苏铁纲苏铁（*Cycas revolute* Thunb.），银杏纲银杏（*Ginkgo biloba* L.），松柏纲马尾松（*Pinus massoniana* Lamb.）、油松（*Pinus tabulaeformis* Carr.）、白皮松（*Pinus bungeana* Zucc.ex Endl.）、云杉（*Picea asperata* Mast.）、华北落叶松（*Larix principis-rupprechtii* Mayr.）、杉木［*Cunninghamia lanceolata*（Lamb.）Hook.］、水杉（*Metasequoia glyptostroboides* Hu et Cheng）、柳杉（*Cryptomeria fortunei* Hooibrenk）、侧柏［*Platycladus orientalis*（L.）Franco］、圆柏［*Sabina chinensis*（L.）Franco］、短叶罗汉松（*Podocarpus macrophyllus* var. *maki* Endl.）、红豆杉纲红豆杉［*Taxus chinensis*（Pilg.）Rehd.］、南方红豆杉［*Taxus chinensis*（Pilg.）Rehd. var. *mairei*（Lemee et Levl.）Cheng et L.K.Fu］，买麻藤（*Gnetum montanum* Markgr.）等种类的长短枝条、孢子叶球等。

2. 实验器具

光学显微镜、体视镜、放大镜、解剖针、镊子、培养皿、载玻片和盖玻片等。

3. 实验药剂

碘-碘化钾染色液等。

三、内容与方法

（一）苔藓植物门

苔藓植物（Bryophyta）的孢子体在形态上有孢蒴、蒴柄及基足三个部分，由受精卵经胚发育而成。基足伸入配子体吸收营养，蒴柄介于基足与孢蒴部之间起支持作用，孢蒴内的孢子母细胞经减数分裂和一次有丝分裂形成孢子，孢子散落土壤并萌发成原丝体，由原丝体发育形成配子体。苔藓植物的世代交替中，配子体占优势，能独立生活，生活期长，而孢子体寄生在配子体上，生活期短。现以地钱和葫芦藓为代表观察其形态结构。

1. 地钱

地钱植物体（叶状体）是其配子体，其背面有胞芽杯和气孔，腹面有假根和鳞片。注意观察所提供的材料中有无"雄器托"和"雌器托"（图4-4）？

（1）观察地钱植物体（配子体）。地钱雌雄异株，实验时观察地钱雌、雄配子体在形态上有何差异？注意它们的背腹性，背面和腹面在颜色上有什么不同？其腹面有无假根和鳞片？用放大镜观察其背面，能否在中肋上发现胞芽杯？杯内的胞芽形状、数目如何？

（2）制备地钱的临时装片观察胞芽形态。显微镜下观察胞芽呈何种形状？胞芽在地钱的繁殖上起何作用？

（3）地钱雌、雄生殖器官观察。地钱雄器托下部有柄、上部呈盘状，其边缘有缺刻，

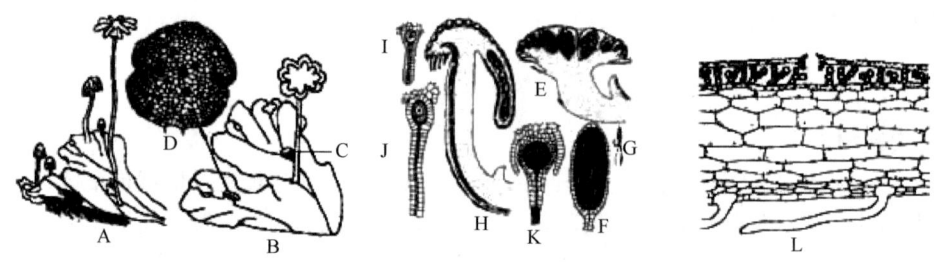

图 4-4 地钱

A. 雌配子体及颈卵器托；B. 雄配子体及精子器托；C. 胞芽杯；D. 胞芽放大；E. 精子器托纵切，表面下埋精子；F. 精子器；G. 精子；H. 颈卵器托纵切，示芒线间下垂的颈卵器；I. 颈卵器；J. 成熟的颈卵器和卵；K. 颈卵器内的胚（幼孢子体）；L. 叶体纵切，示带有气孔，气孔连通内部有绿色丝状体的气腔

取其雄器托纵切片，于显微镜下观察精子器的数目和排列方式。雌器托下部为柄、上部呈星状深裂，在裂片腹部垂挂着颈卵器。取地钱雌器托纵切片进行显微观察，注意其颈卵器的形状，构成外壁的细胞的大致数目。

（4）地钱孢子体观察。体视镜下观察地钱幼孢子体形态；注意分辨组成孢子体的基足、蒴柄和孢蒴三个部分。

2. 葫芦藓

常见的葫芦藓植物体是其配子体，无背腹性，而有原始茎、叶分化，茎基部有假根。葫芦藓雌雄同株，但生殖器官着生于不同的枝顶。孢子体生长期短，着生于配子体短枝顶部，由基足、蒴柄和孢蒴等部分组成（图 4-5）。

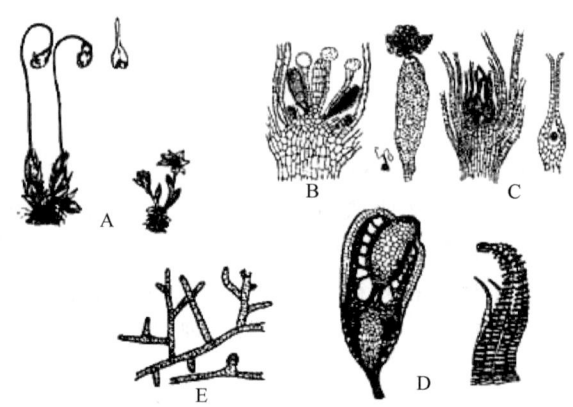

图 4-5 葫芦藓

A. 配子体；B. 雄器苞纵切；C. 雌器苞纵切；D. 孢蒴和蒴齿；E. 原丝体

（1）配子体观察。取葫芦藓的新鲜标本或浸制标本，观察辨别各组成部分，理解假根、茎、叶的分化。为什么认为观察到的是假根？注意植株顶端的箭状物是什么？它与植株有何关系？各属哪个世代？

（2）孢子体观察。取带孢子体植株，观察孢子体形态。孢子体着生于雌枝顶端还是雄枝顶端？它通过什么结构与配子体相连？外表能否观察到连接的部分？注意观察蒴柄和孢蒴。取一孢蒴在体视镜下解剖观察，可以发现有哪些结构？结合理论课内容分析各种结构的形状和功能。

（3）生殖器官观察。取已形成生殖器官的新鲜标本或浸制标本，观察精子器和颈卵器的结构。先判断出雄枝和雌枝。用镊子将雄枝从植株上取下，置于载玻片上，借助于体视镜用镊子或解剖针去除苞叶，再在其上滴加蒸馏水、盖上盖玻片，显微镜下观察精子器和侧丝。用解剖针柄轻轻敲击盖玻片在显微镜下观察有无精子逸出。用碘-碘化钾溶液处理，观察精子有无鞭毛。用镊子将雌枝从植株上取下，用类似方法分离出颈卵器。显微镜下观察颈卵器的形状，区分出颈部和腹部，能否进一步识别出颈沟细胞、腹沟细胞和卵细胞。

（二）蕨类植物门

1. 蕨

（1）孢子体形态。取孢子体新鲜标本或腊叶标本，观察地下茎、其上着生的不定根、叶形、叶轴、羽叶，特别注意孢子囊群着生位置，是否具囊群盖（图4-6）。

（2）地下茎的细胞构造。取蕨（*Pteridium aquilinum*）茎横切片进行显微观察。观察表皮、机械组织、基本组织及中柱的细胞排列和结构。中柱属于什么类型？重点观察一个维管束，注意区分出维管束鞘、韧皮部和木质部，是否存在束中形成层（图4-6）。

（3）原叶体和颈卵器、精子器。取蕨原叶体装片，在低倍镜下观察。原叶体呈何形状，有无背腹性。在提供的材料上是否同时具有颈卵器和精子器？如果是，它们的位置关系如何？与假根之间的位置关系如何（图4-6）？

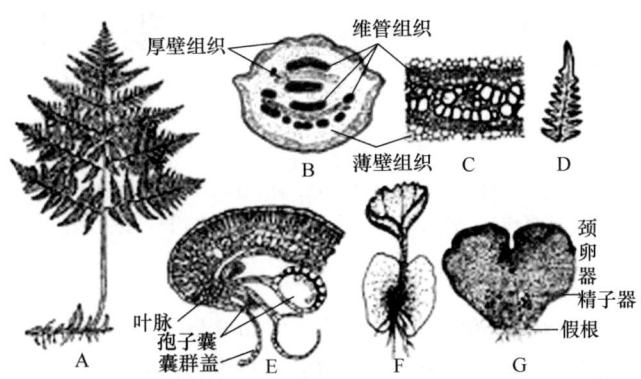

图4-6　蕨孢子体（A~F）与配子体（G）
A. 孢子体；B. 根状茎横切结构示意图；C. B部分放大；D. 叶片一部分；E. 叶部分横切；F. 配子体上发育出的幼小孢子体；G. 配子体（原叶体）

2. 蕨类其他代表植物

观察石松属（*Lycopodium*）、卷柏属（*Selaginella*）、问荆（*Equisetum arvense*）、中华水韭（*Isoetes sinensis*）、松叶蕨（*Psilotum nudum*），以及真蕨亚门的芒萁（*Dicranopteris dichotoma*）、水龙骨属（*Polypodium*）、贯众（*Cyrtomium fortunei*）等植物体的新鲜标本或腊叶标本。比较它们在孢子体、叶型、孢子囊着生位置等方面的差异。

（三）裸子植物门

裸子植物（Gymnospermae）体内维管组织更为发达，有性生殖过程产生种子，但植物体仍有颈卵器残余结构，因此，它是一类既属于种子植物，又被称为颈卵器植物的高等维管植物。

1. 银杏

取银杏新鲜带叶的长、短枝，观察叶的形状和叶脉特点，叶在长、短枝上的排列方式。取小孢子叶球，观察小孢子叶球形态（呈柔荑花序状），辨认小孢子叶及其顶端的小孢子囊群。取大孢子叶球，观察大孢子叶球形态，识别珠领（大孢子叶）与胚珠。取银杏种子的浸渍标本。观察种子的外形，用刀片纵向剖开，区分出三层种皮及其质地，辨认胚、胚乳（图4-7）。

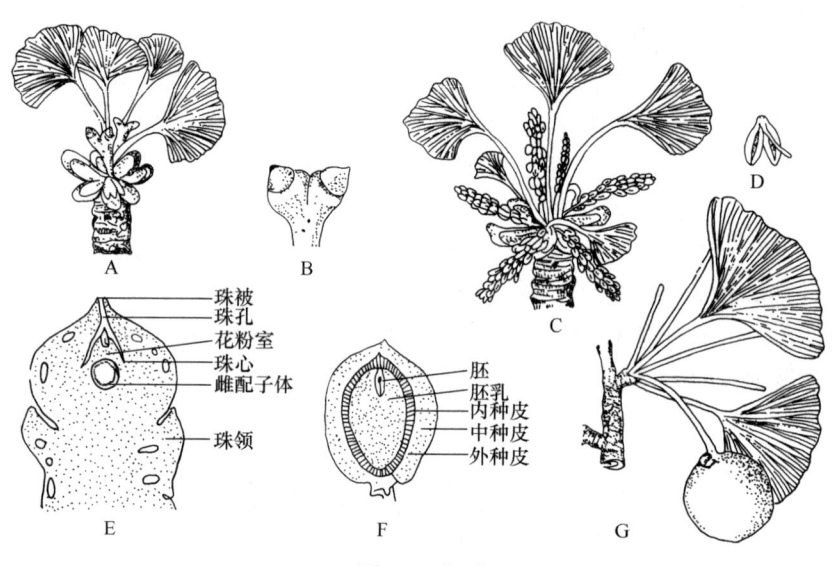

图4-7 银杏
A. 着生大孢子叶球的短枝；B. 大孢子叶；C. 着生小孢子叶球的短枝；D. 小孢子叶；
E. 一个胚珠和珠领纵切；F. 种子纵切结构；G. 长、短枝与种子

2. 松属

观察马尾松（*Pinus massoniana*）或油松（*P. tabulaeformis*）的长有雄球花（小孢子叶球）和雌球花（大孢子叶球）的枝条，观察所提供的材料上是否有成熟时的雌球果？有无雄球花成熟后的"雄球果"？

（1）长枝和短枝。注意观察长枝上的鳞片，短枝上的营养叶、叶鞘和叶褥，短枝上针形的营养叶呈几针一束（图4-8）？

（2）雄球花和雌球花。分别观察雄球花和雌球花的形态、在枝条上的着生位置及发育成熟程度（图4-8）。

（3）花粉囊与花粉。用镊子从雄球花上取一小孢子叶，找到花粉囊。注意花粉囊在小孢子叶上所处的位置，花粉囊的数目。取囊内的花粉制成水封装片，显微镜下注意观察花粉的形状和气囊的位置。观察成熟花粉（雄配子体），识别出各种细胞类型和数目（图4-8）。

（4）雌球花和胚珠。注意观察当年生枝条顶端的雌球花的数目、形状，观察并识别珠鳞和苞鳞，它们的位置关系及在中轴上的排列方式。取雌球花纵切片，在显微镜下观察胚珠，识别出珠被、珠孔、珠心、雌配子体和颈卵器等（图4-8）。

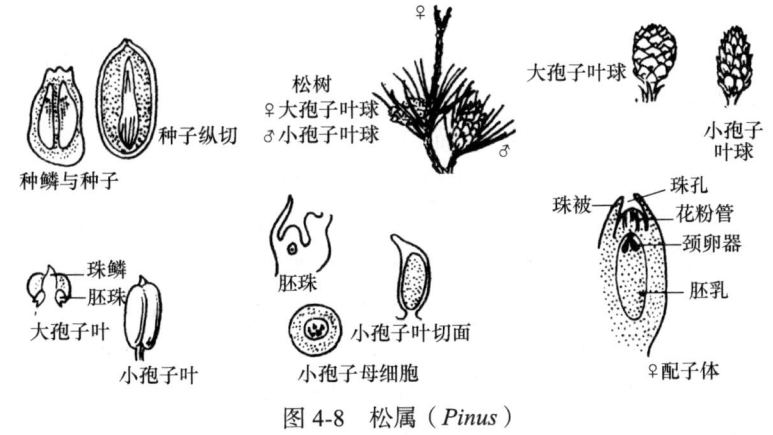

图 4-8 松属（*Pinus*）

四、作业

（一）课内作业

（1）绘制或数码摄图蕨原叶体腹面观结构示意图。

（2）观察记录松柏纲松科、杉科和柏科孢子体的主要特征，比较它们之间的差异，并编制一个分科检索表。

（二）课外作业

（1）列表比较苔藓植物、蕨类植物、裸子植物的主要异同。

（2）调查观察并鉴定校园内常见的裸子植物，编制其识别与分类的检索表。

综合·设计·探索

一、调查与鉴别不同水质中的藻类植物

近年来，随着人类工业、农业、日常生活等活动的加剧，各种污染物被排放进入湖泊、河流、水库、海洋或地下水等水体中，导致水域生态系统中营养盐的大量增加，直接导致水体物理、化学和生物等水环境因子的变化，很大程度上引起水体水质的恶化，水体污染已经成为制约工农业生产等可持续发展的主要因素。

从水体藻类的生产力水平分析，水体营养水平可分为贫营养（oligotrophic state）、中等营养（mesotrophic state）、富营养（eutrophic state）和超营养（hypereutrophic state）4个营养状态。随着污染物的不断流入，水体富营养化进程加快，出现水体营养盐的增加、藻类等初级生产者，以及鱼、虾、贝类等消费者的增加。水体富营养化还常导致水体出现"水华"现象，严重的直接产生藻毒（如微囊藻毒素），诱发人肠胃炎等疾病。此外，各种不同藻类引起的水华还可导致水体出现土臭味、腥臭味、鱼腥味、霉味、草味等，这将在一定程度上增加自来水厂净水成本，甚至引起公共卫生问题。因而，水质的监测与评价对指导和控制工农业生产中污染物的排放具有重大的现实意义。

水质的变化是一个动态的过程，因而水质的评价体系必须建立在科学、准确、可靠的监测指标上。国内外对水质的评估模式主要有理化模式和生物模式两大类。前者包括Carlson（1997）的营养状态指数（TSI）、北卡的 TSI、总磷、叶绿素 a、透明度测定等，

后者则是基于水体藻类指标的评价。藻类指标在水域水质富营养化程度的评估和监控、水质污染探源、毒藻预警、水资源管理的决策参考等方面具有重要的应用价值。

以水体藻类为基础的水体评价生物模式包括藻种指标、藻类群落指标等方法。由于不同的水质环境所滋生的藻种不同，因而可利用水中出现的藻种为指标，依据藻种指标一般可将水质的级数区分。例如，采用微星鼓藻（*Micrasterias*）作为贫营养水域指标，色球藻（*Chroococcus* sp.）、棋盘藻（*Merismopedia tenuis*）、团藻（*Volvox* sp.）作为中等营养水域指标，普通等片藻（*Diatoma vulgare*）、曼尼小环藻（*Cyclotella meneghiniana*）、单角盘星藻（*Pediastrum simplex*）、栅藻（*Scenedesmus* sp.）、空球藻（*Eudorina elegans*）、裸藻（*Euglena* sp.）、圆筛藻（*Coscinodiscus* sp.）、甲藻（*Peridinium* sp.）等作为富营养化水域指标。微囊藻（*Microcystis*）水华则是有机污染的可靠指标。

除了藻种指标外，已经发展了多个藻类群落作为指标的模式水质评价方法。

（1）单商数（SQ）＝绿球藻目/鼓藻科，SQ＜1贫营养、SQ＞1富营养。

（2）藻类商数（AQ）＝（蓝藻门＋绿球藻目＋中心硅藻目＋裸藻纲）/鼓藻科，AQ＜1贫营养、1＜AQ＜2.5中等营养、AQ＞2.5富营养。

（3）藻类富营养指数（ATSI）＝（$F_{oligo}+F_{meso}$）/（$F_{eu}+F_{meso}$）。其中，F_{oligo}、F_{meso}、F_{eu}分别为贫营养、中等营养和富营养的指标藻属（或种）出现的频度，ATSI＞1.5贫营养、0.5＜ATSI＜1.5中等营养、ATSI＜0.5富营养。

（一）目的与要求

通过调查不同水体内藻类植物种群数量和分布的差异，明确不同水体的营养等级和指示藻类植物种群的数量特征。

（二）材料与器具

1. 实验材料

不同水质、不同水层中分布着不同的特征藻类植物群落，因此，分别取不同水质、水层的水样就可获得不同的藻类植物。

2. 实验器具

光学显微镜、分层水质取样器、容量瓶、滴瓶、载玻片、盖玻片、镊子、解剖针等。

3. 实验药剂

5% KOH溶液、碘-碘化钾溶液、鲁格氏固定液、结晶紫染液等。

（三）内容与方法

（1）调查设计：根据本实验主题查阅相关文献、收集资料，确定调查范围、设计调查实施的方案，包括野外水样采集、固定、实验室内的显微镜镜检、鉴定，提交实验设计报告，经指导教师审查确认可行后实施。

（2）前期准备：在前期设计的基础上，列出实验所需的工具书，以及用品、工具、仪器、化学药品等的清单。

（3）分组实施：在教师带领下，以学生小组（5人或6人）为单位，分别调查不同水体、不同水层的水样，带回实验室。

（4）观察分析：取载玻片，在其中央滴一滴经充分摇晃过的水样，盖上盖玻片（同一水样重复装片10片），用普通光学显微镜或暗视野显微镜由低倍到高倍观察，每张装片观察3～5个视野。分别逐一统计不同水质、不同水层中藻类植物的种类和数量，计算每种藻类植物的密度和丰度。最后确定不同水质的营养等级。

（四）作业与思考

（1）根据试验结果，撰写小论文，主要内容应包括：实验的目的和意义、材料与方法、结果与分析、讨论和参考文献等。

（2）本实验的启示是什么？

二、常见真菌的培养、分离与鉴定（根据专业特点选做）

真菌在自然界的分布极广，种类约10万种，它们在形态、大小、菌落颜色和孢子形态上的差别极其显著。就与人类关系而言，真菌可归为有益真菌和有害真菌两大类，前者如酿酒制酱的曲霉、生产青霉素的青霉菌、酿酒和制馒头用的酵母、制作豆腐乳的毛霉和红曲霉，以及可食用的蘑菇、木耳、银耳、猴头等；后者包括各种人类病原真菌、引起水果等食品霉变和衣物及用具等潮湿时发霉的各类霉菌、农作物病害的致病菌等。

科学合理地利用有益真菌或有效控制有害真菌将极大地有益于人类的生活。对真菌加以利用和控制必须准确地了解真菌的形态、鉴定真菌的种类。真菌种类不同，所需的生长条件或培养条件也不同。因此，了解真菌的培养方法，认识其形态十分重要。鞭毛菌亚门（Mastigomycotina）的水霉属（*Saprolegnia*）、接合菌亚门（Zygomycotina）的根霉属（*Rhizopus*）、子囊菌亚门（Ascomycotina）的酵母菌属（*Saccharomyces*）和青霉属（*Penicillium*），以及担子菌亚门（Basidiomycotina）的柄锈菌属（*Puccinia*）是日常生活中常见的代表性真菌。本实验以这些代表性真菌为对象，在掌握简易培养方法的基础上，采用不同的培养基对简易培养得到的培养物进行分离纯化培养，通过显微观察了解各种真菌的形态特征，进而对真菌加以初步鉴定。

（一）目的与要求

（1）学习和了解微生物培养的基本方法和步骤。

（2）通过本实验，进一步认识和了解常见真菌的形态（菌落、菌丝、子实体和孢子等）及生活习性特征。

（3）了解真菌鉴定的依据、过程和方法。

（二）材料与器具

1. 实验材料

（1）永久玻片：水霉属（*Saprolegnia*）、根霉属（*Rhizopus*）、酵母菌属（*Saccharomyces*）和青霉属（*Penicillium*）等常见真菌种类的装片。

（2）实物材料：水霉属（*Saprolegnia*）、根霉属（*Rhizopus*）、酵母菌属（*Saccharomyces*）和青霉属（*Penicillium*）等常见真菌种类的菌丝和孢子。

2. 实验器具

光学显微镜、无菌操作台或接种箱、无菌培养室、接种针、酒精灯、天平、量筒、培养皿、高压锅等。

3. 实验药剂

真菌培养基各成分（略）。

（三）内容与方法

（1）前期准备：以学生小组（5人或6人）为单位，选择上述一种以上真菌作为实验对象，查阅相关文献，了解它们的简易培养方法和培养条件。同时，查阅文献了解不同真菌培养基的配方、配制方法和适用范围。在此基础上设计实验的具体方案，交指导教师确认可行后实施。

（2）观察与分析：根据掌握的简易培养方法进行培养获得培养物。将不同形态的菌落转接到所选择的培养基上培养。经过一定时间的培养，在低倍镜下观察、记录、识别，并根据真菌菌落、菌丝的生长和孢子的形成方式及其特征，鉴定真菌的种类。

（四）作业与思考

（1）根据实验结果，撰写实验报告。报告内容主要包括：实验的目的和意义、材料与方法、结果与分析、讨论和参考文献等。

（2）你认为怎样才能有效快速地鉴别不同的真菌种类？

第五章 被子植物主要分科概述

被子植物分为两纲，即双子叶植物纲（Dicotyledoneae）（木兰纲）和单子叶植物纲。

实验十四　被子植物分类的形态学基础

一、目的与要求

（1）通过对不同类型植物活体（或标本）的观察，从外部形态特征上区分根、茎、叶等器官的不同类型及各种类型的组成特点。

（2）通过对花的解剖，从外部形态及内部解剖结构上掌握判断花冠类型、花瓣的排列、雄蕊类型、雌蕊类型、子房位置、胎座类型、心皮数目等的方法。

（3）通过对不同植物的花序类型和特征的观察，掌握花序的类型和特征。

（4）通过对不同类型果实的形态及其解剖结构观察，掌握不同类型果实的形态结构特征。

二、材料与器具

1. 实验材料

植物各类器官实验所需代表植物的实物（腊叶标本、浸制标本及新鲜植株或枝条）。

2. 实验器具

体视镜、放大镜、解剖针、镊子、载玻片、盖玻片、模型、单面刀片。

三、内容与方法

（一）根系

（二）茎

（三）叶

1. 复叶类型

取槐树（*Sophora japonica* L.）、枫杨（*Pterocarya stenoptera* C.DC.）、合欢（*Albizzia julibrissin* Durazz.）、南天竹（*Nandina domestica* Thunb.）、七叶树（*Aesculus chinensis* Bge.）、大豆、刺桐（*Erythrina indica* Lann.）、酢浆草（*Commelina communis* L.）、柑橘（*Citrus reticulata* Blanco）等植物的叶，注意观察一个叶柄上着生的小叶数目与奇偶情况、小叶的排列方式，判别它们属于下列哪一种复叶（compound leaf）类型（图5-1）。

（1）掌状复叶

观察酢浆草、五叶木通或七叶树等植物的叶，可见掌状复叶（palmately compound leaf）含有3片以上的小叶，且全都着生于总叶柄的顶端，形似掌状（图5-1A、B）。

（2）单身复叶

观察柑橘、柠檬等植物的叶，注意总叶柄与顶生小叶连接处是否具有关节，找出

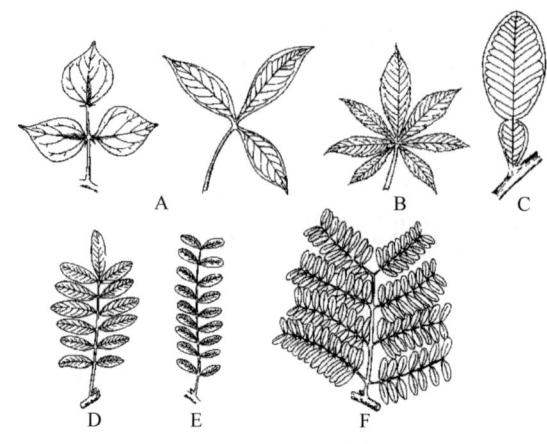

图 5-1 复叶的类型
A. 三出复叶；B. 掌状复叶；C. 单身复叶；D. 奇数羽状复叶；E. 偶数羽状复叶；F. 二回偶数羽状复叶

三张叶片发育和分布的位置关系及其特征差异，进而了解单身复叶（unifoliate compound leaf）的特征（图 5-1C）

（3）羽状复叶

观察大豆等植物的叶，羽状三出复叶（ternate pinnate leaf）有三片小叶，其中一小叶生于总叶柄的顶端，另外两小叶侧生于总叶柄的顶端下方，形似羽状（图 5-1D）。

观察槐树、枫杨、合欢等植物的叶，可见羽状复叶（pinnately compound leaf）具 3 片以上多数小叶，在总叶柄两侧相对排列（图 5-1E～F）。①奇数羽状复叶。羽状复叶的顶端有一顶生小叶存在，整个复叶的小叶数目为单数。②偶数羽状复叶。羽状复叶的顶端没有一顶生小叶，整个复叶的小叶数目为偶数。

仔细观察总叶柄分枝的情况，判断它们分别属于几回羽状复叶。①一回羽状复叶总叶柄不分枝。②二回羽状复叶总叶柄分枝一次后再着生小叶。③三回羽状复叶总叶柄分枝两次后再着生小叶。

2. 叶序

叶在茎或枝条上排列的方式称为叶序（phyllotaxy）。常见的有互生（alternate）、对生（opposite）、轮生（whorled）和簇生（fascioled）等几种基本类型。

3. 脉序

4. 叶形

5. 叶缘

6. 叶裂

7. 叶尖

8. 叶基

（四）花

花作为鉴定植物分类依据的形态特征有：花各组成部分的存在与否、数目多少、联合程度、位置关系（子房的位置等）、内部结构（胎座类型、胚珠类型等）、花的排列方式（花序类型等）等。

1. 花的组成

（1）花冠类型。取桃、牵牛、甘薯花、南瓜、桔梗［*Platycodon grandiflorus*（Jacq.）A. DC.］、番茄、金盏菊（*Calendula officinalis* L.）、向日葵、蒲公英、芝麻（*Sesamum indicum* Linn.）、白苏（*Perilla frutescens* L. Britton）、雪见草（*Salvia plebeia* R Br）、豌豆、萝卜、油菜等植物的花，注意观察花瓣的离合、花冠筒的长短、花冠裂片的形状和深浅等特征，辨别它们属于下列哪一种花冠类型（图5-2）。

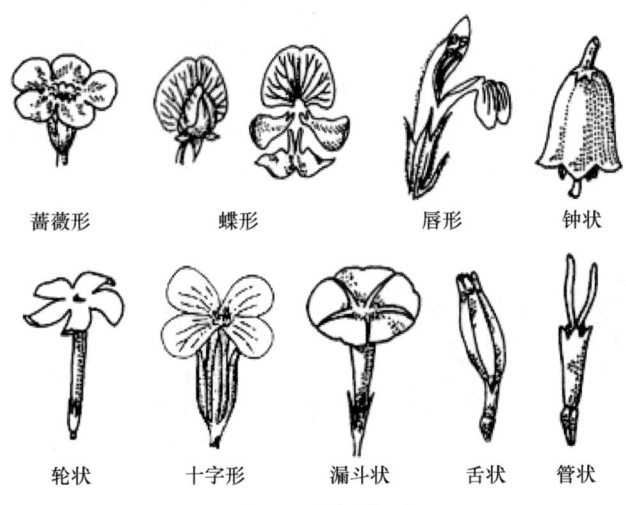

图5-2　花冠类型

① 蔷薇形（roseform）。观察桃或蔷薇的花，注意花托、萼片、花瓣、雄蕊和雌蕊的数目及其着生位置、排列方式，了解蔷薇形花冠的基本特征。

② 蝶形（papilionaceous）。观察蚕豆、豌豆等的花，其花冠具5枚花瓣，注意其大小、排列位置及其所组合成的形状，注意旗瓣、翼瓣和龙骨瓣所处的位置、形态特征和相互关系。观察紫荆等植物的花，注意比较蝶形花冠则与假蝶形花冠的识别差异。

③ 唇形（labiate）。取芝麻或活血丹等的花，观察花冠筒、花冠裂片及其相互关系。注意辨别上、下唇裂片的数目和形态上的差异。

④ 钟状（campanulate）。取茄的花，观察花冠筒是否宽而短，上部扩大呈钟状，通常花冠筒向下。

⑤ 轮状（rotate）。取夹竹桃、长春花等，观察其花冠和花冠裂片形态，看其是否状如车轮。

⑥ 十字形（cruciform）。观察油菜等植物的花，其花冠由4个分离的花瓣排列成十字形。

⑦ 漏斗状（funnel-shaped）。观察牵牛等的花，注意花冠由几片花瓣愈合而成，花冠下部呈筒状，并由基部逐渐向上扩展，整个花冠形如漏斗。

⑧ 舌状（linguiform）。观察蒲公英的一朵花，花冠基部呈一短筒，上端向一边张开成扁平的舌状，顶端含有5个裂片。观察向日葵边花，其花冠顶端裂片只有3枚，此为假舌状花。

⑨ 管状（tubular）。观察向日葵盘花，其花冠大部分联合成一管状或筒状（又称为筒

状花冠），花冠裂片向上伸展。

（2）花瓣与萼片或其裂片的排列。取番茄、合欢、棉、牵牛、油菜、蚕豆等植物的花蕾，由外至内一片一片剥开，注意观察其花瓣与萼片或裂片的排列情况，辨别它们分别属于下列哪一种排列方式。

（3）雄蕊的类型。雄蕊的数目、形态，以及花药与花丝的着生、彼此分离或联合方式等的不同，使雄蕊类型呈现多样性。另外，花药的颜色、花药成熟后的开裂方式等也常随植物种类的不同而不同。取蜀葵［*Althaea rosea*（Linn.）Cavan.］、棉、扶桑（*Hibiscus rosa-sinensis* L.）、紫藤［*Wisteria sinensis*（Sims）Sweet］、豌豆、金丝桃（*Hypericum monogynum* Linn.）、蒲公英、向日葵、泡桐（*Paulownia* spp.）、通泉草［*Mazus japonicus*（Thunb.）O. Kuntze］、油菜等植物的花，剥去花萼、花冠，注意观察花中雄蕊的数目、花丝的长短、花药和花丝的分离与联合情况，区分其雄蕊类型（图5-3）。

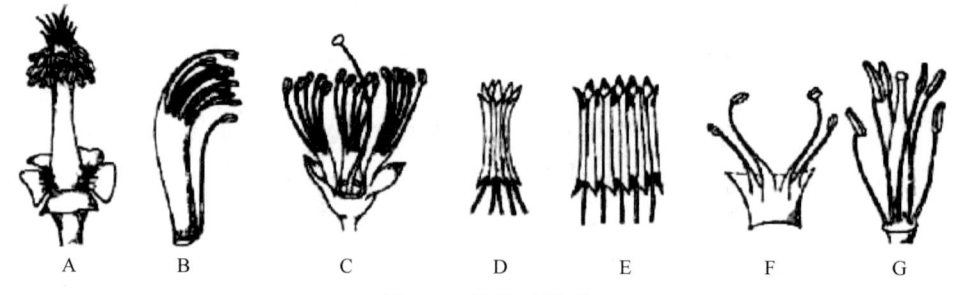

图5-3　雄蕊的类型
A. 单体雄蕊；B. 二体雄蕊；C. 多体雄蕊；D、E. 聚药雄蕊；F. 二强雄蕊；G. 四强雄蕊

① 单体雄蕊（monadelphous）。观察棉花等锦葵科植物一朵花，观察雄蕊数目（多数），注意雄蕊间花丝与花丝之间（联合成一体）及花药与花药之间（分离）的关系。

② 二体雄蕊（diadelphous）。观察蚕豆等豆科蝶形花亚科植物的一朵花，注意其雄蕊数目和花丝间的相互关系（9枚雄蕊的花丝联合、1枚单生，成两束）。有的种类花中10枚雄蕊，每5枚雄蕊的花丝多少联合成1组，共形成2组。

③ 多体雄蕊（polyadelphous）。观察金丝桃或蓖麻的一朵花，注意雄蕊花丝间的联合情况（联合成多束或多组）。

④ 聚药雄蕊（syngenesious）。观察向日葵等菊科植物的一朵花，注意各雄蕊间花药的相互关系（花药侧面联合呈筒状抱住雌蕊花柱，花丝彼此分离）。

⑤ 二强雄蕊（didynamous）。观察活血丹［*Glechoma longituba*（Nakai）Kupr.］等唇形科植物的一朵花，注意其中4枚雄蕊着生的位置、花丝的长短（2枚长、2枚短）。

⑥ 四强雄蕊（tetradynamous）。观察油菜等十字花科植物的一朵花，注意花中6枚雄蕊长短不一（4枚长、2枚短）。

⑦ 多数雄蕊。一朵花中雄蕊多数，彼此独立，即花丝与花药均分离，如蔷薇等大多数植物。

花药的着生方式多样，常因种而异，其主要有丁字药、个字药、广歧药等6种类型。花药的开裂方式主要有瓣裂、纵裂和孔裂3种。

（4）雌蕊的类型。雌蕊类型主要有单雌蕊、离生单雌蕊和复雌蕊3类（图5-4）。

雌蕊是由变态叶——心皮卷合发育而成的，心皮边缘结合处为腹缝线，心皮中央相当于叶中脉的部位，为背缝线。雌蕊的柱头、花柱、子房的分离、联合情况不同，形成不同的雌蕊类型。取蚕豆、桃、玉兰、草莓、毛茛、黄瓜（*Cucumis sativus* Linn. var. *sativus*）、柑橘、棉、油菜等植物的花，剥去其花萼、花冠和雄蕊群，注意观察心皮的离合情况与数目，判断它们的雌蕊属于下列哪一种类型（图5-4）。

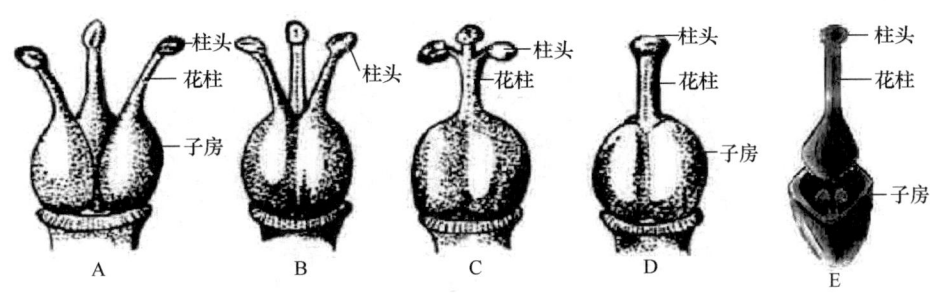

图 5-4　雌蕊的类型
A. 离生单雌蕊；B、C、D. 不同程度连合的复雌蕊；E. 单雌蕊

① 单雌蕊（monogynous）。观察大豆、桃等植物的花，可见花中仅有一个由一个心皮构成的雌蕊。

② 离生单雌蕊（apocarpous gynoecium）。观察玉兰、野蔷薇（*Rosa multiflora* Thunb.）或草莓等植物的花，可见其分别有多个心皮，且各心皮均单独分离各自形成雌蕊。

③ 复雌蕊（compound pistil）。观察油菜、瓜类、苹果等植物的花，可见其花中仅有一个雌蕊，且每个雌蕊均是由2个或2个以上的心皮连合而成的（又称为合心皮雌蕊）。

（5）子房位置的类型。取油菜、玉兰、桃花、李（*Prunus salicina* Lindl. var. *salicina*）、苹果、海棠［*Malus spectabilis*（Ait.）Borkh.］、黄瓜、忍冬（*Lonicera*）、接骨木（*Sambucus williamsii* Hance）、菱（*Trapa bispinosa* Roxb.）、马齿苋（*Portulaca oleracea* Linn.）等植物的花，注意观察这些花的子房与花托的连接方式，以及其与花萼、花冠、雄蕊群的相对位置（图5-5），辨别它们分别属于下列哪一种子房位置类型。

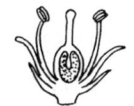 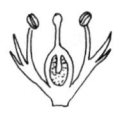 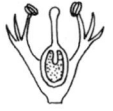 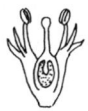
上位子房下位花　上位子房周位花　半下位子房周位花　下位子房上位花

图 5-5　子房位置类型

① 上位子房。上位子房（superior ovary）通常花托扁平或突起，仅子房底部和花托相连。花的其他部分处于子房之下称为下位花。如果花托下陷，花的其他部分着生于花托上端边缘，即位于子房的周围，称为周位花。

② 下位子房。下位子房（inferior ovary）是指整个子房生于下陷的花托中，并完全与花托愈合，花的其他部分着生于子房上方的花托边缘。

③ 半下位子房。半下位子房（half-inferior ovary）是指子房仅下半部与凹陷的花托愈合，而花的其他部分着生于花托周边，围绕着子房。

（6）胎座的类型。取豌豆、大豆、油菜、南瓜[*Cucurbita moschata*（Duch. ex Lam.）Duch. ex Poiret]、黄瓜、苹果、棉花、柑橘、百合、石竹、向日葵、蒲公英、瑞香（*Daphne* sp.）、樟等植物的花，剥去其花萼、花冠和雄蕊群，将子房作横切面或纵切面在体视显微镜下仔细观察其心皮数目、心皮的连接方式、胚珠着生的位置，参照图5-6，辨别它们的胎座类型。

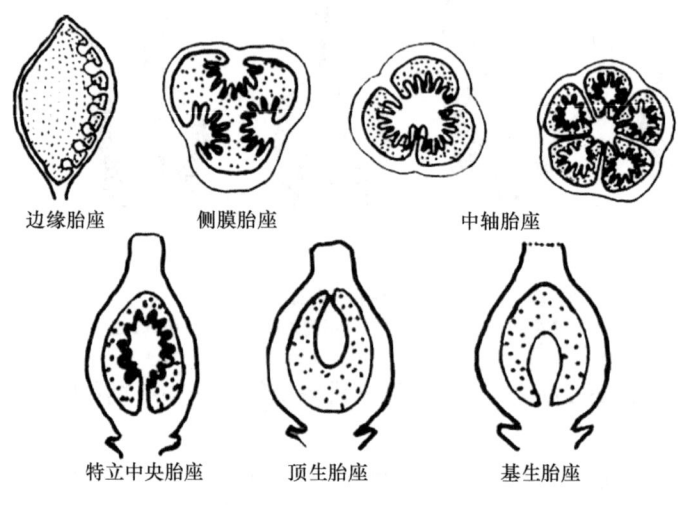

图 5-6　胎座类型

① 边缘胎座（marginal placentation）。解剖观察豌豆、大豆等的雌蕊，可见其单心皮、一室子房，胚珠着生于腹缝线上，这样的胎座类型就是边缘胎座。

② 侧膜胎座（parietal placentation）。解剖观察油菜、南瓜、黄瓜等的雌蕊，其雌蕊含有2个以上的心皮，构成一室子房或假数室（油菜是假二室）子房，胚珠着生于心皮的边缘，这样的胎座类型为侧膜胎座。

③ 中轴胎座（axile placentation）。解剖观察棉、柑橘、百合等植物的雌蕊，它们都是由2个或2个以上的心皮复合而成的多室子房，胚珠着生在由心皮腹缝线在子房室中央愈合形成的轴上。这样的胎座类型就是中轴胎座。

④ 特立中央胎座（free central placentation）。观察石竹等植物的雌蕊结构，可见其多心皮，一室子房，胚珠着生在隔膜消失后留下的独立中轴周围。这样的胎座就是特立中央胎座。

⑤ 顶生胎座（apical placentation）。观察瑞香等植物的雌蕊，可见其子房一室，胚珠一枚生于子房顶部，此为顶生胎座。

⑥ 基生胎座（basal placentation）。解剖观察向日葵等植物的雌蕊，其雌蕊由2个心皮构成，子房一室，胚珠一枚生于子房基部。这样的胎座类型称为基生胎座。

2. 花序

取油菜或二月兰[*Orychophragmus violaceus*（Linnaeus）O. E. Schulz]、女贞、玉米

的雄花序，车前、玉米的雌花序，马蹄莲 [*Zantedeschia aethiopica* (Linn.) Spreng.]、白杨、垂柳、桑、梨、绣线菊 (*Spiraea* sp.)、葱、胡萝卜、窃衣 [*Torilis scabra* (Thunb.) DC.]、向日葵、蒲公英、无花果 (*Ficus carica* Linn.)、榕树 (*Ficus microcarpa* Linn. f.)、萱草 (*Hemerocallis citrina*)、唐菖蒲 (*Gladiolus gandavensis* Van Houtte)、附地菜 [*Trigonotis peduncularis* (Trev.) Benth. ex Baker et Moore]、石竹或繁缕 [*Stellaria media* (Linn.) Villars]、薄荷等植物的花序，注意观察花在花轴上的排列方式、花开放的顺序、每朵花中花柄的有无或长短的不同、花序轴的长短和是否有分支、侧枝数目及侧枝生长的形式，对照图 5-7 和图 5-8，辨别它们的花序类型。

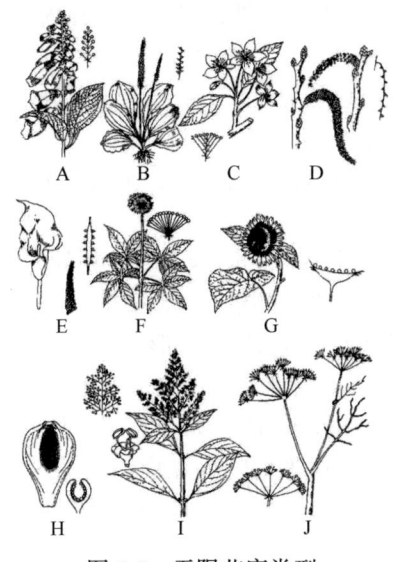 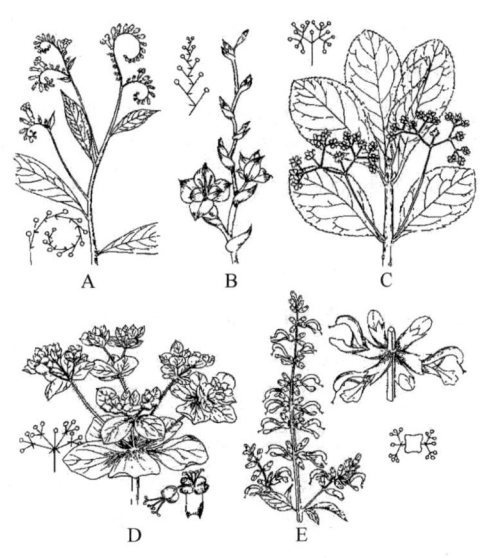

图 5-7　无限花序类型
A. 总状花序；B. 穗状花序；C. 伞房花序；D. 葇荑花序；E. 肉穗花序；F. 伞形花序；G. 头状花序；H. 隐头花序；I. 圆锥花序；J. 复伞形花序

图 5-8　有限花序的类型
A. 螺旋状聚伞花序；B. 蝎尾状聚伞花序；C. 二歧聚伞花序；D. 多歧聚伞花序；E. 轮伞花序

（1）无限花序。开花顺序是花轴下部的花先开，渐及上部，或由边缘开向中心（图 5-7）。

① 总状花序 (raceme)。观察油菜、二月兰，其花序轴长、不分支，其上着生许多花柄近等长的花。

② 穗状花序 (spike)。观察车前等的花序，花序轴较长，其上着生许多花柄极短或无柄的花，这样的花序称为穗状花序；观察玉米的雌花序，当其花序轴肥厚肉质化时，基部常为若干苞片组成的总苞所包围，称为肉穗花序；观察马蹄莲等的花序，其花序外基部仅有由一片肉质化的苞片（佛焰苞）包围，且粗壮的花序轴上段着生有若干雄花、下段着生有若干雌花，试问这属什么花序类型？它与玉米的雌花序有何不同？如马蹄莲等。

③ 伞房花序 (corymb)。观察梨等的花序，注意花序轴是否分支，花序轴上不同部位着生的花之花柄是否有长有短，有规律可循否？若干朵花基本近于排列在一个平面上，这样的花序称为伞房花序吗？如几个伞房花序排列在花序总轴的近顶端者称为复伞房花序。

④ 葇荑花序（catkin, ament）。观察垂柳、枫杨等的花序轴较软，其上着生多数无柄或具短柄的单性花（雄花或雌花），花无花被或有花被，花序柔韧，下垂或直立，开花后常整个花序一起脱落。如果花序轴粗壮、直立，则为肉穗花序。

⑤ 伞形花序（umbel）。解剖胡萝卜、人参等植物的花序，可见花序轴缩短，大多数花着生在花序轴顶端，每朵小花的花柄基本等长，在花序轴顶排列成圆顶形，这样的花序类型称为伞形花序。几个伞形花序生于花序轴的顶端者称为复伞形花序。

⑥ 头状花序（capitate）。观察向日葵、蒲公英等的花序，其花序轴极度缩短、膨大呈头状，花近无柄；花序轴基部的苞叶密集成总苞，这样的花序类型称为头状花序。

⑦ 隐头花序（hypanthodium）。花序轴特别肥大而凹陷呈坛罐状，很多无柄小花着生在凹陷的花序轴内侧的腔壁上，小花多单性，雄花分布在内壁上部，雌花分布在内壁下部，如榕属植物。

⑧ 复总状花序（圆锥花序）（panicle）。花序轴作总状分支，每一分支又形成总状花序，形似圆锥状。有时将复伞形花序也称为圆锥花序，如娲等。

（2）有限花序。有限花序是指花序中最顶点或最中心的花先开，渐及下边或周围（图5-8）。

① 单歧聚伞花序（monochasium）。解剖观察菖蒲、美人蕉、附地菜等植物的花序，可见其花序轴顶芽首先发育成花，然后在顶花下的一个侧芽发育成侧枝，其长度超过主枝后，顶芽又形成一朵花，其下再有一个侧芽转变成花芽开放。如此反复分支后，形成的花序类型就是单歧聚伞花序。如果花朵连续地交互左右出现，状如蝎尾，称为蝎尾状聚伞花序，如美人蕉等；如果侧枝都出现在同一侧，形如卷曲状，称为螺旋（卷尾）状聚伞花序，如附地菜等。

② 二歧聚伞花序（dichasium）。解剖观察繁缕、卷耳等植物的花序，其花序轴顶芽形成一朵花后，顶花下的一对侧芽同时萌发形成两个侧枝，每一个侧枝继续以同样方式分支开花，如此连续分支，形成假二叉分支式的花序。

③ 多歧聚伞花序（pleiochasium）。观察泽漆、一品红等植物的花序，其花序轴顶芽形成一朵花后，其下数个侧芽发育成数个侧枝，每个侧枝顶端也只形成一朵花，各侧枝再以此方式分枝。

④ 轮伞花序（verticillaster）。观察薄荷等的花序，可见其聚伞花序生于对生叶的叶腋中呈轮状排列。

（五）果实

果实作为分类的主要依据有：果实的类型、果实的组成部分及其来源、果皮的质地、成熟果实的果皮是否开裂、开裂果实的开裂力式等。

取番茄、柑橘、桃、黄瓜、梨、苹果、蚕豆、大豆、花生、梧桐、芍药（*Paeonia lactiflora* Pall.）、白菜、荠菜、棉（*Gossypium hirsutum* L.）、芝麻、罂粟（*Papaver somniferum* L.）、虞美人、马齿苋、石竹、蓖麻、向日葵、板栗（*Castanea mollissima* Bl.）、玉米、小麦、稻（糙米）、槭树（*Acer* spp.）、枫杨、胡萝卜、芫荽（*Coriandrum sativum* L.）、草莓（*Fragaria ananassa* Duchesne）、八角（*Illicium verum* Hook.f）、桑葚、凤梨［*Ananas comosus*（L.）Merr.］、无花果等植物的果实，对其外部形态组成及解剖结构进行观察，分别说明它们属于什么果实类型。

1. 单果

单果是一朵花中仅具一个雌蕊的子房发育而成的果实。单果分为真果和假果两类。

（1）干果。干果是果实成熟时不含水分的果实。干果成熟时有的开裂，有的不开裂。干果有多种类型（图 5-9、图 5-10）。

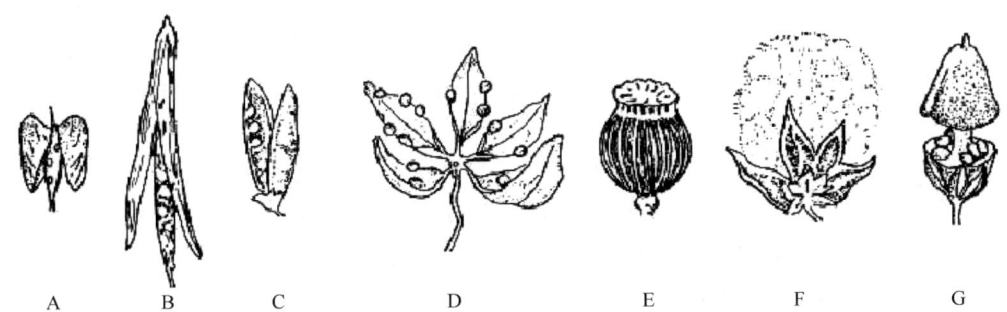

图 5-9　单果之裂果的主要类型（自李扬汉等）
A. 荠菜的短角果；B. 油菜的长角果；C. 豌豆的荚果；D. 梧桐的聚合蓇葖果；
E. 虞美人的蒴果；F. 棉的蒴果；G. 车前的蒴果

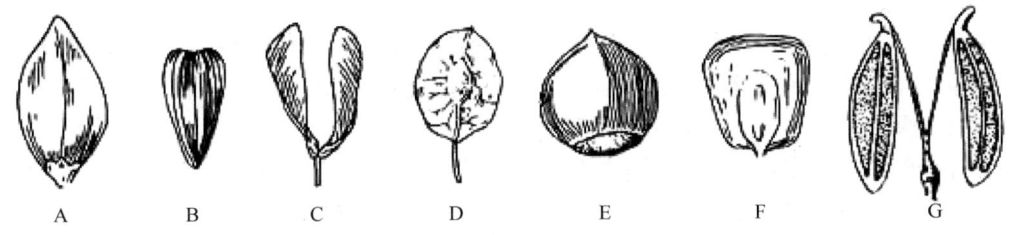

图 5-10　单果之闭果的主要类型
A. 瘦果（荞麦）；B. 瘦果（向日葵）；C. 翅果（槭树）；D. 翅果（榆树）；
E. 坚果（板栗）；F. 颖果（玉米）；G. 双悬果（伞形科）

荚果：观察大豆、蚕豆、绿豆（*Phaseolus radiatus* L.）和落花生（*Arachis hypogaea* L.）等的成熟果实，注意是否开裂，腹缝线、背缝线在何处，胎座类型及子房室几个，胚珠数目如何？

蓇葖果：观察玉兰或梧桐［*Firmiana simplex*（L.）W. F. Wight］的果实，注意开裂与否，胚珠着生的位置，以及子室数和胚珠数。

角果：观察油菜或荠菜果实，区分角果类型，判断子房室数、胎座类型和胚珠数。

蒴果：观察棉、罂粟（*Papaver somniferum* L.）或蓖麻的果实，注意开裂方式类型和特征，以及胎座类型和胚珠数等。

瘦果：观察向日葵或荞麦的果实，注意是否开裂，内含种子数，果皮与种皮能否分离？

颖果：观察小麦、玉米等的果实，注意种子数，果皮与种皮是否愈合不易分离。

坚果：观察板栗（*Castanea mollissima* Bl.）果实，果皮坚硬，内含 1 粒种子，不开裂。

翅果：观察枫杨（*Pterocarya stenoptera* DC.）、榆树、槭树的果实，注意果皮延伸物形态，判断是否开裂。

分果：观察胡萝卜果实，注意两个果瓣的形态和位置，是否开裂，内含种子数等。

（2）肉质果。肉质果成熟时果实肉质多浆，不开裂。肉质果有多种类型。

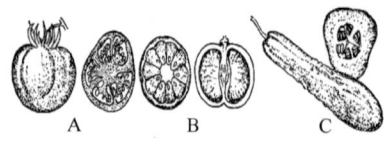

图 5-11 肉质果的几种类型（外形和剖面）
A. 番茄的浆果；B. 温州蜜柑的柑果；C. 黄瓜的瓠果

核果：参见实验十一之果实的结构之真果。

浆果：观察番茄或辣椒（*Capsicum annuum* L.）的成熟果实，看其是否不开裂和多汁，内含种子数，其食用的肉质化部分主要来自什么结构（图5-11A）？

柑果：观察柑橘（*Citrus unshiu* Marc.）等果实，区分外、中、内三层种皮以及胎座类型、胚珠着生、成熟果实开裂情况，外果皮中是否有油囊？枝状维管束所在的果皮层是什么？果瓣或橘瓣是什么？食用的肉质多浆的汁囊是什么结构（图5-11B）。

瓠果：横切西瓜［*Citrullus lanatus*（Thunb.）Mansfeld］、黄瓜等果实，弄清西瓜坚硬的果壁和黄瓜果壁的差异与来源，其肉质食用部分是花托、是果皮、是胎座，还是兼而有之（图5-11C）？

梨果：参见实验十一之果实的结构之假果。

2. 聚合果

聚合果是在一朵花中由离生单雌蕊彼此独立发育而成（有些植物还有花托的参与）的多个果实的总称。根据组成聚合果的单个果实的类型和特征，聚合果有聚合蓇葖果、聚合核果、聚合坚果和聚合瘦果几种类型。

聚合蓇葖果：观察八角、玉兰等的果实，注意单个果实的特征。

聚合瘦果：观察草莓或悬钩子（*Rubus*）的果实，其中的褐色结构是什么？草莓的食用部分主要是由什么结构发育而成的（图5-12A、B）。

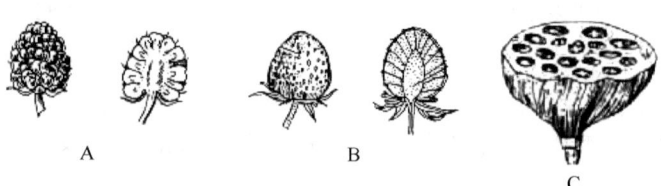

图 5-12 单果之聚合果
A. 聚合核果（悬钩子）；B. 聚合瘦果（草莓）；C. 聚合坚果（莲）

聚合坚果：观察莲的果实，看清单个果实着生的位置和特征，判断单个果实周围呈海绵状的结构是什么？花托是否参与了果实的发育（图5-12C）？

3. 复果

复果是由整个花序发育而成的果实。

观察无花果（*Ficus carica* L.）、菠萝［*Ananas comosus*（L.）Merr.］、桑（*Morus alba* L.）的果实，注意分清子房的位置、特征和子房以外结构的特征，分析其食用部分主要是由什么发育而成的（图5-13）。

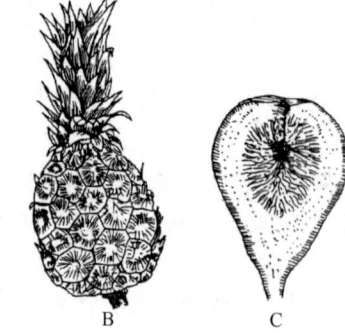

图 5-13 梨花果（复果）
A. 桑葚；B. 凤梨；C. 无花果

实验十五　双子叶植物纲

一、目的与要求

（1）根据专业性质，可以选择不同科及其代表植物，观察其枝条形态组成，解剖识别其花或花序、果实等的类型和组成特点，掌握重要科的识别特征，了解相关科常见的代表植物。

（2）通过代表物种的形态特征，尤其是花和果实特征的解剖观察，学会编制植物分科检索表，并能利用检索表鉴定"未知"植物至科或种。

（3）了解各相关科植物在系统演化中的地位和联系；进一步认识植物的多样性。

二、材料与器具

1. 实验材料

根据各校所在地区和季节的不同，选择相应科属中有代表性、常见或易获取的新鲜植株，或具花、果的枝条。无新鲜材料时，可选用相关植物的浸渍标本、干燥备用的花果或其腊叶标本。

2. 实验器具

体视镜、放大镜、镊子、解剖针、单面刀片、铅笔、记录本、检索表等。

三、内容与方法

1. 木兰科（Magnoliaceae）

观察玉兰（*Magnolia denudata* Desr.）的植株或具花果的新鲜枝条（或腊叶标本、浸渍标本），可见玉兰为落叶乔木，花单生枝顶（图5-14）。注意当年生枝条的节部是否有明显的环状托叶痕。

取一朵花（不可在腊叶标本上摘取），先观察其大小、颜色、对称性，再由外向内逐步解剖观察其花被片的总数目、排列的轮数、每轮花被片的数目、有无萼片与花瓣之分，花的性别和雌、雄蕊的数目，以及各自的离合状态、形态特点，然后，沿中轴将花纵切成两半，观察花托的形状及雌、雄蕊在花托上的排列方式。

图5-14　玉兰（金银根摄）
1. 花芽；2. 花的组成；3. 果枝

再取玉兰果实进行观察，可见它由许多离生小果（蓇葖果）聚合而成，每一小果成熟时沿背缝线开裂，内含1枚或2枚种子，种皮橙红色。剖开种子，可见胚小，富含胚乳。

观察含笑花［*Michelia figo*（Lour.）Spreng.］枝条，可见含笑为常绿灌木。芽、幼枝、花柄和叶柄上均密被黄褐色绒毛。花小，单生叶腋，开放时不全部张开，雌蕊群柄在结实时伸长。

2. 毛茛科（Ranunculaceae）

取具花果的石龙芮（*Ranunculus sceleratus* L.）新鲜植株或腊叶标本，可见其为草本，茎中空，注意观察其基生叶与茎生叶在叶柄长短和叶片分裂程度上有何不同，有无托叶？除花柄外，全株光滑无毛。再取一朵花观察，可见花冠黄色，辐射对称，从外向内解剖观察，可见萼片与花瓣均为5枚、分离，各排成1轮，注意观察花瓣基部近轴面的蜜腺；雄蕊、雌蕊均多数、分离，螺旋状着生在膨大呈细圆柱状的花托上，聚合瘦果（图5-15）。

观察乌头（*Aconitum carmichaeli* Debx.）新鲜植株或腊叶标本，可见其为多年生草本，茎基部具倒圆锥形的块根，其一侧附生的另一块与之近等大的块根具药用价值，中药上称为"附子"。单叶分裂。顶生总状花序，萼片5，蓝紫色，最上萼片呈盔状，侧萼片花瓣状；花瓣有2片退化成蜜腺，另3片消失；雄蕊多数，心皮3~5枚，离生。聚合蓇葖果。

3. 樟科（Lauraceae）

取具花果的樟树（*Cinnamomum camphora* L.）枝条，观察其叶片，叶脉为离基三出脉，脉腋间隆起为腺体，揉搓叶片，可嗅到特殊的香味。取其未完全开放的1朵花观察，花被2轮，每轮3枚，花被片呈花瓣状；发育雄蕊3轮，每轮3枚，花药4室，第1、2轮花药内向瓣裂，第3轮花药外向瓣裂，注意其基部有1对腺体，第4轮雄蕊退化。果实为核果，果期花被管增大并宿存（图5-16）。

图5-15 石龙芮（徐克学等提供）
1. 幼果期；2. 花枝；3. 植株

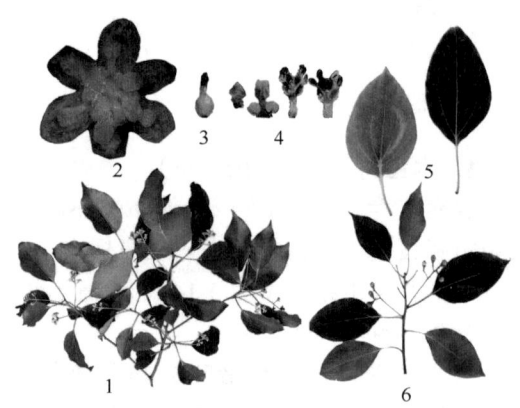

图5-16 樟树（徐克学等提供）
1. 花枝；2. 花顶面观；3. 雌蕊；4. 4轮雄蕊（由内-左而外-右）；5. 叶，离基三出脉；6. 果枝

4. 杨柳科（Salicaceae）

木本。单叶互生。花单性，雌雄异株，葇荑花序，花生于苞片腋部；无花被，有花盘或蜜腺；侧膜胎座。蒴果，种子微小，基部有多数丝状长毛。

观察杨树（*Populus* sp.）或柳树（*Salix* sp.）的新鲜枝条，注意其小枝色泽，顶芽、托叶和芽鳞片（痕）有无和特征。花的组成与性别，花序的类型。分别解剖观察1朵雄花和雌花，明确其结构组成。判断果实类型，思考种子具毛的意义（图5-17）。

5. 十字花科（Brassicaceae，Cruciferae）

取油菜（*Brassica chinensis* L.）（图5-18）新鲜材料进行观察，植株无毛，微带白霜。基生叶大头状羽裂，茎生叶提琴形，茎生叶基心形抱茎。取一朵花观察其萼片和花瓣的

图 5-17 杨柳科

图 5-18 油菜（金银根摄）
1. 花枝；2. 花顶面观；3. 花被片排列；
4. 雌、雄蕊；5. 幼果部分纵剖；6. 子房横切

数目及排列方式，雄蕊的数目及特点，注意花托基部有 4 枚绿色的蜜腺与萼片对生。用刀片横切子房，用放大镜仔细观察其中假隔膜的走向，判断其来源，注意观察胚珠着生的位置，判断胎座的类型。解剖果实，果实属何种类型？果喙是什么？特征如何？掌握这种果实的结构特点。

6. 石竹科（Caryophyllaceae）

观察石竹（*Dianthus chinensis* L.）新鲜植株，注意其叶对生，茎节膨大，聚伞花序。取花解剖观察：花两性，整齐，5 基数；苞片 4~6，花萼连合呈筒状、5 齿裂、宿存；花瓣有爪和檐部之分，檐部外缘齿裂；雄蕊 10 枚，呈 2 轮排列；雌蕊 1，花柱 2，子房上位；分别横剖和纵剖子房，注意观察特立中央胎座的特点。取果实观察，可见其包于宿存的苞片、花萼筒内，为蒴果。

取繁缕（*Stellaria media*）新鲜植株，观察不同部位叶的形态特征。识别二歧聚伞花序特征，萼片、花瓣、雄蕊的数量、色泽和相互关系。花盘的有无并思考其作用是什么？分别纵切和横切子房，判断胎座类型（图 5-19）。

7. 壳斗科（山毛榉科）（Fagaceae）

取板栗（*Castanea mollissima* Bl.）等相关植物（图 5-20）新鲜材料或浸制标本，观察

图 5-19 繁缕（金银根摄）
1. 植株；2. 花顶面观；3. 雌蕊、雄蕊；
4. 子房横切；5. 子房纵切

图 5-20 板栗
1. 雌花序、雄花序；2. 雌花序纵切；
3. 总苞与坚果；4. 毛栗花枝

枝条的组成、附属物有无和特征，叶序和花序类型、总苞片特征。分别解剖1朵雄花和雌花，分清其各部分组成数目、特征与相互关系，认识子房的位置和坚果的特征。

8．睡莲科（Nymphaeaceae）

观察睡莲（*Nymphaea tetragona* Georgi）等同类植物，注意其特征是否是：水生草本，叶近圆形，基部深心形弯缺，花单生，有多种颜色，花萼、花瓣、雄蕊逐渐过渡；心皮多数，结合，子房半下位，并判断其果实类型（图5-21）。

9．苋科（Amaranthaceae）

草本，花被及苞片膜质具色彩；雄蕊1轮，与萼片同数对生；蒴果，环裂（图5-22）。

取鸡冠花（*Celosia cristata* L.）新鲜材料观察，其穗状花序肉质扁平；小苞片和花萼均呈红色、膜质，宿存；雄蕊花丝结合呈杯状。

图5-21　睡莲（王明辉摄）
1. 花被片；2. 花芽纵剖；3. 花纵剖；
4. 花顶面观

图5-22　苋（金银根摄）
1. 花序（青葙）；2. 花顶面观（千日红）；
3. 雄花（苋）；4. 花序侧面观（千日红）

10．蓼科（Polygonaceae）

草本，节膨大。单叶互生，托叶鞘包茎。花两性，单被；萼片花瓣状；子房上位1室，内含1直生胚珠；坚果，三棱形或凸透镜形（图5-23）。

取红蓼（*Polygonum orientale* L.）的新鲜材料观察，注意其茎节是否膨大，托叶的形态特点和质地，穗状花序着生的位置。取1朵花解剖，注意其花被的轮数，雄蕊与花萼位置关系，子房的形状、心皮数、胎座类型等。

11．藜科（Chenopodiaceae）

观察藜（*Chenopodium album* L.）的新鲜材料，注意花被为几轮，有几裂？雄蕊的数目如何？仔细观察其与花被片的位置关系。解剖其果实，了解胞果的结构特点（图5-24）。

12．榆科（Ulmaceae）

木本。单叶互生。花小，单被。翅果、核果或有翅坚果。

观察榆树（*Ulmus pumila* L.）（图5-25）植株，树皮纵裂而粗糙。叶常具单锯齿。花先叶开放，两性，整齐。翅果近圆形，种子位于中央。

13．葫芦科（Cucurbitaceae）

取黄瓜（*Cucumis sativus* L.）或西瓜新鲜植株观察，注意其叶形和排列方式，卷须的

图 5-23 蓼（王明辉摄）
1. 膜质托叶鞘　2、3. 花的组成　4. 花序

图 5-24 小藜
A. 花枝；B. 顶面观；C. 背面观

图 5-25 榆
1. 果枝；2. 翅果；3. 枝条；4. 花的组成

位置及是否分枝。观察黄瓜雌、雄花，注意其着生位置和方式（单生还是簇生）。观察雄花中花萼、花冠各自的离、合状态，雄蕊的数目及其离、合状态。纵剖 1 朵雌花，观察子房位置。另取 1 朵雌花，横剖子房，观察并判断其心皮数目、子房室数、胎座类型、胚珠数目和果实类型（图 5-26）。

14. 豆科（Viciaceae，Leguminosae）

注意观察比较豆科三个亚科的不同特点（图 5-27）。

观察合欢（*Albizzia julibrissin* Durazz.）[含羞草亚科（Mimosoideae）]植株，其为落叶乔木，二回羽状复叶互生，小叶多数，镰刀形，主脉偏于一侧，入夜闭合。头状花序，

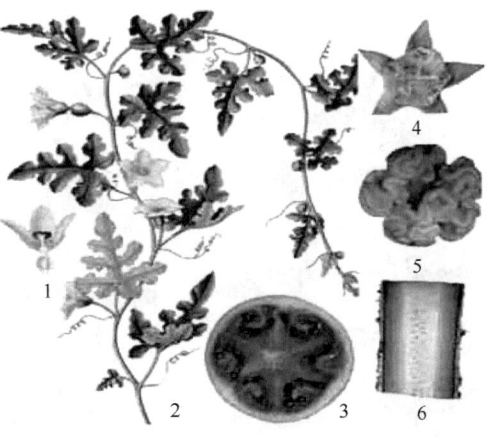

图 5-26 葫芦科（王明辉摄）
1. 雌花纵切；2. 花枝；3. 瓠果横切（西瓜）；
4. 花顶面观；5. 雄蕊顶面观；6. 瓠果纵切（丝瓜）

图 5-27 豆科（徐克学等提供）
1. 具果的枝；2. 果序；3. 花序（合欢）；4. 花；
5. 雌蕊、雄蕊（紫荆）；6. 花枝；7. 花的组成（豌豆）

具长柄。取一朵花，观察花萼、花冠的颜色及各自的离合状态，雄蕊的数目和花丝颜色（注意花丝的离合状态），雌蕊数目及花柱穿过的位置。观察果实，掌握荚果的特点。

观察紫荆（*Cercis chinensis* Bunge.）[云实亚科（Caesalpinioideae）]枝条，其为落叶灌木。单叶互生，叶片心形。老茎开花，花先叶开放。解剖观察1朵花，花两侧对称，花萼连合呈筒状，上部5裂；花瓣5、分离，注意观察其排列方式，了解假蝶形花冠的特点；数一数雄蕊的数目，离合状态如何？

观察蚕豆（*Vicia faba* L.）[蝶形花亚科（Papilionoideae）]植株，其为草本，有根瘤。茎近方形，偶数羽状复叶，小叶2~6，托叶大，2~4朵花组成总状花序生于叶腋。解剖其1朵花，观察其花萼的离合状态及裂片数目，注意花冠中5枚花瓣的离合状态和排列方式与紫荆的区别，再观察雄蕊的数目及离合状态，掌握二体雄蕊的特点。辨认腹缝线与背缝线的位置及特征。

15. 蔷薇科（Rosaceae）

比较观察蔷薇科4个亚科植物特征的异同。

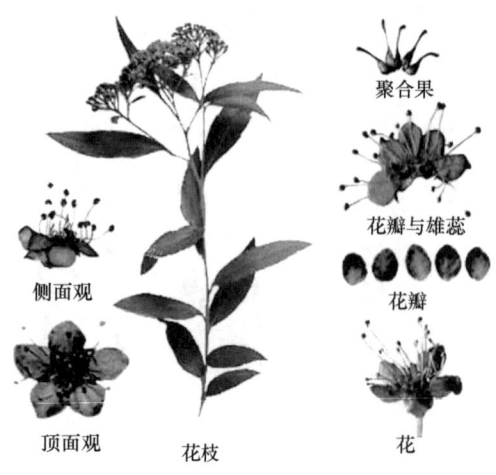

图 5-28 绣线菊亚科（光叶绣线菊）

观察麻叶绣线菊（*Spiraea cantoniensis* Lour.）[绣线菊亚科（Spiraeoideae）（图5-28）]。其为灌木。枝条细瘦，无毛，单叶互生，无托叶。花小白色，伞房花序。取1朵花置于放大镜或解剖镜下观察，其花托呈浅盘状，边缘生花萼5片和白色花瓣5片；雄蕊多数，生于花托上缘；形成周位花；雌蕊5心皮，分离，生于花托中央，子房上位。聚合蓇葖果。

观察蔷薇亚科（Rosoideae）的月季（*Rosa chinensis* Jacq.）（图5-29），为半常绿灌木，茎上生刺（仔细观察并试着将其剥离，判断是皮刺还是枝刺），羽状复叶，托叶发达。取花作纵剖，观察其花托是否下陷，呈

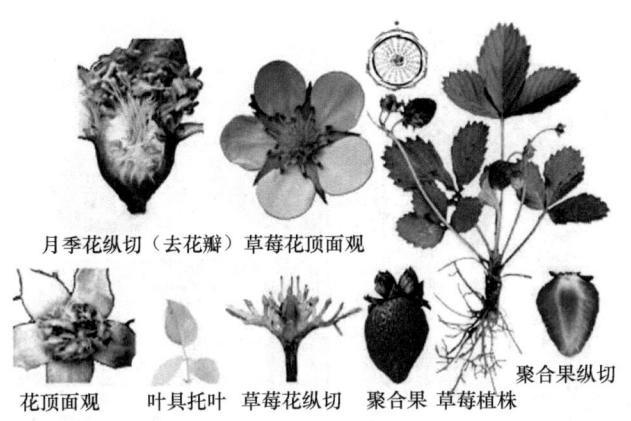

图 5-29 蔷薇亚科

什么形状？萼片、花瓣和雄蕊的着生位置，雌蕊的数目、心皮的离合状态，子房是否与花托全部愈合？由此推断其子房位置类型和花的位置类型。取单瓣花与重瓣花作比较，注意花瓣增加与雄蕊数目变化的关系。纵剖月季的聚合果，注意膨大的花托与瘦果是否愈合，掌握这种特殊的聚合瘦果（又称为蔷薇果）的结构特点。

观察蔷薇亚科植物——朝天委陵菜（*Potentilla supina* L.），其为匍匐草本，羽状复叶，注意观察有无托叶、托叶着生的位置和形态。取其一朵花观察花萼、花瓣的数目、颜色、有无副萼；雄蕊的数目，着生位置；雌蕊多数，是否分离；花托是否凸隆；聚合瘦果；等等。

观察苹果（*Malus pumila* Mill）[苹果亚科（Maloideae）（图 5-30）]，其属于落叶乔木，嫩枝密被绒毛，老时脱落。单叶互生，注意幼叶两面具短

图 5-30 苹果亚科（金银根摄）
1. 花纵剖（贴梗海棠）；2. 花顶面观（豆梨）；3. 果枝（梨）

柔毛。取 1 朵花观察，花柄和花萼均密被绒毛；萼片稍长于萼筒；花瓣白色具红晕；雄蕊短于花瓣；花柱 5，中部以下联合，有毛，常较雄蕊长。取果实横切，辨认哪一部分由萼筒发育而成，哪一部分由子房发育而成，其中的 3 轮维管束各属何种结构中的维管束，据此掌握梨果的结构特点。

观察桃（梅）亚科（Prunoideae）（图 5-31）植物——桃（*Pruns persica*），其属于落叶乔木，嫩枝无毛，有光泽。2~3 芽并生，解剖观察中间芽（叶芽）与两侧芽（花芽）有何不同。单叶互生，叶柄上具腺点。取 1 朵花观察，其花柄极短，花部 5 基数；雄蕊短于花瓣；子房被毛，仅基部与凹陷呈杯状的花托底部相连（想一想，其子房位置应属何种类型）。解剖观察其果实，掌握核果的特征。

16. 锦葵科（Malvaceae）

观察木槿（*Hibiscus syriacus* L.），其为木本，单叶互生，基出三脉，花单生叶腋。取花观察，两性，整齐，5 基数；副萼 6 片或 7 片，线形；花萼钟状，注意其外密被毛；花

图 5-31 桃亚科

冠钟状，花瓣 5，具爪，爪基部与雄蕊管合生；雄蕊多数，花丝下部结合为管状并围绕雌蕊，上部和花药均分离（掌握单体雄蕊的结构特征）；雌蕊 1，5 心皮合生，5 室，中轴胎座，胚珠多数。蒴果为宿存的副萼和花萼所包（图 5-32）。

17. 伞形科（Apiaceae，Umbelliferae）

取胡萝卜（*Daucus carota* L. var. *sativa* DC.）（图 5-33）新鲜植株或腊叶标本观察，其为草本，有肥大的肉质根，注意叶形和叶柄基部的特征。观察其复伞形花序，注意其基部是否有总苞片，各个单伞形花序基部是否有小总苞片？花序中外围花与中央花的形态特征相同吗？比较观察不同位置花对称性的变化。观察一朵花，注意其花柱的数目及花柱基部有无特殊结构（花柱基即上位花盘），然后纵剖，观察子房是否与花托愈合，子房的室数。再取即将成熟的果实观察，稍加碰触，2 心皮即分离成 2 分果片，顶部悬挂于细长丝状的心皮柄上（称为双悬果），每分果两侧压扁，其上具大小不一的纵肋（主棱与次棱）。

图 5-32 锦葵科（金银根等摄）
1. 花枝（棉）；2. 子房横切；3. 花纵剖；4. 花枝（蜀葵）

图 5-33 伞形科
1. 边花；2. 复伞形花序；3. 中部花；4、5. 双悬果；
6. 肉质直根

18. 大戟科（Euphorbiaceae）

以泽漆（*Euphorbia helioscopia* L.）等为材料解剖观察，可见其为草本，具乳汁，多歧聚伞花序顶生，花序下部具5片叶状总苞片，每个单聚伞花序（杯状聚伞花序）中仅有1朵雌花和多朵雄花，均为无被花。蒴果无毛（图5-34）。

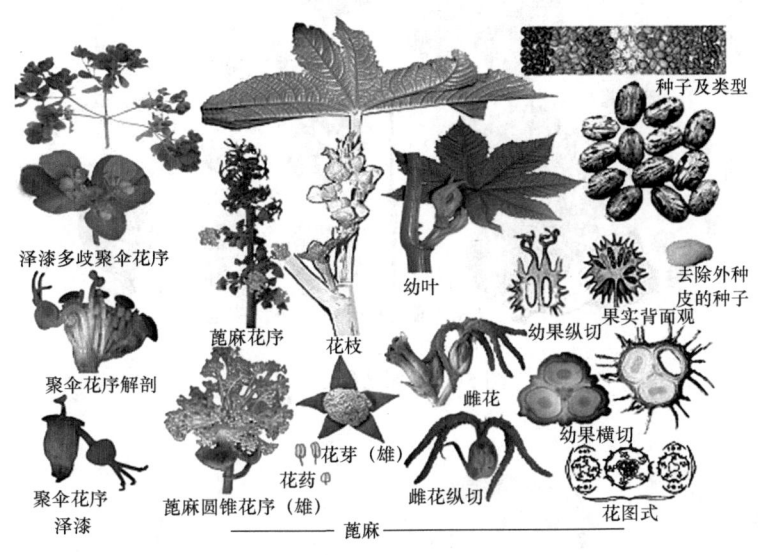

图 5-34　大戟科

19. 山茶科（Theaceae）

选择茶属某植物，如茶［*Camellia sinensis*（L.）O.Ktze.］等，辨别以下特征：常绿灌木，叶近轴面叶脉下陷，远轴面凸出，花白色，有柄，萼片宿存，果实具明显的三条沟棱，瓣不脱落。注意与山茶（*Camellia japonica* L.）或油茶等的区别（图5-35）。

20. 葡萄科（Vitaceae）

选择葡萄属（*Vitis* sp.）或爬山虎属（*Parthenocissus* sp.）某些植物，观察判断茎的生长习性、花序类型；花瓣相互间的关系，花盘位置与作用，5个蜜腺与雄蕊的关系，注意浆果特征（图5-36）。

图 5-35　山茶科
A. 顶面观（油茶）；B. 幼果（花萼缩存）；C. 花枝与花纵剖；D. 蒴果（开裂）

21. 无患子科（Sapindaceae）

常羽状复叶。花小，常杂性同株；花瓣内侧基部常有毛或鳞片；花盘发达，生于雄蕊外方，具典型3心皮子房。常具假种皮（图5-37）。有条件可观察无患子（*Sapindus mukorossi*），乔木，羽状复叶，圆锥花序，核果球形。或观察龙眼（*Dimocarpus longan* Lour.），幼枝生锈色柔毛；果实初有疣状突起，后变光滑；假种皮白色，肉质，味甜。

22. 芸香科（Rutaceae）

多为复叶或单生复叶，具发达的油腺，含芳香油，叶上可见透明的小点。子房上位，花盘发达，外轮雄蕊常与花瓣对生（图5-38）。

花椒（*Zanthoxylum bungeanum* Maxim.），落叶灌木。植物体密生基部扁平的皮刺，

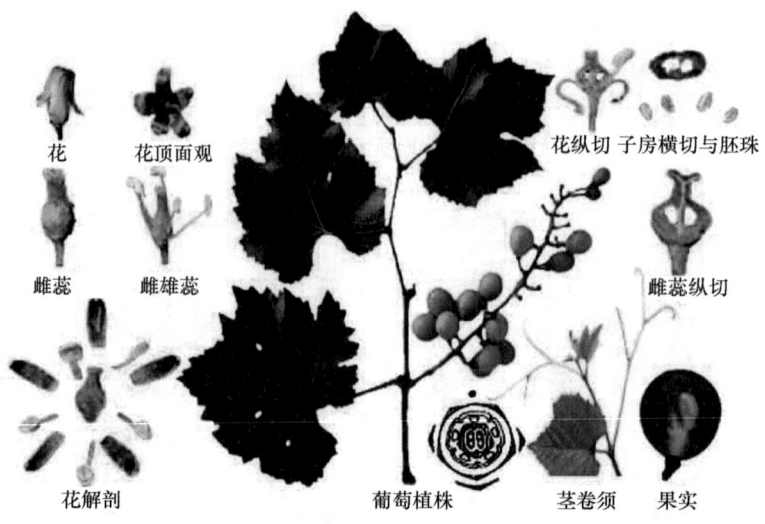

图 5-36　葡萄科

图 5-37　无患子科

奇数羽状复叶互生，具油腺点，叶轴背面有刺，有时叶轴扩展成窄翅。雌雄异株或杂性。蒴果，果皮外有瘤状突起。

23. 柽柳科（Tamaricaceae）

观察柽柳（*Tamarix chinensis* Lour.）（图 5-39），其特征是：灌木或小乔木；树皮红褐色，小枝细弱下垂，暗紫红色或淡棕色。叶卵状披针形。花粉红色，顶生圆锥花序下垂；雄蕊附生于花盘裂片之间，伸出花冠外。蒴果。种子有毛。

24. 胡颓子科（Elaeagnceae）

以胡颓子（*Elaeagnus pungens* Thunb.）为材料，观察其为常绿有刺灌木。小枝被淡

图 5-38　芸香科（金银根摄）

图 5-39　柽柳（金银根等摄）
1. 花；2. 花序；3. 花枝

褐色鳞片。叶互生，厚革质，全缘或微波状，常反卷，远轴面银白色杂有褐色鳞片。花银白色，1～4朵簇生于叶腋，下垂。坚果包于花后增大的肉质萼筒内（图5-40）。

25. 茄科（Solanaceae）

常草本，单叶互生。花两性，整齐，5基数；药常孔裂；心皮2，2室，位置偏斜，胚珠多数。浆果或蒴果。本科可供选择材料较多，如辣椒、茄子和番茄（*Lycopersicon esculentum* Mill）等。

全株有怪味。叶互生。取其花解剖观察，花部5基数，萼宿存；花药具狭长不育的尖端，纵裂，注意雄蕊数目及与花冠裂片的位置关系；横切子房，观察心皮及子房室的数目，判断胎座类型。取果实解剖，注意其果皮和胎座的质地、厚薄，果实中种子数目如何，掌握浆果的结构特点（图5-41）。

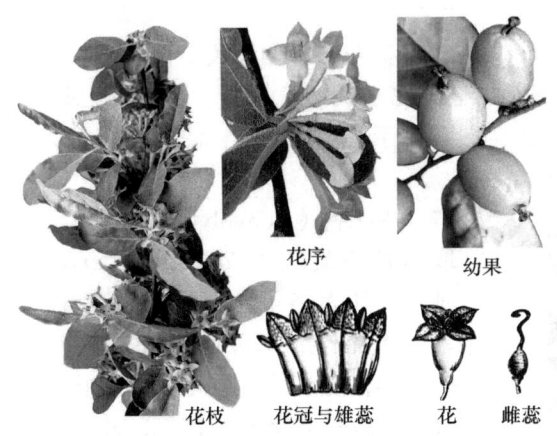

图 5-40　胡颓子（丁雨龙摄）

图 5-41　茄科（金银根摄）
1～3. 番茄的植株、果实和花；
4、5. 辣椒的花和果实横切；6. 茄子花枝

26. 玄参科（Scrophulariaceae）

以毛泡桐（紫花泡桐）[*Paulownia tomentosa* (Thunb.) Steud.]为材料，可见其为落叶乔木。取其具花或果的新鲜枝条观察，小枝绿褐色，具长腺毛。单叶对生，两面均被毛；圆锥花序。

取其花观察：花两性，两侧对称；花萼革质，5 裂，钟形；花冠淡紫色至紫色，唇形花冠，注意雄蕊的数目、长短是否相同及着生位置；心皮 2，合生成 2 室，子房上位。蒴果，种子带翅（图 5-42）。

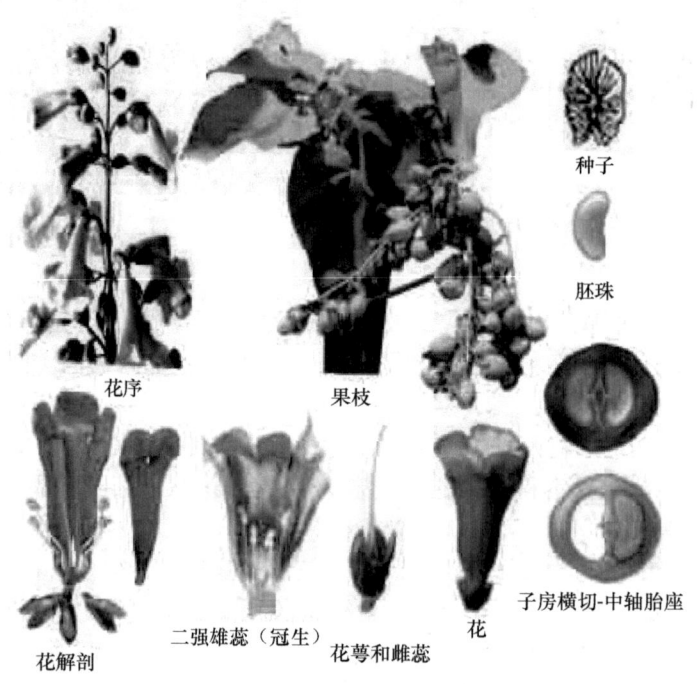

图 5-42　玄参科（毛泡桐）

或观察地黄（*Rehmannia glutinosa* Libosch.）。取整株具花、果的地黄植株观察，为多年生草本，根横走，较肥厚，茎直立，叶多基生，全株密被灰白色粗毛。取 1 朵花观察，萼钟状，5 裂；花冠筒部膨大，裂部 2 唇形；二强雄蕊生于花冠近基部；注意观察子房位置、心皮及子房室数。解剖果实，判断果实类型。

27. 旋花科（Convolvulaceae）

取整株田旋花（*Convolvulus arvensis* L.）观察，其为多年生蔓生草本，缠绕，茎细弱。叶互生，戟形。花单生，具长柄，苞片小，远离萼片，花冠漏斗状。解剖 1 朵花，数一数雄蕊的数目，并注意其着生位置；雌蕊 1，注意其基部黄色的花盘，柱头 2 裂呈线形，横切子房，观察判断其心皮数和室数（图 5-43）。

28. 唇形科（Lamiaceae）

本科特征为：常草本，含挥发性芳香油，茎四棱。单叶对生或轮生。轮伞花序；唇形花冠；二强雄蕊或 2 枚雄蕊；花盘下位，肉质；子房上位，花柱基生，四分子

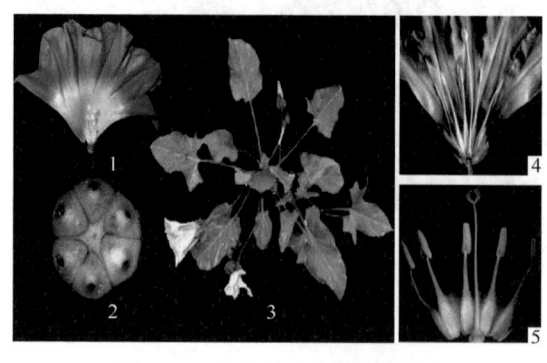

图 5-43　旋花科（金银根等摄）
1. 剖开的牵牛花；2. 牵牛子房横切；
3. 大碗花植株；4、5. 剖开的大碗花

房。4个小坚果。

观察夏至草 [*Lagopsis supina* (Steph.) IK. Gal.] 或一串红，可见其茎四棱，叶对生。注意其花序的着生方式，掌握轮伞花序的特点。花两性，两侧对称，萼管钟状，唇形花冠，注意区分其上下唇、雄蕊数目和二强雄蕊及其着生位置；子房上位，深裂成4室，注意花柱的着生位置（花柱基生），顶端两裂。4个小坚果由宿存的花萼筒包被（图5-44）。

29. 菊科（Asteraceae）

观察向日葵（*Helianthus annuus* L.）[管状花亚科（Tubiflorae）]。具花序的植株，为一年生草本。茎直立，不分枝，具粗壮硬毛。

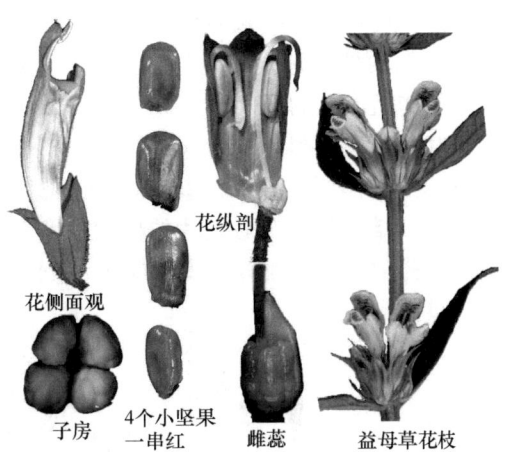

图5-44 唇形科（何景瑞等摄）

单叶互生，具长柄。大型头状花序，花序下部有几层叶状总苞片组成的总苞，花序轴扁平。每一花序中，边花1轮，花冠舌状，为中性花。取1朵中央的筒状花解剖观察：萼片退化呈鳞片状；5片花瓣结合呈筒状，剖开花冠筒，可看到雄蕊，注意花丝、花药的离合状态（注意花柱和柱头从花药管中伸出），据此判断雄蕊类型；去除雄蕊后，可见雌蕊1枚，再纵剖子房，可知子房下位，1室，具1胚珠。观察解剖果实，掌握连萼瘦果的结构特点（图5-45）。

图5-45 菊科

观察蒲公英（*Taraxacum mongolicum* Hand.Mazz.）[舌状花亚科（Liguliflorae）]。具花序的新鲜植株，多年生草本，折断茎叶时有乳汁溢出。叶基生，倒羽状裂，幼时有蛛丝状毛，后脱落。取花序观察，其下部密生蛛丝状毛，总苞片数层，下部总苞片先端内扣；整个花序全由舌状花组成，舌片先端具5齿；花萼成冠毛状，白色，聚药雄蕊，子房下位。瘦果具喙，冠毛宿存（图5-45）。

以上两种分别代表菊科2亚科，注意比较两者植株是否有乳汁，花序中所含花的类型和结构组成上的区别。

30. 杜鹃花科（Ericaceae）

选择杜鹃属（*Rhododendron* sp.）植物，观察其常为灌木，单叶互生，花冠整齐或稍不整齐，雄蕊常为花冠裂片的倍数，常2轮（外轮雄蕊与花冠裂片相对）、自腺性花盘发出，花药常孔裂，雌蕊心皮4或5，中轴胎座，蒴果（图5-46）。

图5-46 杜鹃花科（金银根等摄）

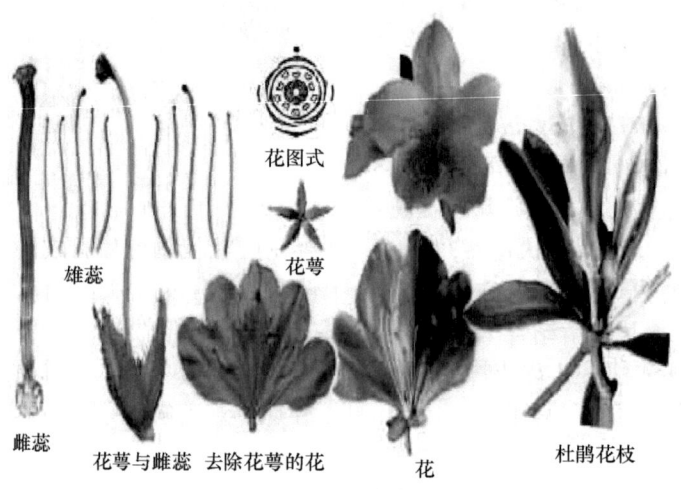

图5-47 木犀科

31. 木犀科（Oleaceae）

常见植物桂花（*Osmanthus fragrans* Lour.），其特征是：木本，叶对生，具叠生芽。聚伞花序顶生或腋生。花两性，萼小，4裂；花冠多基部不同程度的联合，4裂；雄蕊常2，贴生于花冠筒上；心皮2，合生成2室。浆果状核果，紫黑色（图5-47）。

32. 夹竹桃科（Apocynaceae）

观察夹竹桃（*Nerium indicum* Mill.），常绿灌木，3叶轮生。花萼直立；花冠漏斗状，花冠裂片上具撕裂状附属物；雄蕊生于花冠筒喉部，不外露，花丝极短，花药顶具长附属物。蓇葖果双生，种子常具毛（图5-48）。

33. 马鞭草科（Verbenaceae）

常木本。叶对生。花两性，不整齐；雄蕊4，二强；子房上位，2心皮，2室，中轴胎座。核果或蒴果状。例如，荆条［*Vitex negundo* L. var. *heterophylla*（Franch.）Rehd.］或美女樱（*Verbena hybrida* Voss）等小枝四棱形。掌状复叶，小叶常5，全缘至羽状半裂。穗状花序再排列呈圆锥状；花萼钟状，常5齿；花冠淡紫色，漏斗状，不整齐5裂或2唇状；雄蕊4，二强；子房4室，花柱顶端2裂。核果，被宿存萼片所包被（图5-49）。

图 5-48　夹竹桃科
1. 花顶面观；2. 花枝；3. 花侧面观；
4. 雄蕊；5. 雌雄蕊

图 5-49　马鞭草科（王明辉摄）
1. 花枝　2、3. 花的剖面（美女樱）

34. 茜草科（Rubiaceae）

常见植物如茜草（*Rubia cordifolia* L.），蔓生草本，主根肥大，赤黄色。茎方形，有倒刺，4～6叶轮生（其中两片为真正的叶，其他为托叶）。花序顶生，圆锥状，花冠5裂；雄蕊5。浆果球形，果皮薄。

35. 忍冬科（Caprifoliaceae）

常见植物金银忍冬（*Lonicera maackii* Maxim.），落叶灌木，小枝中空。单叶对生，脉上有柔毛。花双生叶腋，总梗短于叶柄，花下具2线形苞片；花萼钟形，5裂；花冠2唇状，上唇4裂；雄蕊5枚，与花冠裂片互生；子房下位，3室。浆果（图5-50）。

36. 紫草科（Boraginaceae）

本科草本或木本，常被粗毛。叶互生，无托叶。花两性，整齐，常蝎尾状聚伞花序；花冠合瓣，喉部常有附属物；雄蕊内藏；心皮2，常4深裂。4个小坚果。例如，聚合草（*Symphytum officinale* L.），常见栽培做饲料（图5-51）。常见植物还有斑种草（*Bothriospermum chinense* Bge.），其特征为草本；叶互生；花小，淡蓝色；萼裂片披针

图 5-50　忍冬科（金银根摄）
1. 琼花顶面观；2. 金银花侧面观；3. 金银花枝

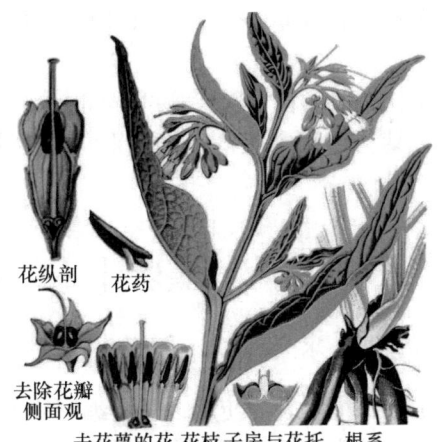

图 5-51　紫草科（聚合草）

形；花冠管喉部有 5 个鳞片，鳞片顶端微凹。小坚果肾形，果背部有小网纹，腹部有横的凹穴。

四、作业

（一）课内作业（依专业、课时数适当选做）

（1）在解剖观察或数码摄图花结构的基础上，绘制玉兰、石龙芮、垂柳、油菜、石竹、板栗的花图式。

（2）在解剖观察或数码摄图花结构的基础上，写出毛白杨、睡莲、鸡冠花、红蓼、藜、榆树、樟树、枫香的花程式。

（3）在解剖观察或数码摄图花结构的基础上，分别绘制合欢、紫荆、蚕豆的花图式，并写出它们的花程式。

（4）在解剖观察或数码摄图花结构的基础上，写出黄瓜、泽漆、山茶、葡萄、无患子、花椒的花程式。

（5）在解剖观察或数码摄图花结构的基础上，分别绘制麻叶绣线菊、月季、朝天委陵菜、苹果、桃的花图式，写出它们的花程式。

（6）在解剖观察或数码摄图花结构的基础上，绘制番茄、毛泡桐、夏至草、向日葵、田旋花的花图式，并写出它们的花程式。

（7）在解剖观察或数码摄图花结构的基础上，写出四季报春、夹竹桃、荆条、茜草、金银木、岭南杜鹃、桂花的花程式。

（二）课外作业

（1）木兰科和毛茛科有何共同特点？这些特点说明它们在被子植物系统演化中处于什么地位？

（2）聚合果、坚果、角果、蒴果、胞果、瓠果、荚果、蔷薇果、梨果、核果各有何特点？

（3）采集观察一些当地常见植物，练习使用检索表，写出检索顺序。

（4）锦葵科和伞形科各有何识别要点？你能在校园中找到属于这两个科的植物吗？

（5）比较含羞草科、云实科和蝶形花科的花的形态、结构特征，它们之间有什么进化关系？

（6）比较唇形科和玄参科的异同点。

（7）菊科的两个亚科怎样区别？它有哪些进化和适应性特征使其成为被子植物第一大科？

实验十六　单子叶植物纲

一、目的与要求

（1）训练检索表的使用，学会编制简单的分科、分属和分种检索表。

（2）掌握常见几个重要的单子叶植物科、属和种的识别分类特征，并了解其常见的植物。

二、材料与器具

1. 实验材料

慈姑、泽泻、半夏、马蹄莲、芋、香附子、小麦、水稻、玉米、葱、凤尾兰、黄花菜、水仙、春兰或铁骨素等植物的新鲜材料、腊叶标本或浸渍标本,椰子等的实物。

2. 实验器具

体视镜、放大镜、蒸馏水、载(盖)玻片、解剖针、镊子、单(双)面刀片、培养皿;擦镜纸、吸水纸、纱布等。

3. 工具书

《中国高等植物图鉴》和《中国高等植物科属检索表》等。

三、内容与方法

1. 泽泻科(Alismataceae)

观察慈姑,可见其具纤细的根状茎,其枝端膨大成球茎。注意观察异形叶性现象,区分气生叶、浮水叶和沉水叶。总状花序,单性花,下部为雌花,上部为雄花。先取一朵雄花解剖,观察花被的数目、排列情况,以及同被花或异被花;去掉花被,注意观察雄蕊的数目及排列情况。再取雌花观察,比较雌花与雄花的异同。去掉花被,观察雌蕊的数目及排列情况,判断这种雌蕊所属类型及其子房位置。思考这种花结构的特征,与双子叶植物纲的哪个科植物相似(图 5-52)?

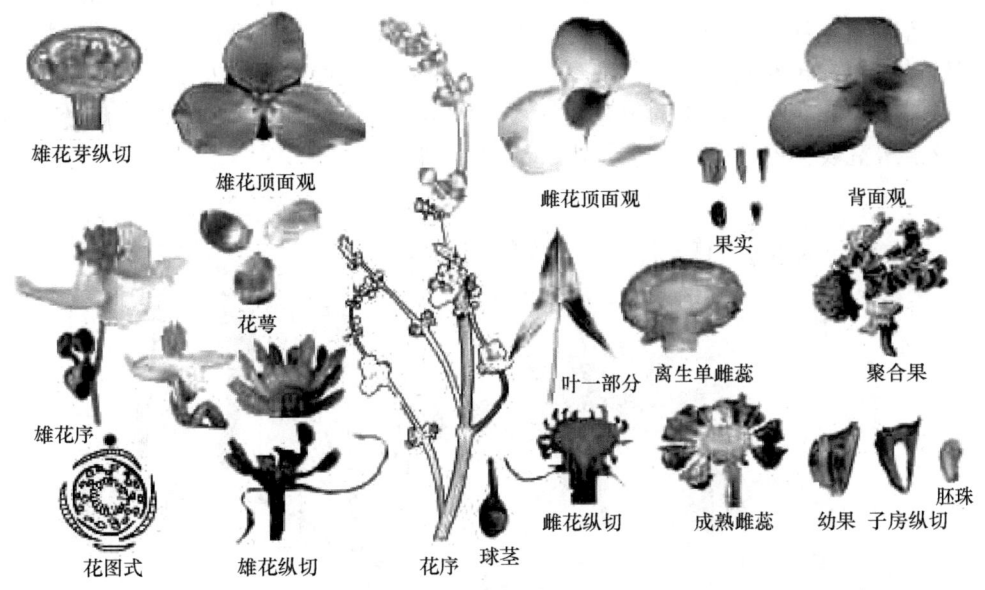

图 5-52 泽泻科(慈姑)

也可观察泽泻 [*Alisma orientale* (Sam.) Juzepcz],注意观察其叶片形状,花序类型,花两性还是单性,花被、雄蕊及心皮的数目,花托是否隆起及果实类型等,注意与慈姑的区别。

2. 棕榈科（Arecaceae，Palmae）

观察棕榈［*Trachycarpus fortunei*（Hook.f.）H.Wendl.］植株或腊叶标本，注意叶形、叶裂类型，叶柄有无特殊结构。雌雄异株，注意判别花序类型，同被花还是异被花、花部数目及离合情况，雌蕊、雄蕊及心皮数目，果实的类型（图5-53）。

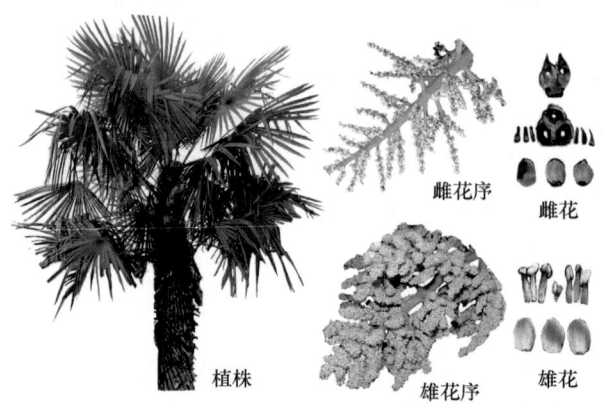

图5-53 棕榈（刘伟元等拍摄）

观察椰子（*Cocos nucifera* L.），观察时注意与棕榈比较，找出它们的异同点。本科常见的植物还有蒲葵、假槟榔［*Archontophoenix alexandrae*（F.Muell.）H.Wendl.et Drude］等。

3. 天南星科（Araceae）

观察半夏［*Pinellia ternata*（Thunb.）Breit.］（图5-54），多年生草本，具刺激性液汁。先观察营养器官，注意判别其茎的变态类型，叶着生情况，是单叶还是复叶？叶柄下部有无特殊的结构？再对其花序进行观察，注意判别：①花序的类型及附属物的有无，单性花或两性花，在花序上着生的位置，深入理解佛焰花序的特点；②雄蕊、雌蕊、心皮的数目及子房室数、胚珠的数目；③果实的类型（浆果）。

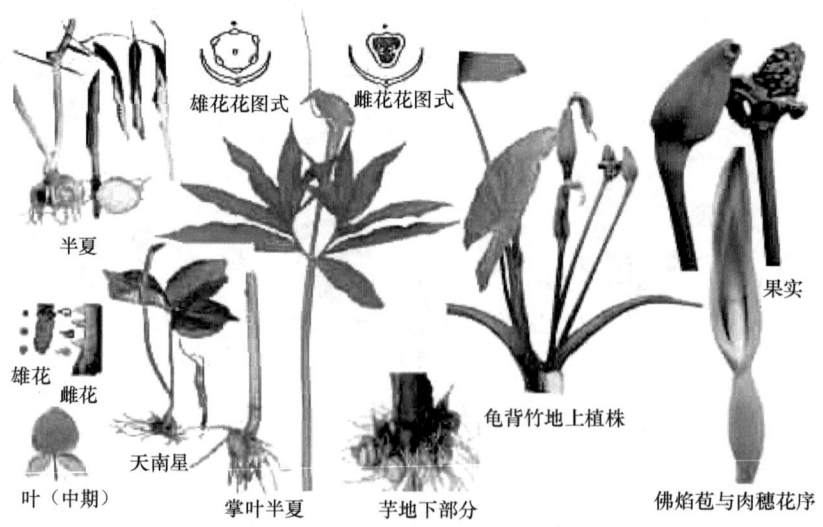

图5-54 天南星科

也可观察马蹄莲，注意与半夏比较，找出它们的异同点。本科常见的植物还有芋[*Colocasia esculenta* (L.) Schott]等。

4. 鸭跖草科（Commelinaceae）

取鸭跖草或饭包草（*Commelina bengalensis* L.）新鲜材料进行观察。一年生草本，茎多分枝，下部匍匐状而节上常生根。注意：①叶鞘是否明显；②花被有无花萼和花冠的区分以及数目为多少；③雄蕊的数目及有无退化现象，深入理解雄蕊二型的特点；④子房的位置、胎座及果实类型（蒴果）（图 5-55）。本科常见的还有紫竹梅（*Setcreasea purpurea* Boom.）等。

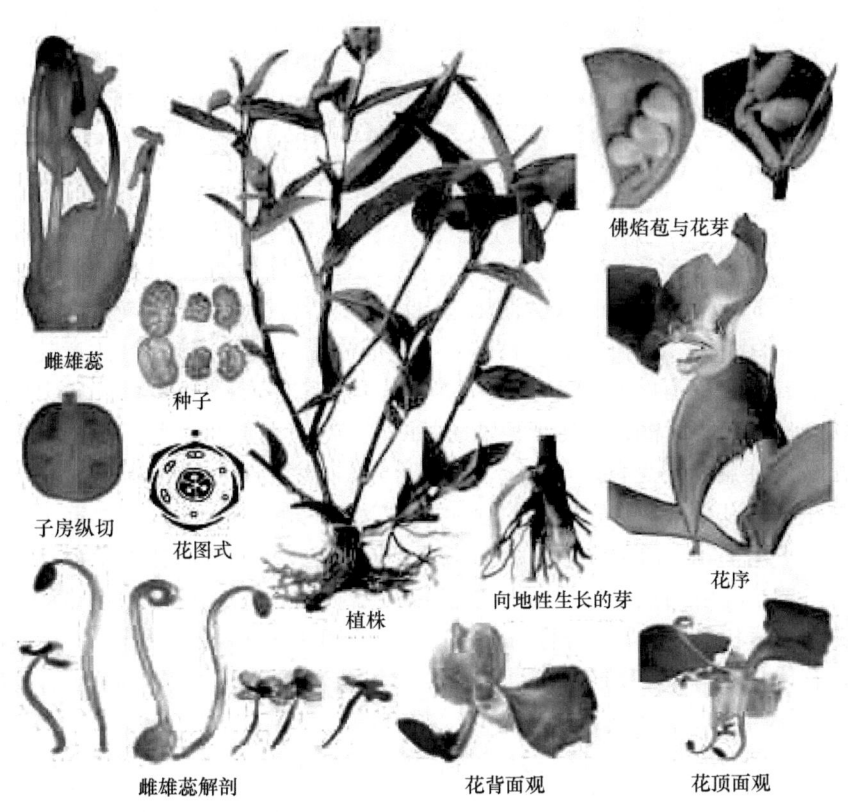

图 5-55　鸭跖草科

5. 莎草科（Cyperaceae）

观察香附子等，其特征为：多年生草本，有地下匍匐茎，尖端具块茎，卵圆形。观察地上部分时注意：①茎的外形及是否实心；②叶鞘开裂还是闭合，叶的形态特征与着生的方式；③花序的类型、总苞特征及组成小花的雌、雄蕊数目与特征，理解小花组成小穗，小穗组成花序；④果实类型等（坚果）（图 5-56）。

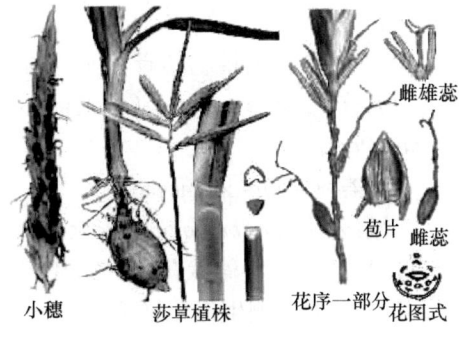

图 5-56　莎草科

6. 禾本科（Poaceae, Gramineae）

禾本科植物多样。与人类关系密切。木本或草本。茎有节，单叶互生，2列。小花组成小穗，再由小穗组成各种花序。颖果。其中，竹亚科（Bambusoideae），具根状茎（竹鞭），主茎叶称为箨叶（包括箨片、箨鞘和箨耳），枝生叶由叶片、叶柄和叶鞘三部分组成。花序常为圆锥花序，由小而多数小穗组成。小花包括2枚稃片、3枚鳞片、3枚雄蕊和由1枚3个心皮构成的复雌蕊（图5-57）。禾亚科（Agrostidoideae），草本，叶具叶片和叶鞘两部分，有的在叶片和叶鞘交界处有叶舌和叶耳，叶鞘开裂。

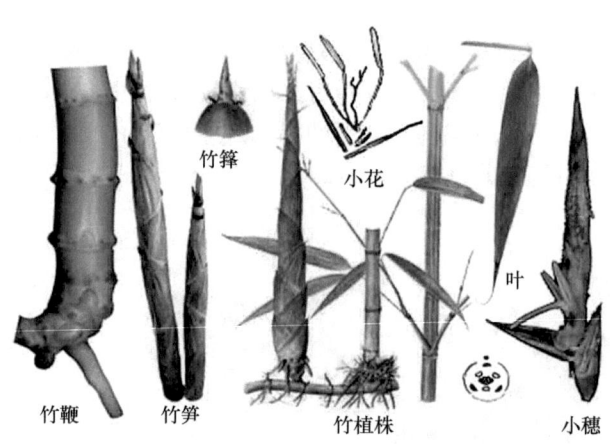

图5-57 竹亚科

禾本科的花适应风媒传粉，花被极度退化，由许多小穗再组成不同的花序。

观察小麦（*Triticum aestivum* L.）植株，其茎圆柱形、中空、有节。注意其叶有明显的叶片与叶鞘，二者之间有叶耳和叶舌，叶鞘开裂（观察时注意与莎草科植物对比）。花序成为复穗状花序，小穗无柄，着生于穗轴的每一个节上（注意：在每节穗轴上着生几个小穗？小穗是两侧压扁，还是背腹压扁？）。用镊子从花序上取一个小穗，从外至内仔细观察，可见到小穗的基部有两片宽而厚的颖片［注意第一颖（外颖）与第二颖（内颖）的区别］，内有3~5朵小花，通常最下面的2朵或3朵发育，上面的小花不发育。再从小穗中取出1朵发育的小花解剖观察，可见小花有外稃、内稃各一片，外稃的腹部基部有两片浆片，以及3个雄蕊和1个雌蕊。外稃先端具有芒（也可无芒），内稃质薄，浆片肉质、边缘呈须状（它有什么作用？），雌蕊由2心皮组成，柱头羽毛状（注意它的数目、形状、与传粉的关系），子房上位，颖果（图5-58）。

观察水稻（*Oryza sativa* L.），注意营养体的特征，叶舌在外形上与小麦有什么不同？圆锥花序，小穗具柄，每个小穗只含一朵发育花，颖片退化，只有残留的痕迹；在小穗的基部可看到2个鳞片状的外稃，它是2朵退化花的外稃，其他部分均已退化；发育花的外稃大而硬，呈船形，外稃和内稃间有2个浆片，雄蕊6，雌蕊由2心皮组成，柱头2，羽毛状；颖果（图5-58）。

禾本科常见的植物还有竹亚科的慈竹［*Sinocalamus affinis* (Rendle) Mcclure］、小米（粟、谷子）［*Setaria italica* (L.) Beauv.］、玉米（*Zea mays* L.）（图5-59）、高粱（*Sorghum vulgare* Pers.）等。

7. 姜科（Zingiberaceae）

观察姜（*Zingiber officinale* Rosc.），多年生草本，常具香气，其根状茎肉质，成块状分支；叶具叶鞘。穗状花序，苞片绿色或淡红色，每苞内生一至数花，三基数，花萼3裂，花冠3裂，侧生退化雄蕊多与唇瓣联合，子房下位，蒴果（图5-60）。

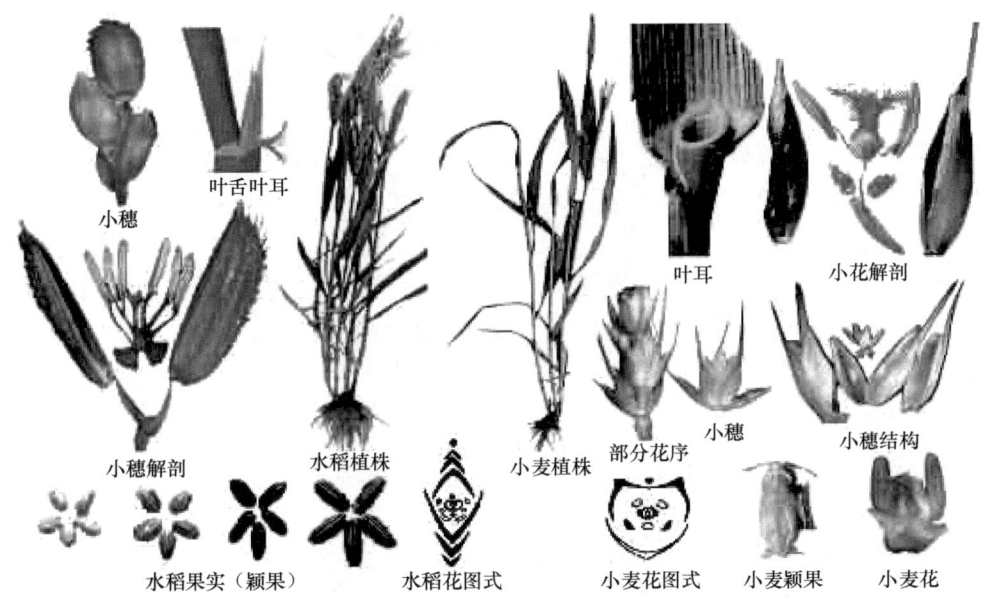

图 5-58　禾亚科（水稻与小麦）

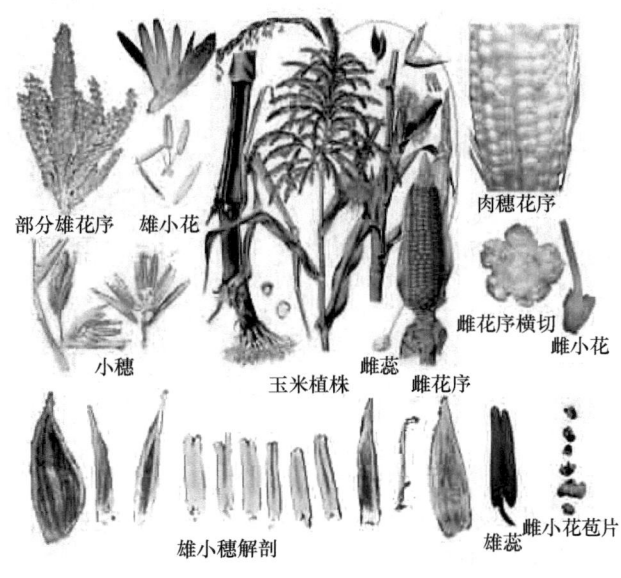

图 5-59　禾亚科（玉米）

8. 百合科（Liliaceae）

观察百合或山丹（*Lilium pumilum* DC.），取其一朵花解剖观察，注意判别：①花被片的数目及有无花萼和花冠的区分，花被片基部有何特殊结构；②雄蕊的数目与花药的着生方式；③子房的位置，柱头的特点，子房室的数目、胎座的类型及每室胚珠的数目；④果实的类型。观察标本，注意地下的鳞茎，叶线状披针形，平行脉。

观察葱（*Allium fistulosum* L.），注意鳞茎有薄膜，叶基生，圆筒形，中空，被白粉。花葶粗壮中空，中部膨大。注意其花序为何类型？花序外具白色膜质总苞片（图 5-61）。

图 5-60　姜科

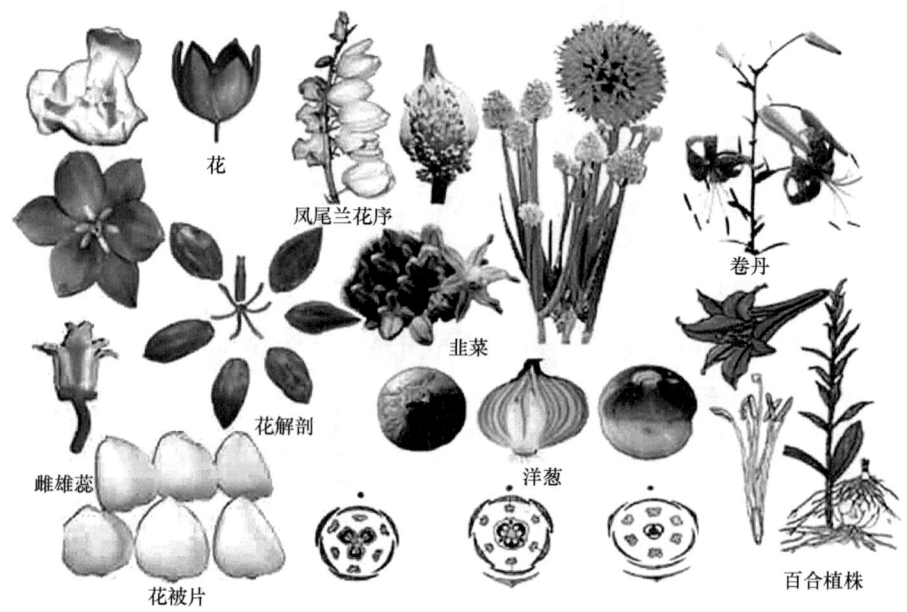

图 5-61　百合科

取一朵花解剖观察，注意花被有几片？成几轮排列？雄蕊与花被片的关系如何？雌蕊由几心皮组成？几室？什么胎座类型？

常见的植物还有凤尾丝兰（*Yucca gloriosa* L.）、萱草（*Hemerocallis fulva* L.）、黄花菜（*Hemerocallis citrina* Baroni）、洋葱（*Allium cepa* L.）、蒜（*Allium sativum* L.）、韭（*Allium tuberosum* Rottl.ex Spreng.）、玉簪［*Hosta plantaginea*（Lam.）Aschers.］等（图 5-61）。

9. 石蒜科（Amaryllidaceae）

观察水仙（*Narcissus tazetta* var. *chinensis* Roem.）或韭莲（*Zephyranthes grandiflora* Lindl.），植物体为多年生草本，具球形鳞茎，叶似韭菜叶；花序自中央生长，花单生。取一朵花解剖观察。注意：①花被的形状，排列成几轮及数目；②雌蕊柱头的特点，子房的位置（下位）（与百合科植物有何区别？）以及心皮（3）、胎座（中轴胎座）和胚珠的类型；③果实的类型（蒴果）（图 5-62）。

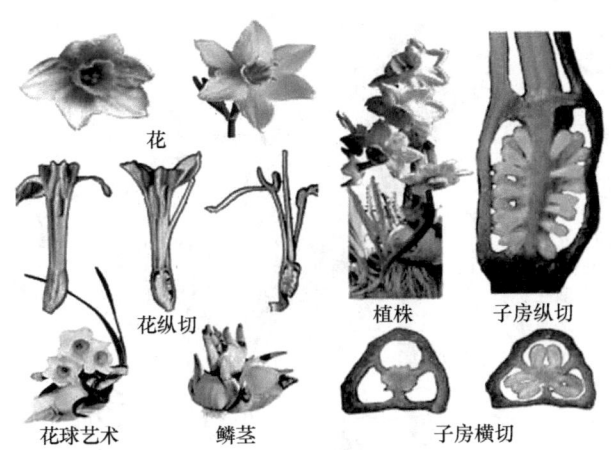

图 5-62　石蒜科

10. 薯蓣科（Dioscoreaceae）

取薯蓣（*Dioscorea opposite* Thunb.）的新鲜材料进行观察，多年生缠绕草本植物。注意：①地下茎的变态类型；②叶的着生方式，叶脉的特点；③花为单性还是两性，其中花被片的数目，有无花萼、花冠的区分，排列成几轮；④雄蕊的数目；⑤雌蕊的数目及花柱的特点，子房的位置，心皮与子房室的数目；⑥果实的类型，注意种子是否具翅（图 5-63）。

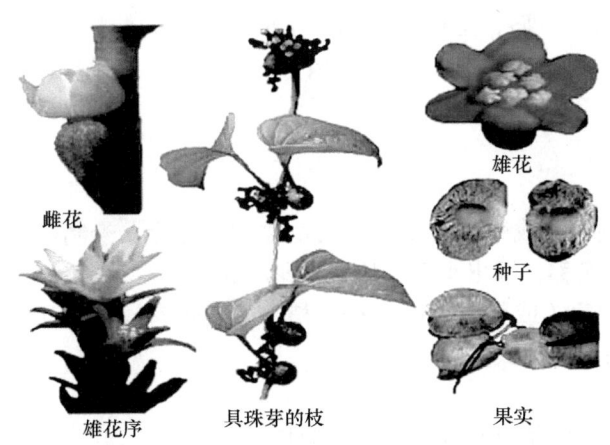

图 5-63　薯蓣科

11. 兰科（Orchidaceae）

兰科植物为草本，须根附生有肥厚的根被；花两侧对称，有唇瓣；雄蕊与雌蕊花柱合生成合蕊柱；子房下位；蒴果（图 5-64）。

观察春兰［*Cymbidium goeringii*（Rchb.f.）Rchb.f.］，其为多年生草本。取一朵花观察（注意花被片数目和排列方式，各花被片是否相同？注意区分花瓣和唇瓣），雄蕊和雌蕊结合成合蕊柱（注意合蕊柱有什么特点？雄蕊有几个？着生在什么位置？），花

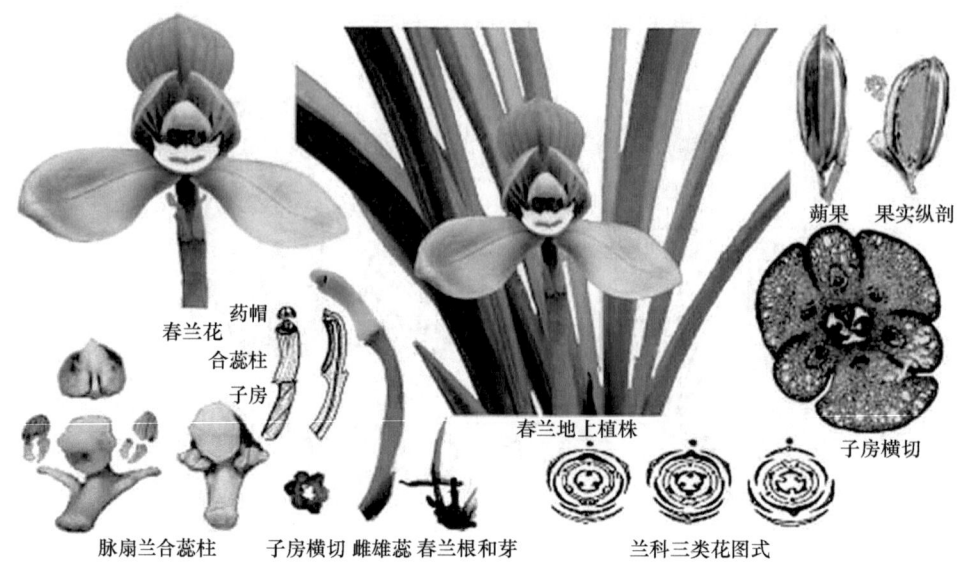

图 5-64 兰科

粉粘成花粉块，柱头与花药间有蕊喙；子房扭转180°，子房下位，1室，侧膜胎座；蒴果，种子细小。

观察白芨 [*Bletilla striata* (Thunb.) Rchb.f.]，注意营养体的特征和花序。取一朵花观察，注意花被片数目和排列方式。各花被片是否相同？有无特殊的花被片？雄蕊和雌蕊的花柱、柱头结合为合蕊柱，弄清可育雄蕊有几个？着生在什么地方？花粉粘合成花粉快。柱头分成上唇和下唇，上唇不授粉，下唇2裂，能授粉；子房下位，扭转180°。横剖子房，注意其为3心皮，1室，胚珠多数，侧膜胎座。蒴果。

四、作业

（一）课内作业

（1）通过解剖观察（或数码摄图）相关植物的花器官，绘制小麦花序、小穗和小花的结构，注明各部分名称，写出小麦花程式和花图式。

（2）通过解剖观察（或数码摄图）相关植物的花器官，写出泽泻科、百合科、鸭跖草科、莎草科、兰科的花程式并绘出花图式。

（二）课外作业

（1）列表比较单子叶植物和双子叶植物的特征。
（2）列表比较莎草科和禾本科植物间的主要特点。
（3）试述禾本科植物在风媒传粉方面有哪些适应特点？
（4）列表比较百合科和兰科的异同点。试述兰科有哪些进化和适应性特征。

综合·设计·探索

一、利用检索表鉴定一定区域内的常见植物

（一）目的与要求
通过对校园及周边公园、绿地植物的调查研究，让学生熟悉观察、研究区域植物多样性及其分类的基本方法。

（二）材料与器具

1. 实验材料

一定区域或范围内的几种未知植物。

2. 实验器具

解剖镜、放大镜、镊子、解剖针等。

3. 工具书

《中国高等植物图鉴》《中国高等植物》《中国植物志》《中国种子植物科属检索表》《中国种子植物科属词典》、地方植物志、区域植物检索表、不同经济用途的检索表等工具书，或国内、外相关网上资源检索阅读。

（三）内容与方法

在积累了被子植物系统分类的基础理论知识后，可以充分利用校园及周边公园、绿地，通过调查、鉴定常见植物的种类，熟悉观察、研究区域植物及其分类的基本方法，为以后的野外实习做准备。

第一步，对所调查的植物进行仔细解剖，并用植物形态学术语进行描述。仔细解剖、正确描述是正确检索的基础。在对植物进行观察研究时，首先要观察清楚每一种植物的生长环境，然后再观察植物具体的形态结构特征。植物形态特征的观察应起始于根（或茎的基部），结束于花、果实或种子。先用眼睛进行整体观察，细微、重要部分须借助放大镜或解剖镜观察，并能按以下顺序进行特征观察、详细记录和科学描述。

（1）从根（或茎的基部）开始，注意有无变态根、根系类型、根的颜色、有无地下变态茎等。

（2）观察茎的质地类型［草本（包括一二年生或多年生）？木本？乔木？灌木？亚灌木？木质藤本？草质藤本？］、茎的形态、分枝类型（单轴？合轴？假二叉？）、颜色、被毛或光滑；生长习性（包括直立、平卧、匍匐、攀援、缠绕或其他），注意有无特殊汁液、表皮附属物和变态现象等，若为木本，则还应注意其树皮颜色、皮孔形状、有无裂纹及开裂方式、树皮脱落方式等。

（3）观察叶的质地、类型（单叶？复叶？有无分裂？分裂方式？复叶类型？），有无叶柄？叶序（互生？轮生？对生？）、叶脉、叶形、叶尖、叶缘类型，有无特殊汁液、腺体、表皮附属物和变态现象等？叶面及叶背颜色如何？被毛或其他，网状脉或平行脉，叶的组成有无托叶？

（4）观察花序或/和花的类型（单生？形成某种花序？单性花？两性花？雌雄同株？异株？对称性如何？），解剖观察从花柄开始，由表及里，花萼、花冠、雄蕊，最后到雌

蕊。花各部分形态、颜色、数目、离合状态、着生的相互位置关系和子房类型（上位？下位？单心皮？多心皮？合生？离生？子房室数？胎座类型？胚珠数目？），有无蜜腺、花盘等特殊结构？

（5）观察果实外形，注意其形状和果皮的颜色、质地（干果？肉果？）、是否开裂（包括开裂方式）、有无特殊结构（毛状物？瘤状物？翅？刺？棱角？）等，再分别横剖和纵剖果实，判断果实类型（角果？蒴果？浆果？）。

（6）观察种子外形，注意其形状、种皮的颜色（包括种脐、种孔的颜色、形状及有无种阜等特殊结构），剥开种皮，观察种皮的质地和厚薄、有无胚乳或外胚乳、胚的形状、大小和类型（单子叶？双子叶？）等。

第二步，查阅检索表和植物图鉴，鉴定植物至科，并描述相应的特征。根据植物的主要特征查检索表。检索植物不能图快，不宜比速度，而要提倡准确，只有一步不错地查下去才是真正的快。要求学生利用以生殖器官为主的分科检索表先检索到科，对照科属词典将植物的形态特征与科的描述进行对照，确定所查植物的确为该科植物；然后利用分属检索表检索出属，同样地对照科属词典将植物的特征与属的形态学描述进行对照，确定无误后用分种检索表检索出种。

第三步，复核该种植物的全部形态描述。检索至种后，可以通过查阅《中国植物志》《中国高等植物图鉴》《中国高等植物》及地方植物志，将工具书上所描述的植物形态与手头的植物形态进行比对，当其形态学描述完全相符时，才算真正完成对未知植物的鉴定。

（四）作业与思考

（1）按某一植物分类系统目、科的排列顺序，写出所调查区域的植物名录，并归属到科，注意学名的正确书写。

（2）试对所调查区域内的植物种类分布特性、群落组合与其生境环境间的相互关系作简单的评析。

（3）利用检索表检索你所未知的几种植物，写出检索过程。

二、对校园常见植物进行特征描述，并编制其检索表

（一）目的与要求

学会植物检索表的编制和使用方法（仅供选择）。

（二）材料与器具

1. 实验材料

带花或果的新鲜植株或枝条5～8种。

2. 实验器具

放大镜、解剖镜、镊子和解剖针等。

（三）内容与方法

植物分类检索表是根据法国著名的生物学家拉马克二歧分类的原理（1778年），以对比的方式而编制成区分植物种类的文字表格。具体说，就是把各种植物的关键性特征进行比较，抓住区别点，相同的归在一项下，不同的归在另一项下，在相同项下，又以不同点分成相对应的两项，依次下去，最后区别出不同的种。各分类等级，如门、纲、目、

科、属和种均可编制成检索表，其中科、属、种的检索表最为重要、最为常用。检索表的格式通常有"定距式"（等距式）与"平行式"两种。常用的是"定距式"检索表。

检索表采取"由一般到特殊"和"由特殊到一般"的原则编制而成。其编制一般按下列程序进行。

（1）植物的形态学特征描述。按照前一实验的方法，将所采集到的区域植物对有关习性、形态学（根、茎、叶、花、果实和种子）特征进行观察和详细的描述记录。

（2）汇同辨异。在对形态学特征进行描述的基础上，对一些关键性特征进行比较、分析，找出其相同点和对立特征，并按两两对比排列方式，把有某类相同特征的植物的有关性状列在一项，把有与之对应的不同特征的一类植物的有关性状放在另一项，然后在同一项下的植物中，再根据其对应的其他不同特征，作类似的划分，如此反复归类，按二歧方式编排，直至得出最后的植物名称（不同类群如科、属、种的名称）。

（四）作业与思考

（1）按检索表的编制方法将提供的植物编制一个定距式检索表。

编制检索表的注意事项：①首先找出给定植物的相同点和突出区别。②在选用区别特征时，要注意选用性状稳定且容易观察识别的相反特征或易于区别的特征，如草本或木本、翅果或核果等。似是而非，易于混淆的特征不能选用，特别是作为前几级区别的特征。③作为一对区别特征，必须是非此即彼的，而不能有其他情形出现。

（2）如何利用检索表检索和鉴定植物种类？

第三篇　植物形态结构观察和植物分类识别的一般技术

第六章　显微镜与数码显微互动教学系统

显微镜是从事植物科学研究的常用精密仪器。了解显微镜的构造和原理是正确使用显微镜、充分发挥显微镜功效的基础，必须严格训练、熟练使用。

第一节　生物显微镜

常用的生物显微镜包括明视野显微镜（普通光学显微镜）、暗视野显微镜、荧光显微镜等。其中明视野显微镜是最常用的光学显微镜，它以透射光作为照明光源。本章重点介绍普通光学显微镜的构造、原理、使用和保养等的知识。

一、光学显微镜的构造和使用

普通光学显微镜分为机械系统和光学系统两大部分（图 6-1）。

（一）普通光学显微镜的构造

1. 机械系统

（1）镜座。镜座是显微镜的底座，起稳定和支持整个镜体的作用。内置人工光源型显微镜镜座是中空的，里面装有显微镜灯。

（2）镜柱。镜柱接镜座和镜臂，并支持镜臂和载物台。

（3）镜臂。镜臂连接镜柱和镜筒。直筒型显微镜镜臂与镜柱交界处有一个能活动的关节，称为倾斜关节，可使镜臂、镜筒等在一定的范围内后倾（一般倾斜幅度不超过 45°），以便于观察；斜筒型显微镜由于镜筒以一定角度倾斜，镜臂与镜柱的交界处无倾斜关节。

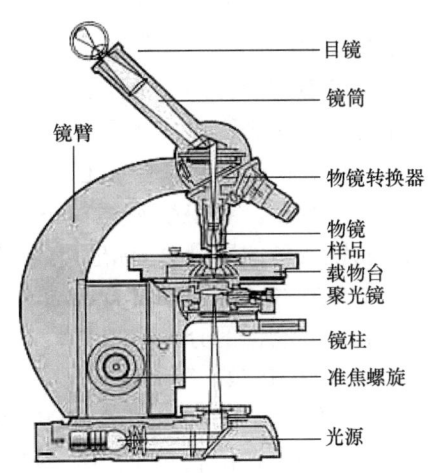

图 6-1　普通光学显微镜的基本结构

（4）镜筒。镜筒上接目镜，下接物镜转换器。显微镜的标准筒长为 160mm。单目显微镜只有一个镜筒，双目显微镜有两个镜筒。

（5）物镜转换器（转换盘、旋转器）。物镜转换器上常有 3 个或 4 个圆孔，用来安装不同放大倍数的物镜。转动转换器，可以调换不同放大倍数的物镜。

（6）载物台。载物台是用来放置玻片标本平台，其中央有通光孔，为光线通路。载物台上装有玻片标本移动器、弹簧标本夹或压片夹等部件。玻片标本移动器一侧装有弹簧标本夹（主要用来夹持和固定玻片标本），载物台一侧的下方有移动器螺旋，转动不同的移动器螺旋可使载物台上的玻片标本移动器作前后或左右移动，从而调节玻片标本前后、左右的位置，使镜检对象移于视野中心。

（7）准焦螺旋。在镜臂（或镜柱）的每侧各有一大一小两个螺旋，大的称为粗准焦螺旋，转动一圈镜筒（或载物台）升降 10mm，常用作快速和较大幅度的升降，迅速调节物镜和标本之间的距离使物像呈现于视野中。在使用低倍镜时，通常先用粗准焦螺旋迅速找到物像。小的称细准焦螺旋，用于高倍镜下的焦距调节。转动一圈，镜筒升降0.1毫米，常用作缓慢而精细的移动，精确地调节物镜和标本之间的距离使物像达到最清晰的状态。

2. 光学系统

显微镜的光学系统由反光镜或内置光源、聚光器、光圈、物镜、目镜等组成，光学系统使标本物像放大，形成倒立的放大物像。

（1）反光镜或内置光源。无内置光源的显微镜，通常在镜座上装有反光镜，通过反光镜汇聚自然光或外置人工光源的光线（如台灯照明）来检视标本。反光镜有平、凹两面，可向任意方向转动，其作用是将投射在它上面的光源光线反射到聚光器透镜的中央，再经通光孔照明标本。凹面镜聚光作用强，适于光线较弱的时候使用，不用聚光器时用凹面镜也能起到汇聚光线的作用；平面镜聚光作用弱，适于光线较强时使用。有内置光源的显微镜镜，座中央灯室内装有人工光源，可通过电流调节螺旋调节电流大小来调节光照强度。

（2）聚光器（集光器）。聚光器在载物台下面的聚光器架上，由聚光透镜、虹彩光圈和聚光器升降螺旋等组成，通过聚光器升降将反光镜反射来的光线或内置光源照射出的光线聚焦到样品上，以得到最强的照明，使物像获得明亮清晰的效果。有些显微镜聚光器下方装有虹彩光圈，推拉其外侧的小柄可调节光圈开孔的大小，从而调节进光量；有的聚光器只是光圈盘，光圈盘上有大小不等的数个透光孔，转动光圈盘让不同大小的透光孔对准载物台中央的通光孔，从而达到调节进光量的目的。

（3）物镜。物镜装在镜筒下端的物镜转换器上，它利用光线使被检物体第一次成像。物镜成像的质量对分辨力有着决定性的影响。物镜的性能取决于物镜的镜口率［或称为数值孔径（numerical apeature，NA）］，物镜的镜口率常标在物镜的外壳上，镜口率数值越大，物镜的分辨率越高。普通光学显微镜上通常可装3个或4个不同放大倍数的物镜，并刻有"4×"、"10×"、"40×"、"100×"标记。根据放大倍数的高低，可将物镜分为低倍物镜（1×～6×，NA值为0.04～0.15）、中倍物镜（6×～25×，NA值为0.15～0.40）、高倍物镜（25×～63×，NA值为0.35～0.95）、油浸物镜（90×～100×，NA值为1.25～1.40，使用时常以香柏油为介质，此物镜又称为油镜头）。放大倍数越大，物镜越长。

（4）目镜。目镜装在镜筒的上方，常由两块透镜组成，上端的一块透镜称为"接目镜"，下端的透镜称为"场镜"。上、下透镜之间或在两个透镜的下方，装有由金属制的环状光阑，或称为"视场光阑"，物镜放大后的中间像就落在视场光阑平面处，其上可安置目镜测微尺和指针。目镜的作用是把物镜放大了的实像再放大一次，并把物像映入观察者的眼中。目镜也有不同的放大倍数，如5×、10×、16×等，常刻在目镜上方的外壳上。

（二）光学显微镜的成像原理

显微镜通过透镜放大被检物体，其成像原理和光路图如图6-2所示。被检物体AB放在物镜（L_1）前方的1～2倍焦距之间，则在物镜（L_1）后方形成一个倒立的放大实像A_1B_1，这个实像正好位于目镜（L_2）的焦点之内，通过目镜后形成一个放大的虚像A_2B_2。这个虚像通过调焦装置使其落在眼睛的明视距离处，使所看到的物体最清晰，也就是说，

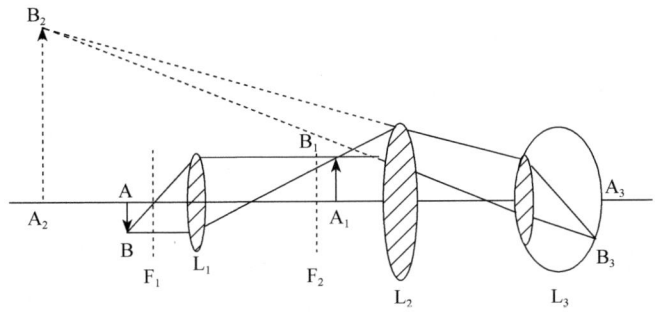

图 6-2　显微镜成像原理

AB. 被检物体；L_1. 物镜；A_1B_1. 倒立实像；L_2. 目镜；A_2B_2. 放大的倒立虚像；L_3. 眼球晶状体；A_3B_3. 视网膜上正立像；F_1、F_2. 分别为物镜和目镜的焦平面

虚像 A_2B_2 是在眼球晶状体的 2 倍焦距之外，通过眼球后在视网膜形成一个倒立的 A_2B_2 缩小像 A_3B_3。

（三）光学显微镜的主要性能

显微镜的主要性能包括分辨力、放大率、焦点深度、镜像亮度和视场亮度等。

分辨力是指能够区分的相近两点间的最小距离，能区分的两点间的距离越小，表示显微镜的分辨力越高。显微镜的分辨力可用公式 $R=0.61\lambda/(n\sin\alpha)$ 表示。其中，R 为分辨力；λ 为光波波长；n 为物镜与被检物体之间介质的折射率；α 为透镜角孔径，是指从位于物镜光轴上标本的一个点发出光线伸长到物镜前透镜的有效直径的两端所形成的夹角的一半，$n\sin\alpha$ 又称为镜口率（图 6-3）。

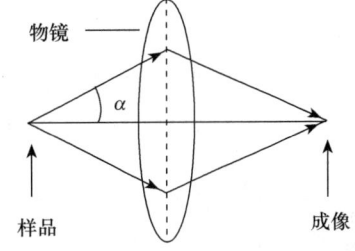

图 6-3　透镜的角孔径

放大率也称为放大倍数，是指最终成像的大小与原物体大小的比值。显微镜的总放大倍数可用目镜放大倍数与物镜放大倍数的乘积表示。例如，观察时所用物镜为 40×、目镜为 10×，则物体总放大倍数为 40×10=400 倍。

焦点深度是指当焦点对准物体某一点时，不仅位于该点平面上的各点都可看得清楚，而且在此平面的上下一定厚度内的各点也能看得清楚，这个清晰部分的厚度就是焦点深度。焦点深度与总放大率和镜口率成反比，因此，高放大率和高镜口率的显微镜其焦点深度浅，不能看到标本的全厚度，必须调节螺旋，仔细地从上到下进行观察。

镜像亮度是显微镜的图像亮度的简称，是指在显微镜下所观察到的图像的明暗程度。使用时，对镜像亮度的要求一般是使眼睛既不感到暗淡，又不觉得耀眼。镜像亮度与镜口率平方成正比，与总放大倍数的平方成反比。

视场亮度是指显微镜下整个视场的明暗程度，不仅与目镜、物镜有关，还直接受聚光镜、光阑和光源等因素的影响。在不更换物镜和目镜的情况下，视场亮度大，镜像亮度也就大。

（四）光学显微镜的使用方法

显微镜是一种结构精密的仪器，应严格按照操作规范进行操作。

（1）取镜。取镜即观察前将显微镜取出并放置于桌面上适当位置的过程。取镜时要用右手握镜臂，左手托镜座，使镜身直立平稳地移动；在显微镜放置于桌上时要求将显微镜镜座的前端（远离操作者的一端）先接触实验桌面，后端（靠近操作者的一端）后接触实验桌面，轻轻地置于自身左前方实验桌并离开桌边3～5cm处；为了养成严谨的科学态度，如果显微镜外面有防尘罩，使用者应将防尘罩取下后折叠好，轻轻放在显微镜的一侧或放在实验桌抽屉中。

（2）对光。对光即在观察标本前让光线均匀地进入视野的过程。对光首先选择光源，有内置光源的显微镜，应接通电源，打开显微镜中的电源开关，并用电流调节螺旋来调节光强大小。对于无内置光源的显微镜，需让反光镜朝向光源。其次，使显微镜低倍物镜镜头对准载物台中央的通光孔中心，注意要用拇指及食指捏住转换器的边缘来转动物镜转换器，不能用手指扳物镜镜头来转动物镜转换器，以免使光轴发生偏斜影响显微镜质量。当听到转换器发出轻微的"喀哒"声时，物镜正好卡到位。调节视野中光线明亮、均匀为止。

（3）装片。装片是将玻片标本安放在载物台并使所观察对象移至通光孔正中央的过程。装片前，先上升镜筒（或载物台下降），让低倍物镜正对透光孔，这样，就会在物镜和载物台之间留下足够空间以便装片，不能在物镜和载物台之间距离很小的情况下装片，以免损坏玻片或物镜镜头。装片时要认清玻片的正反面，让玻片标本上带被检视物的一面（具盖玻片的一面）朝上，如果玻片装反，会导致在高倍镜下无法使物像调到清晰的状态。玻片放在载物台上时，可用压片夹压住玻片标本，或用弹簧标本夹夹住玻片标本，使玻片的两侧及一条边与移动器充分接触，朝向操作者一侧与移动器接触。玻片装上后，调整玻片，使被检视物正对透光孔。

（4）低倍镜的使用。显微镜的使用应遵循从低倍到高倍逐步过渡的原则，即先在低倍物镜下找到被检视物的大致范围，然后将需进一步详细观察的部位调到视野中央，换到中倍镜或高倍镜、油镜下观察。在调焦时，要正确使用准焦螺旋，当调焦范围较大时用粗准焦螺旋，细微调焦时用细准焦螺旋，调焦时左右两手要同时操作，外旋或内旋准焦螺旋使镜筒下降或上升（或载物台上升或下降）。在低倍镜下调焦的正确方法是：当切片放好后，头应偏向一侧眼睛注意物镜镜头（而不应用眼睛从目镜中观察），接着向外转动粗准焦螺旋，使镜筒徐徐下降（或使载物台徐徐上升），当低倍镜接近玻片时，即停止转动，用左眼靠近目镜向下观察，并向内转动粗准焦螺旋，将镜筒缓缓提升（或使载物台缓缓下降），直至见到放大的物像为止（在显微镜下的物像是倒像），再用细准焦螺旋调整焦距，直到所看到的物像清楚为止。在使用单目显微镜时，应该用左眼靠近目镜向镜内视野观察，右眼要保持张开。

（5）高倍镜的使用。当在低倍镜下对被检视物观察清楚后，将要放大观察的部分移至视野的中央，然后旋转物镜转换器，换成高倍镜进行细节观察，操作要领同前。如果要在油镜下观察，需在正对被观察物的盖玻片正上方滴加少许香柏油作为介质。从低倍镜下转到高倍镜下，视野变暗，如需增加亮度，则应使用凹面反光镜、放大光圈或调节电流增加光强。

（6）取片。取片是在观察结束后从显微镜的载物台上取出切片标本的过程。当一张切片标本观察结束后，需取下切片。首先旋转物镜转换器或上升镜筒（或下降载物台），使高倍镜偏离载物台，或使物镜和载物台之间留有足够距离，以免取玻片时损坏玻片或镜头；其次切片取下后要及时归还到切片盒并排放整齐，而不能随手置于桌面或放在书上，以免打破或遗失。如果要调换新的玻片标本继续进行新的观察时，则必须重复步骤（3）～（6），要严格按照从低倍镜到高倍镜的使用程序重新进行，不能直接使用高倍镜观察。

（7）还镜。还镜是显微镜使用完毕后将显微镜调成还镜状态并归还到显微镜柜中的过程。还镜时应确定显微镜中无玻片、无照明（内置光源式显微镜要关上电源开关，拔下电源插头，自然光源式显微镜要将反光镜旋转至垂直方向）、干净（光学部件用擦镜纸轻轻擦拭干净，机械部件用清洁纱布轻轻擦拭干净）、镜筒（或载物台）下降（有利于保护准焦螺旋）、低倍物镜对准载物台中央的透光孔或将两个物镜跨于透光孔的两侧。当确保显微镜处于还镜状态时，罩上防尘罩，按照取镜时的有关要求平稳地握住显微镜并放到显微镜柜中，完成实验操作。

（五）光学显微镜的保养

显微镜是一种精密而贵重的仪器，其寿命的长短与操作和保养的好坏直接相关。因此，在显微镜的使用过程中必须严格按照规范进行操作，注意保养，重点应做好以下几点。

（1）防尘防污染。显微镜使用结束后，必须随时加上防尘罩，放入镜橱或镜箱中，以防灰尘侵入。显微镜有灰尘时，应及时擦拭，在擦拭显微镜的光学部分（透镜）部分时，勿用手指、手绢、纸片、布等物擦拭，而应用专用擦镜纸，先拂去尘埃，然后循着透镜直径同一方向反复多次单向擦拭。

显微镜应尽量远离水源、药液、灰尘多的环境。镜橱或镜箱内要放置干燥剂，以保持显微镜的干燥、清洁，避免灰尘、水及化学试剂的玷污。观察临时玻片时，如有液体流出盖玻片外，应立即擦干，避免让液体沾染镜头或载物台。显微镜用毕送还前，必须检查物镜镜头、载物台、镜筒和镜臂上是否沾有水、污渍，如有，则要擦拭干净再将显微镜放入镜橱或镜箱内。

（2）规范操作与保养。在显微镜的取放、使用过程中的各个环节都要严格规范操作，这样才能保证显微镜不易损坏。

当显微镜有故障或损坏时，应立刻报告老师，切勿自行修理，更不要任意拆卸显微镜的任何部件，以免损坏进一步扩大。最好每年请专业维护人员对显微镜进行一次彻底保养，包括擦拭、调试、零部件的更换等。

二、暗视野显微镜

暗视野显微镜以丁达尔效应为基础，通过特殊的集光器，使照射样品的直射光不能进入物镜，只有被样品表面所反射或所衍射的散射光进入物镜，因而在黑暗的视野中形成物体明亮的像。暗视野显微镜具有较高的分辨力，它主要用于对未染色标本或活体的观察。

（一）基本原理

当来自集光器的入射光由于斜度的增加落在物镜的孔径之外时，这种光将不能直接参与像的形成。作为在标本上折射、反射和干涉的结果，在各个方向上被散射的光将部分地被物镜所捕获。由于直射光线不能进入物镜，当光路中没有物体时，整个视野是完全黑暗的，因此称为暗视野。但是如果把一个物体放在光路中时，它将反射来自照明器的部分光而成为小的光源。当这种物体衍射点的亮度在中间像上足够强时，它在显微镜中将能被分辨。暗视野中的像主要是由在具有不同折射率的界面上产生的散射光形成的，因此所形成的物体的像是不可靠的，它不能表示物体的真实结构，它只是勾画了物体的轮廓，只能看到物体的存在、表征和运动。

（二）结构及性能

对于暗视野显微镜来说，必须有一个专门的照明系统，这个系统应该满足以下要求：照明光线要有足够的倾斜度，以保证没有直接射入物镜的光锥；较强的光源；集光器必须有调中装置。实际上，普通显微镜换上暗视野聚光器或用中心挡光法，即可取得暗视野效果。就其构造来说，常用的暗视野集光器有以下几种：抛物面聚光器、心形面聚光器、明暗两用聚光器、辉光聚光器和同心球面聚光器等。其中以抛物面聚光器最为常用。抛物面聚光器是一个单透镜，周围倾斜度较小的抛物面（图6-4）。由显微镜的反光镜反射出的光线，被聚光器的中部遮光板所阻挡，但侧面光线则自由进入遮光板旁和透镜边缘之间的缝隙。这些光线在聚光镜凹面上发生折射，结果光线集中到聚光器的界面以外，处于观察标本的平面上。

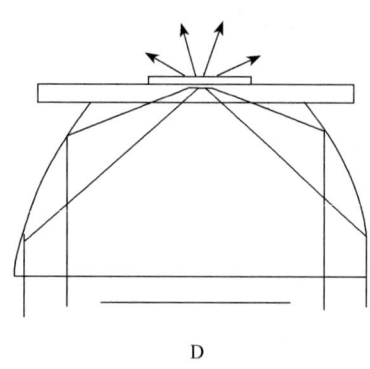

图6-4 抛物面聚光器及其光路
D 暗视场光挡入射光发生全反射，样品被照明并射出反射光，散射光进入物镜

（三）基本应用

暗视野显微镜观察物体时，主要观察的是物体的几何轮廓，分辨不清内部的细微结构，适合于观察具有规则结构的物体，如硅藻、放线菌等；或具有线性结构的物体，如鞭毛、纤维；以及细菌、单细胞浮游生物、悬浮细胞等非常微小的生物体。

三、荧光显微镜

荧光显微镜是利用一定波长的光使样品受到激发，产生不同颜色的荧光，用来观察和分辨样品中某些物质及其性质的一种显微镜。

（一）基本原理

用于显微观察中的荧光可以分为自发荧光和继发荧光。自发荧光也称为原发荧光，它是指由一个物质的自然性质所产生的荧光，如叶绿素在可见光的激发下会产生红色荧光。继发荧光是由已经被结合到显微镜标本成分中的具有荧光性质的物质所产生的荧光，如细胞中的DNA经吖啶橙染色后，就可以发出黄绿色的荧光。荧光显微镜利用一个高发光效率的点光源，经过滤色系统，发出一定波长的光作为激发光，能激发标本的荧光物质使其发出一定的荧光，通过物镜和目镜的放大进行观察。在强烈的对衬背景下，即使荧光很微弱也容易清晰辨认，灵敏度高。

（二）结构及性能

荧光显微镜和普通光学显微镜基本相同，主要区别是荧光显微镜具有荧光光源和滤色系统（图6-5）。荧光光源

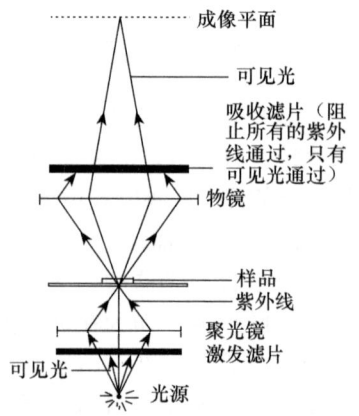

图6-5 荧光显微镜的光通路

常用的有高压汞灯和氙灯。滤色系统由激发滤光片和阻断滤光片组成。激发滤光片放置于光源和物镜之间，其作用是选择激发光的波长范围。阻断滤光片可吸收和阻挡激发光进入目镜，防止激发光干扰荧光和损伤眼睛，并可选择特异的荧光通过，从而表现出专一性的荧光色彩。

（三）基本应用

荧光显微镜可观察固定的切片标本，也可在活体染色后进行活细胞的观察。因此，有关细胞与组织中物质的吸收与运输，化学物质的分布与定位等问题，均可利用这种显微镜进行研究。

第二节 体视显微镜

体视显微镜又称为实体显微镜、解剖镜等，是一种具有正像立体感的目视仪器。下面以常用的连续变倍体视显微镜为例说明体视显微镜的构造、原理和使用方法（图6-6）。

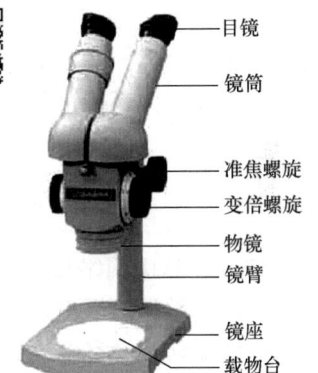

图6-6 体视显微镜的基础构造

一、体视显微镜的一般构造

（1）目镜。目前使用的体视显微镜多为双目斜筒式，有2个目镜，呈一定角度排列。

（2）物镜。1个，为共用初级物镜。

（3）镜筒。2个，中空管状结构。为了适应观察者左、右眼在视力上的差异，其中一个镜筒附有伸缩装置，可校正双目视力差。

（4）内部光学透镜组。在物镜和目镜之间的一组光学透镜，包括次级物镜（变倍物镜）及一组棱镜。

（5）镜臂。拿显微镜时握手的地方。有些型号的显微镜在镜臂的上部安装有照明光源，可作反射照明观察。

（6）镜座。显微镜的底座，起稳定和支持整个镜体的作用。有些型号的显微镜在底座内部安装有照明光源，可作透射照明观察。

（7）载物台。位于镜座中央，通常为活动圆板，供放置观察物之用。

（8）准焦螺旋。可以使镜体升降以调节焦距。

（9）变倍螺旋。可以通过调节变倍螺旋改变中间物镜组之间的距离，从而改变图像的放大倍率。

二、体视显微镜的使用

体视显微镜具有视场直径大（低倍率下可达63mm左右）、焦深大（低倍率下可达5.6mm，便于观察被检测物体的全部层面）、工作距离长（一般为35～88mm）、像立体正立放大等特点，便于对微小的物体进行观察和操作。体视显微镜观察和操作的过程如下。

（1）取镜。取镜过程基本同普通光学显微镜。因镜座中间的活动载物台是活动的，所以取镜过程中注意不要让手指将载物台顶出，以免滑落到地上造成损坏。

（2）对光。有内置光源的显微镜插上电源插座，打开显微镜中的电源开关；无内置光源的显微镜，让载物台朝向光源（自然光或灯光）。眼睛从目镜中观看，视野中光线要明亮、均匀。如果两个目镜之间距离不合适，可以适当调节目镜之间的距离。

（3）放置样品。首先要根据样品的颜色选择载物台的黑白面，样品的颜色和载物台的色差应较大才便于观察。通常将样品直接放在载物台中央进行观察，但像花的解剖等实验过程要使用到解剖针及镊子，为防止载物台划出痕迹，应在载物台上先放入一张玻片或一个培养皿等，然后再在上面放入样品进行观察和解剖。

（4）样品观察。样品放好后，先旋转变倍螺旋在最低放大倍率下观察样品，两眼从目镜中同时观察样品。如果样品较为模糊，则旋转准焦螺旋直到样品变得清晰。如果观察者左、右眼视力存在差异，可调节镜筒上的伸缩装置以校正双目视力差，使样品变得最为清晰。如果要再放大观察，可调节变倍螺旋逐级放大观察。需要注意的是，物像越放大，焦深越小，样品中清晰显示的范围越小。

（5）还镜。还镜过程基本同普通光学显微镜的还镜过程。

第三节　数码显微互动教学系统

结合计算机网络技术和显微数码技术，实现图像、语音的网络互动，使教学过程更生动多彩，教学效果更好。现以第二代 MOTIC 数码显微互动实验室系统为例，简要介绍数码显微互动实验室系统的组成（图6-7）、功能及使用方法。

图6-7　数码显微互动教学系统

一、数码显微互动系统的构成

1. 硬件组成

（1）数码显微镜：数码显微镜包括教师端（主控台）数码显微镜和多台学生端（受控台）数码显微镜，每台数码显微镜均由显微镜或体视显微镜、图像采集装置、图像输出装置等部分组成，即显微镜或体视显微镜上内置高分辨率感光芯片，通过数字摄像头将其捕获的模拟光学影像数据转换成数字光学影像数据并进行传输。

（2）计算机网络：计算机网络由教师端主控机、多台学生端受控机和网络连线构成局域网系统。

（3）网络交换机：网络交换机是对来自多台数码显微镜上的数据进行管理的硬件，可实现多路画面的合并、切换等。教师主控机通过网络交换机可对学生机进行控制和数据交换。

（4）画面处理器：画面处理器是计算机与网络交换机之间的接口，一方面可将来自教师端和学生端图像采集装置的数据进行处理后输入教师主控机；另一方面可用来控制网络交换机，以计算机通过画面处理器控制网络交换机的工作方式，实现显微镜画面的分组显示与单一显示。

（5）语音设备。每台计算机上配有耳麦，学生端的语音设备与教师主控台中的语音设备相连，便于师生间及学生间的语音交流。此外还可配备投影设备。

2. 软件组成

（1）数码显微互动实验室系统软件包括教师端软件（DigiLob II -Teacher）和学生端软件（DigiLob II -Student），可以实现图像的显示、捕捉、处理、比较、测量、传送，还可进行双向语音问答等。教师端软件与学生端软件相比，具有更强的控制功能，可以对学生端进行监视和控制。

（2）图像软件系统常配送专业的图像处理软件，有强大的图片处理功能。

二、数码显微互动系统的主要功能

1. 教师端对学生端的指导

主控台可以选择学生通道，对一台或数台学生端显微镜或计算机内的画面进行实时显示和监控。通过教师端软件中的控制面板下达指令，启动或关闭学生端软件、关闭或重启学生端计算机。教师端软件选择学生通道时，还可直接对学生端计算机进行操作。

2. 图像广播与语音交流

教师可以选择教师端或学生端显微镜（或计算机）中的图像直接传送到每一台计算机屏幕上，实现图像信息的共享。该系统中的语音交流功能、师生交流模式和分组模式可实现师生间及学生间的双向沟通。

广播数据模式：教师通过头戴耳机话筒讲话，全体学生用耳机收听，但不可发言。

3. 图像处理、图像测量与采集

数码显微互动实验室系统可以对学生端和教师端图像增加动态红、绿、蓝，以及进行白平衡、图像除噪等处理。利用数码显微互动实验室系统可以对图像中的线条、图形等进行距离、面积等的测量。**利用该系统的拍照工具可以进行手动拍照、自动拍照、录像、录制屏幕等操作，不但能保留静态的图片，还能录制动态的操作过程。**

4. 作业下发、提交和批改

在教师端软件中有文件和作业下发、作业批改等功能，在学生端软件中有作业提交功能，可以实现无纸化作业。数码显微互动实验室系统可以将不同的图片放在一起进行比较。还可利用投影设备将计算机显示屏上的内容投射到幕布上，实现多人共享。

三、数码显微互动实验教学程序

（1）打开电源，开启教师端和学生端计算机。

（2）打开数码互动实验室系统软件，教师端数码互动实验室系统软件在教师端计算机中打开，学生端数码互动实验室系统软件可由学生在各自的计算机中打开，也可由教师利用控制软件打开学生端软件。

（3）打开教师端和学生端显微镜，装上玻片标本或实体标本，调节显微镜进行观察。

（4）打开投影仪，降下电动幕。

（5）互动教学。教师、学生根据教学需要进行相关操作。

（6）实验结束时，应先提交实验报告，再关闭教师端和学生端显微镜电源开关。

（7）关闭投影仪，收起电动幕。

（8）通过教师端软件或由学生端直接关闭学生端软件，再通过教师端关闭学生端计算机或直接关闭学生端计算机，然后再关闭教师端软件、教师端计算机。

（9）给显微镜盖上防尘罩。

（10）关闭电源。

第七章　常用的植物切制片技术

植物切制片的方法很多。一类是装片法：包括整体装片（全封）法、压片法（或分为涂片法、压片法）和离析法。另一类是切片法：包括徒手（手工）切片法、滑动机切片法、冰冻（薄）切片法、火棉胶切片法、石蜡切片法、半薄切片法和超薄切片法等。单细胞或丝状体、薄的叶状体类型等可用整体装片法，某些易压碎展延为薄片状的植物组织，可采用涂压法进行，对于复杂的多细胞、组织致密的植物体则宜用离析法、切片法制作切片。可根据研究材料、研究目的和要求选用不同的切制片方法。

第一节　徒手切片法

徒手切片法又名手工切片法，是研究高等植物体内部结构的最基本的方法。优点是简单、方便、节约，只要一把锋利的剃刀或一把单（双）面刀片，就能做活体或鉴定观察，但切片厚薄不均，不能作连续切片，有些材料的处理较困难。

一、器具与药品

1. 实验器具

根据制作玻片标本的需求准备好相应的仪器设备和用品用具，如冰冻切片机、滑动切片机、半薄切片机和显微镜等。剃刀、单（双）面刀片、染色皿（缸）、小杯、毛笔、滴瓶、载（盖）玻片、镊子、解剖针、酒精灯、抹布、标签和夹持物（萝卜或脆嫩的茎段）等。

注：少量使用载（盖）玻片时，可将经充分浸泡过的载玻片和盖玻片用细软的布片轻擦，具体方法是：用左手的拇指和食指夹住载（盖）玻片的相对两边，右手展平纱布（或绸布、绒布），从一侧叠包载（盖）玻片上下面，并用大拇指和食指夹住布片来回多次、均匀地擦拭，直至清洁为止。注意用力要均匀，勿将载（盖）玻片弄碎。

2. 实验药剂

95%乙醇及其被稀释的各级乙醇、无水乙醇、1%的番红（水或70%乙醇溶液）、0.3%~0.5%固绿、95%的乙醇溶液、达氏苏木精和10%的水配甘油等。

在正式动手切片前，可配制好制片过程中所需的不同浓度的不同药剂，有代表性地选择好所需观察和研究的植物材料。

二、徒手切片的步骤

（一）取材

根据研究目的选择材料。选材时尽量挑选新鲜、有相当坚韧性、能抗刀压的材料，如根、茎段等。材料的大小以适于抓握、粗细长短适合。对叶片、幼根等细小、柔软的材料，应同时考虑夹持物。取萝卜或胡萝卜等，将其切成长方块，并在其中间开半条沟或缝，将待切材料分割后夹持其中。

（二）切片

徒手切片所需的刀应保持锋利。抓握材料以左手的拇指、食指和中指为主，拇指的

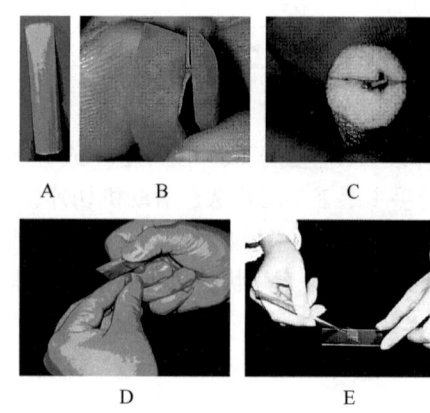

图 7-1 徒手切片制作的几个关键步骤
A. 切取材料段；B、C. 薄而扁平的材料置于夹持物中；D. 切片；E. 装片

位置略低于食指；右手执刀，刀口向内，刀身与桌面平行。切片时，人要坐直，双手和肩保持自然状态。要用臂力自左至右拉切（图 7-1），注意材料切面的平整，经常保持材料的湿润，切下的薄片及时用毛笔刷入水中，并剔除过厚和不正的切片。多切多练，直至满意为止。最后用低倍显微镜挑选出厚薄均匀和细胞轮廓清楚的切片。

（三）固定

切好的薄片一般以 70% 乙醇固定 15～30min，或作临时观察，或制成永久制片。

挑片与装片。根据需要，选取一定数量的清洁载玻片和盖玻片，在载玻片中央滴一滴蒸馏水。选取薄而均匀的植物体或其片段，置于水滴中。右手用镊子夹取一个盖玻片，使盖玻片的左侧先与载玻片（含有材料的水滴左侧）接触，然后慢慢地放下盖玻片，将全部材料盖好。盖片时切勿将盖玻片骤然放下，否则会产生气泡（圆环形，中间透亮、边缘呈黑圈，黑圈大小随调焦旋钮的转动而变化），影响观察和判读。一张好的临时玻片标本，其盖玻片下正好被蒸馏水充满。如果水分不足，只需在盖玻片一侧滴少许蒸馏水；如果水分过多，需用吸水纸吸去盖玻片边缘多余的水分。制作好的临时玻片标本即可先置于显微镜的低倍下观察，如果需观察更细微的结构，则可转换至高倍镜下继续观察。

（四）染色、脱水、透明和封片

常用染色法有苏木精 - 番红法和番红 - 苯胺蓝法，以不同乙醇浓度进行梯度脱水，以系列二甲苯溶液或樟脑油透明，最后以中性树胶封片。如果只作临时观察，则选用 10% 左右的水配甘油作透明剂，并可保湿数小时。

经用 10% 甘油水溶液封片的临时玻片标本，只要减少或阻止其失水，可保存数小时至数日。如果是理想的临时玻片标本想作长期保存，则可将其材料脱水、透明和树胶封片，制成永久玻片标本。

用组织分化显著、差异明显的新鲜材料制成的临时玻片标本，有的不经染色也可直接清楚地观察和判读。但是，有时所观察的结构反差小、显示不清，则应先将材料经固定后染色，以便特征判读。制作临时玻片标本常用的固定剂有 70% 乙醇等，常用的染色剂有苏木精、番红、固绿和苯胺蓝等。固定和染色步骤可在装片前进行。装片后材料的固定和染色，可在盖玻片的一侧滴加固定液或染色液后，在盖玻片相对的另一侧用吸水纸吸盖玻片边缘的水分，促使染色液漫过材料，并将其染色。如果染色过深，可依法滴蒸馏水分色至理想效果。

现介绍两种制作临时玻片常用的染色方法。

1. 达氏苏木精 - 番红法

此法实用于半木质化组织的染色。其染色步骤为：70% 乙醇固定（15～30min）→蒸馏水数次→达氏苏木精（10～20min）→流水浸洗（10～30min）→蒸馏水数次→50% 乙醇（5min）→酸乙醇（100ml 70% 乙醇＋2～3 滴 HCl）分色→70% 乙醇（5min）→氨乙醇

（100ml 70%乙醇＋几滴 NH₄OH，需要时）分色→70%乙醇冲洗→番红（5～10min）→50%乙醇（3～5min）→10%甘油透明（15～30min）。

2. 番红-苯胺蓝（或固绿）法

此法适用于薄壁组织发达的材料。其染色步骤为：70%乙醇固定（15～30min）→蒸馏水数次→1%番红水溶液染色（1～3h）→蒸馏水数次→50%乙醇（5min）→70%乙醇（5min）→85%乙醇→1%苯胺蓝（用95%乙醇配制，2～10min）→95%乙醇（3～5min）→85%乙醇（3～5min）→70%乙醇（3～5min）→50%乙醇（3～5min）→10%甘油透明（15～30min）。

（五）整理与贴标签

无论是临时玻片标本短暂保存，还是永久玻片标本长期保存，均应在封片及时贴上标签。标签上写明下列项目：材料名称、取材器官、切片方向、制片人姓名和制片日期。

第二节 冰冻切片法

冰冻切片是在低温条件下使组织快速冷冻到一定的程度，然后进行切片的一种方法，常用冰冻切片机进行切片。因其制作过程较石蜡切片相对简便、快捷，尤其在免疫组织化学染色中，能较好地保存细胞抗原的免疫性，故这种切片常用于组织与细胞化学的制片。此法有两个优点：一是制片速度快；二是利于保存组织内某些易被有机溶剂溶解的物质，避免和防止组织块的收缩，保持组织原形。缺点是切片较厚、易破碎，不能作连续切片等。

一、器具与药品

冰冻切片机（图7-2）。其他同上。

二、冰冻切片的步骤

（1）置新鲜的或经固定后的组织于组织包埋托上，组织块周围用水或包埋介质包埋好。

图 7-2 冰冻切片机

（2）快速冷却，将组织托放在冷座上，然后加盖另一个事先冰冻好的组织托。

（3）冻好的组织固定于切片机进行切片。

（4）将切好的切片粘贴在载玻片上，固定、染色、脱水、封固。

注：经固定的材料用10%甘油在37℃浸泡3h或更长时间。也可以将材料（在温室）浸泡在10%二甲亚砜（DMSO）中1～2h，可增强组织抗冰结等伤害的能力。

第三节 涂压制片法

涂压制片法是将植物的组织或细胞均匀地涂布在载玻片上的一种制片方法。是细胞形态学、细胞分类学，特别是细胞遗传学等研究中普遍应用的制片方法。

一、器具与药品

涂压制片所需的器具、药剂除了预处理剂与染色剂的种类视研究对象和研究目的不同而不同外,其他基本类似于徒手切片法。

二、涂压制片的步骤

(一) 取材与固定

(1) 取材的具体要求视研究对象和研究目的而定。凡可用来研究细胞分裂和细胞结构的材料,均可作为涂压制片的材料,如浮游或丝状藻类、细菌、花粉和幼嫩的根尖组织等。

(2) 预处理常用于体细胞分裂的材料,可使染色体缩短和分散,利于获得较多的中期分裂象。

预处理的药剂有秋水仙素(0.05%~0.2%,在8~16℃,1~4h)、8-羟基喹啉(0.002~0.004mol/L,温室1~3h)、α-溴萘(饱和水溶液,10~15℃,3~5h)、对二氯(代)苯(PDB,饱和水溶液,温室3~5h),或用0.075mol/L KCl 低渗处理30min,用蒸馏水0~4℃以下冷冻24~36h也可获得理想的效果。

(3) 固定材料经预处理后,水洗数次,一般选用卡诺液低温固定2~24h。

(4) 解离根尖和茎尖等细胞材料常用1mol/L HCl 在60℃的水浴5~20min,或用1%果胶酶、1%纤维素酶解离。

(二) 染色与封片

染色一般用醋酸洋红染色,材料经染色后装片,盖上盖玻片并轻轻地敲击或压盖玻片,使细胞分散,便于观察。将压片后经镜检符合要求的制片,立即冷冻,用刀片将盖玻片掀开。将盖片和载片同时在37℃温箱烘干。经纯乙醇及二甲苯脱水透明。中性树胶封片,或经透明后,用油派胶(Euparal)封片。最后贴上标签。

1. 根尖等体细胞材料

(1) 醋酸洋红(acetocarmine)法。根尖等材料在醋酸洋红液中40~60min,镊取一条根尖,放滤纸上立即用利刀切去根冠,切下分生组织,置放载玻片中央。在材料上滴一小滴45%醋酸洋红,盖上盖玻片,先敲击,然后将制片在酒精灯上微热,平放桌上,盖一滤纸压片,使细胞压平,染色体分散。在全过程中,要固定住盖片,不使移动。镜检合格的制片送冰箱冰冻,整个过程速度要快。

或用2%地衣红整染30min至更长时间。然后用1%醋酸地衣红压片(方法同醋酸洋红法)。但在压片前不用火烤,压片后再烤,可不致褪色,并使染色体加深染色。但乙醇要冲洗干净,因地衣红易溶于乙醇中,脱水也勿用乙醇。

(2) 铁矾-苏木精法。此法适用范围较广,染色清晰、效果好。关键是染色后的分色、软化。

先用4%铁矾媒染30min,水洗净铁矾,再用0.5%苏木精染30min以上,水洗苏木精余液。经45%乙酸分色与软化。压片方法同上。

有酸时,苏木精不易着色,因此,固定液中的乙酸及软化液中的盐酸要及时洗净,媒染30min,反复用水冲洗4次或5次,每次5min,将分生区黑色分色至深蓝色,其他部分浅蓝色。

（3）孚尔根（Feulgen）法。孚尔根法是一种鉴别细胞中 DNA 的组织化学法，此法是因为细胞中的 DNA 在一定浓度的盐酸和一定温度处理下，经过水解而释放出醛基。这些游离的醛基，再与无色品红中的无色亚硫酸品红化合，形成特殊的紫红色复合物，孚尔根能清楚地显示细胞核及染色体的形态结构。

2. 花粉母细胞减数分裂

观察花粉母细胞减数分裂材料，一般用醋酸洋红或醋酸地衣红染色。压片时，将花粉内的花粉母细胞挤出来后，清除药壁残渣，加盖玻片，用上述方法使细胞压平，染色体分散，以中期或终变期为好。

3. 永久玻片的制作

（1）冷冻脱盖片封片法。将压片后经镜检符合要求的制片，立即用冰箱或制冷器冷冻，用刀片将盖片掀开。将盖片和载片同时在 37℃温箱烘干。经纯乙醇及二甲苯脱水透明。中性树胶封片，或经纯乙醇后，用油派胶（Euparal）封片。此法是地衣红法唯一的封片方法。

（2）乙醇-叔丁醇脱水封片法。准备四套培养皿，每皿放入一根短玻棒，制片的盖片向下，斜架其上。培养皿排列顺序如下：→45% 乙酸和 95% 乙醇等量混合（脱盖片液）→95% 乙醇和叔丁醇等量混合→叔丁醇①→叔丁醇②。叔丁醇亦可用正丁醇代替，最后用油派胶和分别各自溶解的树胶进行封片。

第四节　离析制片法

离析制片法是在借助于化学药剂将植物组织细胞间的胞间层溶解，获得完整的、彼此分离的单个细胞的基础上，进行制片的方法。离析制片法是用于研究或观察植物不同组织细胞的立体结构的常用方法。

一、器具与药品

1. 实验器具

加热设备，如电（磁）炉，玻璃容器。其他参见徒手切片法。

2. 实验药剂

离析液：铬酸-硝酸离析液、盐酸-乙二酸离析液。其他参见徒手切片法。

二、离析制片的步骤

1. 取材

将植物材料（如木材、枝条、果壳或草本植物的叶片、茎等）切成块状或条状的组织块，其长不超过 1cm，横断面或直径不超过 3mm。

2. 离析

将所切取的组织块放入玻璃管中，加入离析液，材料与离析液之比为 1∶20～1∶25。木本植物或木质化程度高的材料用量可适当少些，草本植物或木质化程度低的材料用量可多些。材料投入离析液后，盖紧瓶盖，在 30～40℃的条件下保温 1～2 天，如果材料中的通气组织发达，可先抽气。离析时间视材料的质地和组织块的大小而定，草本植物可不必加温。材料是否充分离析，以胞间层完全溶解、细胞彼此分离为准。可定期取出少许材料放于载玻片上面的水滴中，加盖玻片后轻轻敲压，若材料易于分离，则表明离析时间已够。

离析液的配制：①铬酸-硝酸离析液：10%铬酸液与10%硝酸等量混合即可。适用于木本植物的木质化程度高的组织，如导管、管胞、纤维、石细胞，或草本植物的根、茎和叶等较成熟组织材料的离析。②盐酸-乙二酸离析液：甲液即70%~90%乙醇与浓盐酸以3∶1混合，乙液即0.5%乙二酸铵液；离析时先用甲液处理1~2天，经浸洗去酸后再转入乙液离析处理。盐酸-乙二酸法适合于草本植物或木质化程度低的材料的离析。

经离析液处理的材料需用清水浸洗，或注入清水、静置片刻，待材料下沉后倾去上液，如此反复多次，或经数次换液并离心可更快去除组织内的离析液。最后，转至70%的乙醇中备用。

离析好的材料若做长期存放，应及时贴上标签，以防混乱或忘记。标签上应写明所离析材料的名称、日期、离析液种类和制作者姓名等。

3. 玻片标本制片

经离析的材料，若制成临时玻片，则按临时玻片的制作方法制作即可。若要制作永久玻片，则依永久玻片的制作方法进行。但无论是制作临时玻片还是制作永久玻片，都应染色处理，便于清晰观察。

第五节　装片法

装片法是将植物材料整体封固制成临时或永久玻片标本的方法。适宜选用装片法制作玻片标本的材料主要有微小生物（如衣藻）、水绵和植物的叶表皮细胞等。

一、器具与药剂

装片法所用器具与药剂参见徒手切片法。

二、装片法的步骤

装片法的取材、固定与染色要求视材料和研究目的而定，可参见徒手切片法。装片法制作时应注意以下事项。

（1）手持载玻片时，应注意持平，或放在平台上。滴水时水量要适当，以恰好被盖玻片盖满为度。

（2）用解剖针或镊子分开材料不使其相互重叠，展平在同一平面上。

（3）放盖玻片时，从一侧慢慢盖在水滴上，防止出现气泡。

（4）染色时，将一滴染色液滴在盖玻片的一侧，用吸水纸从另一侧吸引，使盖玻片下的标本均匀着色。着色后，用同样的方法，滴一滴清水，把染色液吸出后镜检观察。

（5）永久玻片制片。整体装片的材料，若要制作永久玻片，则依永久玻片制作方法进行。

第六节　石蜡切片法

石蜡制片法是观察植物体内部细微结构和组织发育动态过程的重要技术之一，凡能承受石蜡制片过程中各种药剂处理的材料都可用此法。它能将植物材料切成较薄（2～4μm）、均匀且连续的切片，为其他制片方法所不及。但石蜡制片法需时较长、过程复杂、细致、技术要求高、费时，对设备和药剂的要求也高。易使材料变硬、变脆，有些质地坚硬的材料需经特殊处理，才能得以顺利切片等。

第八章 植物图片的绘制与数码拍摄

植物图片是记录和交流植物在一定时空上的形态结构特征和特性的一种方法。绘制植物图片，能准确、形象生动地记载植物生长发育过程中的特征和特性，具有文字记录和描述所无法替代的作用。学习植物图片的绘制有助于学习、理解和表达所学植物学知识，促进植物科学的研究与交流。因此，在植物学的实验过程中有必要学习和掌握正确的绘图方法和技巧。

第一节 植物图片的绘制

一、绘图的要求与技巧

（一）绘图步骤及规范

植物学绘图要求表达规范。在以图形表示或记录所观察对象的形态或结构特征时，必须科学、客观、真实地描述和反映所观察的形态与结构。报告内容版面中的图形分布要均匀、合理，比例恰当，线条清晰、流畅、匀称。重点突出、主次分明，主要特征一目了然。图注准确、重点突出、简明扼要，引线平行不交叉、终点在一条垂直线上。字体宜用仿宋字体，注字清秀、工整，使用术语科学、规范，以及报告整洁等。植物绘图的一般步骤及规范如下。

1. 充分准备、观察认真

每次实验前，应充分做好前期准备工作。绘图工具、绘图纸、削尖的2H（或3H、HB）铅笔、橡皮、直尺、规范的实验报告纸和实验记录本等。认真预习、正确理解和掌握与本次实验相关的理论知识、实验内容和注意事项等，做到心中有数。

在实验观察过程中，必须选择有代表性的、典型的结构特征进行观察，同时要注意把握和区分一般性与特殊性、真实结构与"人为结构"（如切片过程中造成的破损或染色剂的污染）等。在对所观察的对象进行全面观察、科学分析的基础上，真实地、科学地和准确地记录和描述植物体的形态与结构特征。

2. 布局合理、比例恰当

绘图前要确定你所绘之图在报告纸上的位置和大小，合理布局，使图和图标在报告纸上所占的面积和位置恰当后再着手绘图。一般根据在报告纸上要画几个图及图本身的大小来确定位置。例如，要画两幅图，应先在报告纸上方留下一部分空档，用于书写本次实验题目，余下空间四六分为两个图的位置，并记住要在图的右侧预留下图注和引线的位置，图的面积应大于图注的面积。

当画图的位置确定后，就要确定图的大小，一般要尽可能地把图绘大一些。如果绘制的是细胞图，为了清楚地表明细胞内部结构，所绘细胞不宜过多，一般2个或3个即可。如果绘制器官的结构图，也不一定把全部切面（如根或茎的横切面）绘出，一般绘1/6~1/2即可。

3. 先描后绘、突出重点

确定好位置后，就开始绘制草图。先用HB铅笔在绘图纸上轻轻勾画所选物像的大小轮廓,勾画草图时要注意对照,观察所画轮廓大小是否与实物比例相符合,并做到:①轮廓准确、比例协调、空间布置合理;②落笔轻雅,线条简洁,画线不宜太重,要考虑容易擦去;③保持图面清洁。

确定草图与实物结构及比例无误后,再用 2H 或 3H 的硬笔将各部分结构准确绘出。植物图不同于艺术图,各部分结构及特征均以点或线的形式表示,线条要求一笔勾出,粗细均匀、光滑、清晰、明暗一致,无深浅、虚实之分,线条的衔接必须准确,不能接头错位或衔接不准,接头处无分叉,切忌重复描绘;所有结构线条不能用直尺或其他圆规等工具代画,必须手绘而成。因为,植物的器官或组织没有完全成方或圆的形状,最多只是一些近似的几何图形,如果借助直尺或圆规作图,往往会失去植物的自然状态。

明暗和颜色的深浅用圆点衬阴表示,给予立体感,点要圆润整齐、大小均匀,切忌钉着点、蝌蚪点、点形条、重选点、毛糙点。点点的顺序应依照物像特点,灵活掌握疏密变化,一般由疏至密、由浅至深,逐点进行,不可用涂抹阴影的方法代替圆点。

4. 图注规范、字迹工整

图形绘好后,要再与显微镜下的实物对照,检查有无遗漏或错偏,然后标注清楚各部分的名称。名称标注一般选择紧挨图的右侧,从相应结构部位画出引线再注结构名称,引线应为实线、保持水平状(与实验报告纸的上、下缘平行)、细直均匀、不交叉,以免误指,所有引线右端点应在同一垂直线上;注字一律用铅笔,不要用钢笔、有色水笔或圆珠笔。书写要求清楚端正,字列整齐。图题、材料名称、部位和特征等的说明写在所绘图的下方。

(二)绘图技巧

1. 布点与画线

布点是一项细致而费工的技巧。点要点得圆、点得匀,点的排列要整齐,均匀中求变化,变化中求统一。因此,应有计划(心中有数)地从明处点起,小心而慢慢地点,一行行交互着点,一气呵成,避免绘好后再加点。明而色淡的部分点小而稀,暗而色深的部分点要密。

画(引)线是绘图的又一基本功,一般以肘贴桌面,掌侧和小指抵图纸,紧握笔杆,从左下向右上的方向运笔。同时,应闭气用力,可使线条均匀、光滑、流畅。画线过程中一般不应露出笔尖起落的痕迹。笔尖含黑的多少,压笔力的大小,常引起线点的粗细或明暗的变化,应多加体会运用。

2. 注意事项

绘图时要有耐心,座位的高低必须合适,以免易疲劳,草图应一次绘成,尽量不要中途停顿。

二、植物形态结构图绘制

(一)洋葱鳞叶表皮细胞的绘制

(1)在显微视野中找出能够清楚观察到细胞壁、细胞核、液泡、白色体等结构的完整的 2~3 个相邻细胞。

(2)确定好细胞图在报告纸上的位置,开始绘图。用 HB 铅笔将细胞的轮廓轻轻描出,描图时要不断地观察显微镜,注意细胞轮廓的大小、宽窄、长短等是否与观察的细胞相符合，同时也要注意细胞的内部结构，细胞壁用线表示，细胞质部分用点来表示，使细胞更显真实饱满；在描绘细胞里的液泡时，由于液泡是透明的，肉眼很难分辨，可用连续点来表示液泡的形态轮廓；细胞核先用点标出在细胞中的位置、轮廓，再用较密的点表现出细胞核的致密。原生质体内的结构（如细胞质、细胞核等）要用不同疏密的小点表示。

（3）细胞与其他细胞相连接处画出一些来，以表示所画的细胞不是孤立的。

（4）当草图与实物基本相符合后，用3H或4H铅笔把各部分的结构画出来并正确标注细胞的各部分结构名称（图8-1）。

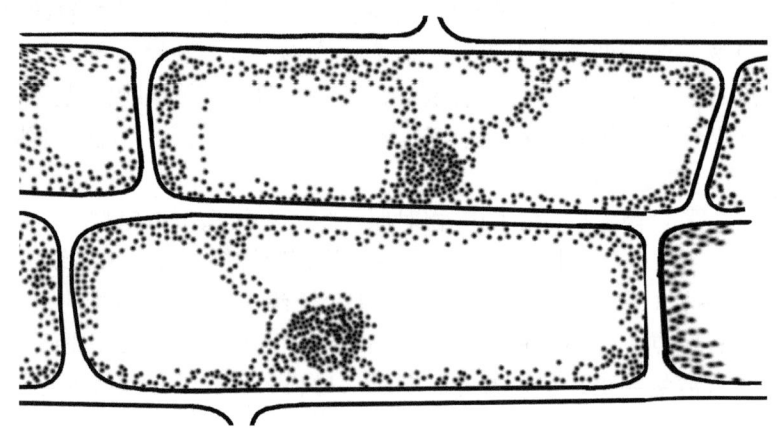

图8-1　洋葱鳞叶内表皮细胞示意图

（二）结构简图及部分结构详图的绘制

结构简图是用线条勾勒出所在器官各结构层次分布的线条轮廓图或示意图。结构简图一般显示细胞的形状和特征。

结构详图是显示显微镜下看到的各结构层次中不同组织分布特征的细胞组成图。结构详图的绘制，通常在所观察的结构中，选择比较典型而有代表性的一部分断面，用线条准确地绘制出各部分组织细胞的形状、大小和分布等特征。

1. 结构简图的绘制（以水稻茎横切面结构简图为例）

取水稻茎横切面永久玻片，置于显微镜的低倍镜下观察，在看清水稻茎横切面结构各层次特征的基础上，在绘图纸或报告纸的适当位置，用HB铅笔由表及里勾出小麦茎的横切面各结构层次的位置、分布式样和每一部分所占的比例等（图2-20）。

水稻茎的横切面结构层次包括表皮、厚壁组织、薄壁组织细胞、髓腔和维管束5部分。表皮以一圈轮廓线条表示，近表皮处的厚壁组织由于其细胞层数分布不均匀，绘制时用波浪状轮廓线画一圈表示。髓腔在茎的中央，也用一圈轮廓线表示（注意髓腔所占的比例）。位于髓腔轮廓线和厚壁组织轮廓线间的部分为薄壁组织分布的范围。水稻茎中的维管束呈两轮分布，外轮维管束小，与厚壁组织相连；内轮维管束大，分散于薄壁组织细胞之间。维管束横切面在突出两个后生木质部大导管的同时，加用轮廓线勾勒出其横断面式样。

2. 结构详图的绘制（以水稻茎的一个维管束结构详图为例）

在上述基础上，选择一个内环维管束结构，在高倍镜下仔细辨认维管束的维管束鞘、初生韧皮部和初生木质部的分布位置，以及细胞或组织特征和其各部分所占的比例。绘制结构详图时，把每个细胞形状画出来，同时还要注意各种组织或细胞间的比例。一般薄壁细胞用单线表示，厚壁细胞用双线表示。木质部导管分子的表示，内圈为圆形，外圈为多边形。韧皮部的筛管细胞多绘成近5～6边形，紧邻的伴胞用较小的近四边形表示（图8-2）。

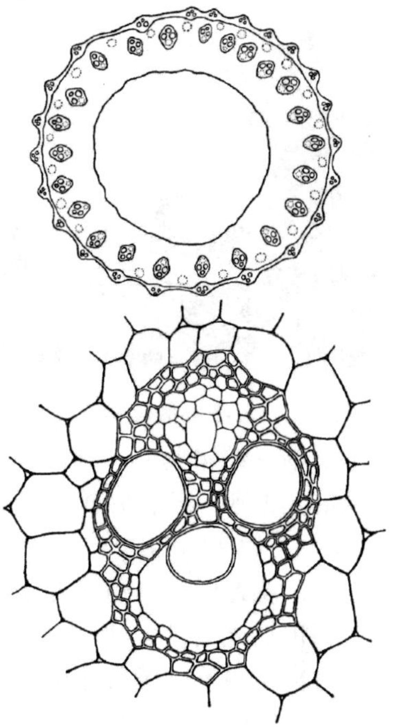

结构简图和结构详图绘制完成后，必须对全图进行科学合理的修饰，并标注各部分结构名称。

（三）形态图片的绘制（以叶为例说明）

植物形态图片的绘制，以线表示形态组成的轮廓、以点衬托阴影、以空白表示明亮，显示植物的质感或立体特征。叶的绘制，必须完整地反映叶的形态组成，注意突出叶基、叶缘（全缘与缺刻）、叶脉（网状与平行）、叶上的腺体、星状毛等细微的变化，两面被毛不同的叶类、异形叶等，应表现正反两个方面，因为它们是鉴定植物和植物分类的依据（参见第五章实验十四）。

在用HB铅笔轻轻勾画出叶的基本形态及叶基特征的基础上，突出显示叶缘的缺刻特征，如叶缘锯齿是否有二重锯齿（一大齿夹一小齿）或三重锯齿（一大齿夹二小齿）等。在描绘叶缘锯齿时，应找出它的规律一气呵成，运笔的方向一般以左下至右上较为顺手。

图8-2　水稻茎横切及其部分放大

叶脉的绘制因叶脉类型而不同。网状脉的主脉与侧脉并非是笔直的分布，不能绘成直线，以使叶面有凹凸感。平行脉有直出、基出两种。网状脉的细脉或微脉常在叶尖汇集，较少种类呈开放状态。平行脉粗细相近，各脉之间的间距几乎相等，且侧脉均匀。因此在运笔时也必须一气呵成，不可有停顿之处，切勿出现接头。

在绘制叶脉之前首先要了解叶的质地（革质或纸质）。革质叶较厚，细脉甚至侧脉都是若隐若现，所以叶脉不宜描绘得太多太密；纸质叶的叶片较薄，主脉、侧脉和细脉清晰可见，都要画清楚。其次，叶脉在上、下叶面上的形态是不同的。一般叶脉在叶的上表面凹陷、下面凸起，且主脉特别明显。此外，还必须注意显示叶脉上的附属结构。

经检查草图与实物基本相符后，用2H或3H铅笔把各部分的结构绘出，并正确标注各部分结构名称。

第二节　植物数码摄影技术

植物数码摄影技术是指借助于数码相机或摄像机、以植物为拍摄对象的摄影技术。植物数码摄影包括植物显微摄影、植物器官组织发育动态摄影及植物形态摄影三种。

数码摄影系统利用电子技术和电视摄像的原理，把影像的光信号转换成电子数字信号储存在磁盘上，再通过处理与输出设备使用图像的过程。数码摄影的储像磁盘容量大，接上计算机、编辑机和打印机就能修改编排和打印图片。

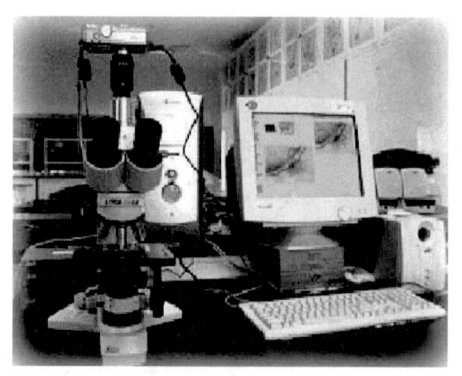

图 8-3 DC-150 数码图像显示装置

数码摄影系统一般包括数码相机或摄像机、闪光灯、支撑物、电子存储器、显微镜或解剖镜、图像输出设备与图像处理软件等部件。在科学研究中，经常要真实地显示植物的形态特征和显微结构（图 8-3）。

一、植物显微结构图片的拍摄

（一）拍摄前准备

植物显微拍摄的对象为植物器官或组织的永久制片或临时装片，切片应厚薄均一、染色恰当、反差清晰、结构典型、有代表性。显微摄影必须保证光路系统的物镜、目镜及聚光镜等的清洁，否则，影响拍摄质量。

（二）显微镜调优

显微摄影时，可通过孔径光阑和视场光阑调节光轴居中，保证视场各部分的光线均匀。当视场光阑扩大到一定程度时，照射到标本上的光会有反射和散射，造成影像反差的损失。当视场光阑收缩到取景框边缘外的时候，摄影图像的反差就会改进。因此，视场光阑应比取景框稍大。

孔径光阑的调节可通过把标本对焦后，取出镜筒中目镜，用肉眼观察镜筒。也可改变聚光镜上的数值孔径来实现。视野亮度通常可通过改变光源电压或加减滤光镜片来调节。

（三）曝光

1. 影响曝光的因素

影响曝光的因素很多，包括被摄物体的颜色和光学性质、物镜的数值孔径和倍数、目镜倍数、滤光片的颜色、光源强度和色温等。

物镜的数值孔径和目镜的放大倍数。曝光时间取决于视野中的影像亮度。影像亮度与物镜、目镜的性能相关。物镜的数值孔径大，进光量多，影像亮度大，曝光时间要短；目镜放大倍数大，视野相对加大，影像的亮度相应减小，曝光时间要长。曝光时间与有效的物镜的数值孔径的平方成反比，与目镜的放大倍数的平方成正比。

物镜选定后，分辨率就取决于光源的波长，波长越短，分辨率越高，常用滤色镜的透光率的波长值见表 8-1。使用消色差物镜拍摄无色标本时，可添加黄绿滤色镜可使图像清晰度最佳。

表 8-1 各色滤色片透过率的波长值

滤色镜颜色	红	橙	黄	绿	蓝	青	紫
波长 /μm	730	610	580	530	490	440	400

滤光片的颜色。滤光片具有滤光作用。被滤光片减弱的光强度，在摄影时必须给予补偿，以达正确的曝光。加放滤色镜要在聚焦前完成，在聚焦后加用，会使焦点改变，影像不清。如果标本发黄或染色偏红时可用蓝色滤色片调色，如果染色偏紫蓝可用绿色或加黄色滤色片调色。

此外，照明光源、切片的厚度等也会影响光的透过和吸收，进而影响曝光时间的选择。

2. 曝光时间的确定

在初次进行显微摄影或拍摄一种新目的物时，即使有测光表，也应先进行试曝光。其方法是用同一切片在相同条件下，按几何级数增加曝光时间来拍，得到不同曝光时间的试摄图片，根据图片质量决定正确的曝光时间。也可用测光表法，现代的显微摄影装置主要采用两种类型测光表，内装或外接式全自动曝光控制表和TTL测光表，都属于自动曝光系统（表8-2）。

表 8-2 显微摄影曝光参考表

物镜	目镜	视场光阑	电压	滤光片	曝光时间/s
4×	4 或 4.6×	3～5	6V	需滤色片	1/4
10×	4 或 4.6×	5～10	6V	需滤色片	1/4～1/2
40×	4 或 4.6×	10～15	6V～8V	需滤色片	1/2～1
100×（油）	4 或 4.6×	15～20	8V 以上	需滤色片	1～2 以上

（四）取景和摄图

1. 屈光度的调节

在显微摄影装置的接头部位，有一侧视目镜取景器，它由数片透镜组成。近眼端为屈光度调节环，能左右转动，变换透镜间距，改变焦点距离。在侧视目镜取景器内有一个玻璃屏，上刻双十字线。调节时，左右转动屈光度调节环，使侧视目镜取景器镜筒的前端伸缩，改变焦距，至清晰地分辨出双十字线为止（图8-4）。经过调节，使不同视力者在显微摄影时都能精确准焦，拍出清晰的图片，而不会因视力不等，获得不同的拍摄效果。双十字线校准后，不能随意变动屈光度调节环，以防焦距改变。

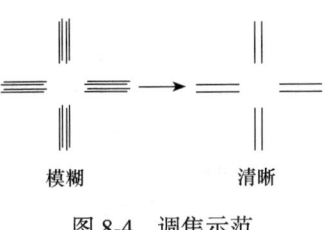

图 8-4 调焦示范

2. 取景

取景应根据研究目的、借助于预览框确定拍摄范围和物体影像在图片上的大小（倍数）。影像的大小可采用调换物镜和目镜来控制。

3. 聚焦

转动显微镜的粗细调焦螺旋，改变物镜和被检物体的距离，使视野中物体影像在预览框内清晰，主要特征明显。取景聚焦，需几经反复，每次取景可以拍摄2张或3张图片，以便选择。取景聚焦完毕，即可进行拍摄。

4. 拍摄

将显微制片的结构部分置于载物台通光控的正中央，低倍镜下选好要拍摄的结构部位，如需进一步放大显示则转换到高倍镜下观察。应该注意的是，从目镜中看到的图像效果只是明视效果，而显示在计算机屏幕上的图像才是摄影效果。拍摄时，应在计算机屏幕上选好视野，聚焦使图像清晰、主要特征明显，按下数字照相界面上的拍摄按钮，获得图像。

5. 保存图像

拍摄结束后，应将所拍摄照片和对应标尺移到自己的保存文件夹中。在显微图片的拍摄过程中，每拍一张或一批都应作详细记录，以备后查和对号。拍摄的图片应优选劣除，利用软件对图片进行适当的处理和保存。

二、植物形态图片的数码拍摄

（一）实体显微数码摄影

进行实体显微数码摄影的步骤与生物显微数码摄影基本类似。值得注意的是：第一，实体显微拍摄时的实验材料一定要保持新鲜无杂，才能准确体现植物器官或组织表面的形态特征。第二，工作台面的选择应根据观察对象的颜色，选择工作台是黑面或白面，并将拍摄对象放在载玻片或培养皿中，再放在工作台上。第三，光源的选择可根据拍摄与观察目的选择从上方向下照射在材料上。当所观察的材料较为透亮时，则可选择由下向上的光线更有利于观察和拍摄清晰的图像，选择下方光源时，应将工作台面换成透明玻璃台面。第四，每拍一张图片或每拍一批图片都要对所拍摄图片分别编号，详细记录拍摄条件、被摄植物特点、生境、仪器组合、曝光时间等，以备后考。

（二）植物形态的数码拍摄

在进行植物形态图片的拍摄时应注意以下几点。

1. 材料选择与写实性

拍摄材料的选择要典型、完整、具有代表性，拍摄时尽量要注意避免俯拍，要能够体现出植物的表型特征，如叶的着生方式、叶的表面特征、树皮的颜色特征、花的外观及内部组成等，花朵密集者，应注意花朵之间的位置安排，或选择生长在植株侧边或前后几棵枝叶交错的空间位置，拍摄花朵的侧面或斜侧面，并适当收小光圈。如果花瓣质地较薄可选择逆光拍摄可较好地拍摄出花瓣的质感。

2. 时间选择

光线决定着植物照片的成败。一般明亮的多云天气有利于拍摄出较好的植物图片，早上和傍晚的斜阳十分利于刻画物体表面的细节。逆光能突出植物枝叶上的茸毛，还能让花朵看上去更加晶莹剔透。在拍摄野外植物群体时，尽可能选在晴好的天气拍摄，使用半侧光、小光圈拍摄，这样可以得到层次好、景深大而清晰的照片。

3. 植物颜色调整

由于植物的绿色往往都是不饱和的，并且会带有黄色，有时甚至是红色。而且植物的不同种类，叶片的颜色和影调都有不同，要进行大量的调整，并不断重复尝试和选择。

4. 微距拍摄

微距摄影的目的是力求将主体的细节纤毫毕现的表现出来，因此对于植物可视的细节性特征可通过微距近拍呈现。使用微距镜头近摄时，要根据拍摄倍率进行适当的曝光补偿。

第九章　植物标本的制作技术

植物形态标本是记录和固化植物形态特征的一种手段，对进行植物科学研究和资料交流、辨认植物种类都是极其重要的、永久可考的实物材料或第一手资料。有时，野外考察也能达到研究和识别植物的目的，但由于植物生长发育有时间上和空间上的序列性，常使观察和研究工作很难得心应手。因此，植物形态标本的采集和制作在植物学的教学与植物科学的研究中有不可替代的作用和意义。

第一节　植物材料的采集与腊叶标本的制作

植物种类很多。野外植物调查中，通常很难准确判定或确认每一种植物的名称。这就必须将待定植物（株）带回室内，借助于工具书或送专家研究后，才能正确地鉴定出植物的种类，或是留作保存、研究、交流之用。因此，进行植物材料的采集和标本制作是必不可少的。

一、采集工具

平枝剪、高枝剪、小锄头、小锯、采集箱或采集袋、标本夹、放大镜、望远镜、号签、采集记录签和定名签、铅笔、野外记录本、台纸、胶水、草纸、小剪、镊子、方位盘和卫星定位仪（GPS）等。

二、采集方法

（一）采集要点

1. 代表性

采集制作植物标本的材料，必须从有代表性的植物群体中选取有代表性的个体，或其植株上有代表性的枝条。

2. 求全

对每种植物的各部分要采集完整，即茎、叶、花、果实、种子 5 部分俱全（根只是在特殊情况下和采集草本植物时需要）。花、果实的形态结构常是分科和属种鉴定的重要依据。没有花果的植物标本，几无分类学价值。有时同一植物的花、果实发育不在同一时期或同一地点，特别是雌、雄异株的植物，应分期、分批分别采集，以获得研究鉴定或保存所需的全部材料。

3. 求好

尽可能保持所采材料原有的形态与色泽，更不应有任何的缺损（特例除外）。对于因离开母株或失水萎蔫过程中花、果实颜色改变者，则应及时记录其颜色等特征。有条件时，应随同分别拍摄植物的群体、植株和生殖器官等的特征图片。

（二）采集方法

1. 草本植物的采集

草本植物种类众多，差别大。对于矮小的草本植物，应采集带根的全草。匍匐的草本则要采集不定根和主根，若匍匐枝过长可分段采集，但不能缺少枝的顶端部分。变态根、变态茎（如鳞茎、块茎、根状茎等）往往是某些物种的识别特征，没有其地下茎则难以鉴定。如果基生叶和茎生叶不同时,要采集基生叶。高大的草本植物,采下后可折成 V 形、N 形或 W 形,然后再压入标本夹内;也可选其形态上有代表性的部分剪成上、中、下三段,分别压在标本夹内,并注意编写同一个采集号,以便鉴定时查对;如有可能,最好拍一张该植物的全形照片,以补标本不足。柔弱的水生草本植物,提出水面后,很容易缠成一团。可用硬纸板或薄塑料板从水中将其托出,连同纸板一起压入标本夹内。

2. 木本植物的采集

木本植物采集时,首先要选择生长正常、无损伤、有花和果实的枝条作为采集对象。采集时勿用手折,尤其是对那些具丰富纤维的植物,折而不断,反而会造成枝条变形,导致标本不合格。有些植物,一年生新枝的叶形和老枝上的叶形不同,或者新生的叶有毛茸或叶背具白粉,而老叶则无毛,如毛白杨的幼叶和老叶不同,此时,幼叶和老叶都要采。对一些先花后叶的植物,采花枝后,待出叶时应在同株上采其带叶和果实的枝条。有些木本植物的树皮颜色和剥裂情况是鉴别种类的依据,应剥取一块树皮附在标本上,如桦木属的一些种。

枝条剪下后,先作简单修整,以去掉过多的枝叶。再按标本的要求修整成一定大小,还需将枝条的末端剪成斜口,以便观察髓部。

木质藤本植物还需记载其长度、被缠绕植物的名称、缠绕的方向等。对于叶形的变化、攀援器官或其他变态器官等特征也要记载和采集。例如,常春藤,其茎上有附生根,叶为二型(不育枝上的叶为三角状卵形或戟形,花枝上叶为披针形)。

3. 寄生植物的采集

除要求采集到其完整植株外,还必须将寄主一同采下,并要分别注明寄主和寄主植物,如桑寄生、列当等标本的采集。

4. 苔藓植物和蕨类植物的采集

苔藓植物用孢子进行繁殖,采集时力求采到带有孢子囊的植株。采集时分别用信封袋包好,沾有小量泥土杂物,带回后再清理。蕨类植物的分类依据是孢子囊群的构造、排列方式、叶的形状和根茎特点等,所以要采集带有孢子囊和根茎的全株。

(三)野外记录

野外记录在标本的鉴定中有特殊重要的作用,它可补充所采标本的不足,如采集地点、时间等,植物的生活环境,植物体各部分的详细特征,如树木高度、胸高直径、树皮颜色、裂开情况,叶、花果的颜色、气味,以及植物的习性和经济价值等,都应作好调查和记录(图 9-1)。

```
          植物标本采集记录表
采集号_____ 份 数_____ 标本号_____
采集地点_____ 采集日期_____
海  拔_____(米)经纬度_____
名称(中名、学名)_____
科  名_____ 俗 名_____
采集日期_____ 年_____ 月_____ 日
采集地(或产地)_____
生境(场地、地形、环境)_____
_____
_____
性状(乔木、灌木、草本或藤本)_____
株 高_____ 胸 径_____
根(根系类型、变态类型等)_____
茎(形态、分枝方式、习性、变态类型、附属物等)
_____
_____
叶(形、色、纹、粉、附属物等)_____
花(色、形、组成等)_____
果(色、形、附属物等)_____
备  注_____
_____
采集单位:_____ 采集人:_____
```

图 9-1 常见植物采集记录式样表

（四）标本编号

在采集记录时应立即进行标本编号，挂上号牌（用硬纸制成）。其号数应与采集记录表上的一致。同一标本，一般采集三份，应用同一采集号。

三、腊叶标本的制作

标本的好坏及其在科学上的价值，亦取决于压制是否精细。采回的标本应立即进行压制，如停放过久，水分失去，叶、花卷缩，将无法保持原形而失去保存价值。压制前，首先要对标本进行初步整理，剪去多余的枝叶，除掉根部污泥杂物，准备压制。

1. 标本压制

将标本夹中的一块作为底板，铺上 5~6 层吸水草纸，把一份带有号牌的标本展平于草纸上，使标本的叶片展示出正面和反面，其他部分也尽量要有几个不同的观察面。植株超过 30cm 时，可将其弯成 V 形、N 形或 W 形。盖上 4~5 层吸水草纸，再放另一份标本。放标本时要注意逐个首尾互相交错摆入，以保持整夹标本的平整。这样一号一号按顺序压制，当标本压制到一定高度时，在上面多放几层草纸，再盖上另一块夹板，用麻绳捆紧。放在通风处晾干。为了避免有些植物的叶片或花果在压制过程中变色，可将需压制的标本材料置于真空或在低温环境中压制。

有些植物的营养器官肉质多汁，不易压干，需在压制前用沸水烫 1~2min 或用福尔马林液浸泡片刻，将细胞杀死后再进行压制；有些植物有很大的根、地上茎或果实，不宜入标本夹，可挂上号牌另行晒干或晾干，妥善保存或用浸液保存。

2. 压制换纸

新压制的标本，每天至少要换一次吸水纸，待标本含水量减少后，可每 1~2 天换一次，以保持标本不发霉和少变色。一般来说，标本干得越快，原色就保存越好；低温环境中压制比高温环境中压制好。为使标本尽快干燥，就必须勤换纸。每次换下来的潮湿纸，要及时晒干或烘干，以供继续使用。最初的一两次换纸，要注意结合整形，将卷曲的叶片、花瓣展平。标本上脱落下来的部分，要及时收集装袋，并注上该标本号，与原标本放在一起。

3. 标本消毒

标本压干后，用氯化汞、乙醇混合溶液消毒，以杀死标本上的虫和虫卵。氯化汞、乙醇混合溶液的配方：用氯化汞 1g、70% 乙醇 1000ml 配成（或 95% 乙醇 1000ml+4g 氯化汞）。消毒方法是：将标本放入盛有消毒液的大型平底瓷盘中，经 10~30min。氯化汞为剧毒药品，消毒时要特别注意安全。此外，也可用二硫化碳或其他药剂消毒。消毒后的标本，要重新压干，再上台纸。

4. 上台纸

台纸是承托腊叶标本的白色硬纸。台纸一般长约 40cm、宽约 30cm，以质密、坚韧、白色为宜。把植物蜡叶标本固定在台纸上的过程称为标本的装帧。植物标本装帧的方法很多，可用小纸条、胶带、细线或胶水粘贴，目前多用黄线或绿线装订，以求颜色与标本相近似。上台纸时，按下列步骤进行。

（1）取一张台纸平放在桌上，将标本按自然状态摆在台纸上的适当位置，并进行最后一次整形，剪去过多的枝、叶、果，长了的可折曲成 V 形或 N 形。

（2）装订标本时，在根、枝条和叶柄的两侧用扁锥穿通台纸，穿进坚韧的纸条，在台纸背面，将纸条两端用胶水紧贴于台纸上。或用针线加斜向缝合，辅以胶水粘贴并压实。

（3）凡在压制中脱落下来而应保留的叶、花、果，可按自然着生情况装订在相应位置上，或用透明纸装贴于台纸上的一角。

（4）在台纸的右下角贴上定名标签（图 9-2）。按标本号，复写一份采集记录，贴于台纸的左上角完成一份标本的装帧制作过程（图 9-3）。

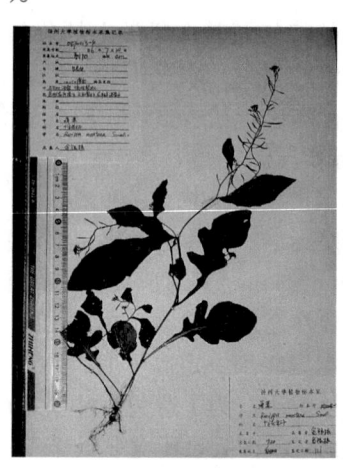

图 9-2 植物标本定名标签　　　　　　图 9-3 植物腊叶标本

第二节　植物浸渍标本的制作

柔软多汁的果实、块茎、块根及肉质的菌类子实体，不适于干制，需用浸渍液保存，以便保持标本的色泽和症状特征。做法较简单，即把采集来的植物材料用清水洗净，缚在玻璃片上，然后将其沉入盛有药液的标本瓶中，瓶口用封合剂（如石蜡）封严，最后在瓶子上端贴上标签，写上科名、学名及日期。浸渍液的配方很多，常根据浸制标本的色泽和浸制的目的进行选择。

一、植物防腐浸渍标本的制作

将标本洗净后，用 5% 福尔马林 50ml、95% 乙醇 300ml、水 2000ml 配制的浸渍液淹没标本。若标本上浮，可用线将标本固定在玻片或玻棒上。若浸泡标本量大，浸泡数日后再换一次浸渍液。此法只能用于防腐，而不能保持原色。

二、植物原色浸渍标本的制作

1. 绿色标本浸渍法

方法一：把标本放入 1% 的硫酸铜溶液中浸 24～48h，取出用清水洗净，再放入亚硫酸 100ml、75% 乙醇 100ml、水 800ml 的混合液中保存。此法适于不宜加热、较薄嫩的植物。

方法二：取乙酸铜粉末，缓缓加入 50% 的乙酸内，以玻棒搅之，直至饱和，即成原液。将原液稀释，其比例为 1∶4，把稀释液和标本同时放入大烧杯中加热，标本渐变褐色，继续加热又渐变为绿色，至原色泽重现时，立即停止加热，然后取出标本用清水洗净，再浸入 5% 福尔马林液中保存。此法适于较长时间保存的果蔬叶子、山桃、梨等绿色果实，以及病害茎、叶等。

方法三：取硫酸铜饱和溶液 700ml、福尔马林 50ml、水 250ml、三液混合，将植物标本浸入该液中 8~14 天后取出，用水洗净，再浸入 4%~5% 的福尔马林液中保存。此法常用于体积较大而不易成熟且表面具有一层蜡质的果蔬及其他植物茎叶标本。

2. 黑色、紫色标本浸渍法

方法一：福尔马林 45ml、无水乙醇 280ml、蒸馏水 2000ml 混合，将标本置于澄清液中保存。

方法二：福尔马林 50ml、饱和氯化钠水溶液 100ml、蒸馏水 870ml，将三液混合，沉淀过滤，用滤液保存标本。

方法三：福尔马林 45ml、无水乙醇 45ml、蒸馏水 1810ml，将三液混合，沉淀过滤，用滤液保存标本。

以上三种方法简单，浸渍标本效果良好。方法一适于树茎、深褐色的梨、黑紫色的葡萄和樱桃等；方法二、方法三适于黑色、紫色、红紫色的标本，如红紫色的樱桃、葡萄和苹果等。

3. 红色标本浸渍法

取硼酸粉末 45g 溶于 200~400ml 水中，然后加入 75%~90% 的乙醇 200ml、福尔马林 30ml，混合澄清，用澄清液保存标本。如果保存粉红色标本，须将福尔马林减至微量或不加。

4. 白色标本浸渍法

将 22.5g 的 $ZnCl_2$ 放入 680ml 水中，搅拌待全部溶解后，加入 80%~90% 的乙醇 90ml 澄清，用澄清液保存标本。

5. 白色、无色和有色根、茎浸渍法

把这类植物的根、茎洗净后稍加修整（使易入瓶，整齐美观），浸渍于用蒸馏水配制的 30% $MgCl_2$ 溶液中 1~5 天。浸渍液 pH 为 6.8。然后分别用 50%、70%、85% $MgCl_2$ 溶液进行逐级脱水，每浸渍 2~3 周依次更换。再用 95%、100% 的 $MgCl_2$ 浸渍液各浸渍 3~4 周（浸渍液 pH 为 5.6）。最后用过饱和的 $MgCl_2$ 固定液进行固定，即可长期保存原色和形态。

6. 色泽鲜艳、质地柔软的花朵浸渍法

将选好的花朵分别用 10%、20%、30%、40%、50% 的 $MgCl_2$ 溶液浸渍，每两天依次更换一次，pH 为 6.0。然后用 60%、75%、85% 的 $MgCl_2$ 溶液，每隔一周依次更换一次，最后用过饱和 $MgCl_2$ 溶液长期浸泡，pH 为 5.8。用此法浸泡的月季花、芍药花在两三年后仍然色泽鲜艳，花形完整。

7. 各种颜色的果实浸渍法

将选用的果实洗净，用 20% 的 $MgCl_2$ 溶液浸渍 1~4 天。并分别用 30%、50%、75% 的 $MgCl_2$ 溶液浸渍 5~7 天，依次更换一次，pH 为 5.8。再用 85%、95%、100% 的 $MgCl_2$ 溶液浸泡 7~10 天。最后用过饱和 $MgCl_2$ 溶液固定浸泡，长期保存（pH 为 5.6）。用此法浸渍的标本几年后仍保持着原色和形态。

以上方法，关键是浸渍液和固定液的浓度选择。浓度不适，植物脱水过程就不完全，颜色就会发生变化。另外，要严格按照各种不同浓度的 $MgCl_2$ 溶液顺序更换浸渍。

参 考 文 献

江苏植物研究. 1982. 江苏植物志. 上册、下册. 南京：江苏科学技术出版社.
金银根，陈庆翔，潘志明，等. 2008. 怎样开展研究型开放式实验教学——植物学教学改革与创新实践. 中国科教创新导刊，483（7）：186-188.
金银根，魏万红，王汉林，等. 2014. 强化研究性实践教学，培养"三型两化"人才. 中国科教创新导刊，(13)：39-42.
金银根，魏万红，周福才，等. 2014. 生物类专业和课程的研究性教学思考. 科学中国人，258：152-153.
金银根. 2010. 植物学. 2版. 北京：科学出版社.
金银根. 2012. 普通植物学. 北京：化学工业出版社.
骆乐，徐小颖，张顺仓，等. 2016. 基于被子植物分科知识的研究性课堂教学实践与体会. 生物学杂志. 33（2）：119-121（124）.
田新智. 1999. 试论植物绘图与绘画. 植物学通报，16（4）：470-476.
王全喜，张小平. 2004. 植物学. 北京：科学出版社.
薛玲英，骆乐，徐小颖，等. 2015. 生物学野外综合实习模式与思考. 青年与社会，610（28）：167-169.
张胜. 2006. 植物学. 北京：高等教育出版社.
中国科学院植物研究所. 1978—1982. 中国高等植物图鉴. 1—5册. 补编1—2册. 北京：科学出版社.

附　录

附录1　种子植物常见科的识别要点与代表植物

1. 松科（Pinaceae）

识别要点：木本；叶针形或线形，叶及种鳞螺旋状排列；球果种鳞与苞鳞离生；每种子具2粒种子。

代表植物：马尾松（*Pinus massoniana* Lamb.）、冷杉［*Abies fabric*（Mast.）Craib］等。

2. 杉科（Taxodiaceae）

识别要点：乔木；叶披针形、钻形、条形或鳞形；种鳞除水杉为交互对生外均为螺旋状排列；种鳞与苞鳞半合生或合生，种鳞具2～9粒种子。

代表植物：杉木［*Cunninghamia lanceolata*（Lamb.）Hook.］、水杉（*Metasequoia glyptostroboides* Hu et Cheng）等。

3. 柏科（Cuppressaceae）

识别要点：木本；叶鳞形，叶与种鳞均为交互对生或轮生；种鳞与苞鳞合生；种鳞具1至多粒种子。

代表植物：圆柏［*Sabina chinensis*（Linn.）Ant］、柏木（*Cupressus funebris* Endl.）等。

4. 罗汉松科（Podocarpaceae）

识别要点：常绿木本；叶线形、披针形或阔叶状圆形、针状或鳞片状，互生，稀对生；种子核果状或坚果状，为肉质假种皮所包被着生于种托上。

代表植物：罗汉松［*Podocarpaceae macrophyllus*（Thunb.）D.Don］等。

5. 红豆杉科（Taxopsida）

识别要点：常绿木本，小枝对生；叶线形或针形，互生或对生，常二列；种子核果状或坚果状，为由珠托发育而成的肉质假种皮所全包或半包。

代表植物：红豆杉［*Taxus chinensis*（Pilger）Rehd］等。

6. 木兰科（Magnoliaceae）

识别要点：木本；单叶全缘互生，托叶包被芽、早落留有环状托叶痕；萼、瓣不分，雌、雄多数、离生、螺旋状排列于柱状花托上；聚合蓇葖果。

代表植物：荷花玉兰（*Magnolia grandiflora*）、含笑［*Michelia figo*（Lour.）Spreng.］、鹅掌楸［*Liriodendron chinensis*（Hemsl.）Sarg.］等。

7. 樟科（Laurales）

识别要点：木本，有油腺；单叶互生，革质；花部3基数；花被2轮；雄蕊4轮，1轮退化，花药瓣裂；核果，无胚乳。

代表植物：香樟［*Cinnamomum camphora*（L.）Pres.］、楠木（*Phoebe zhennan* S. Lee et F. N. Wei）等。

8. 毛茛科（Ranunculaceae）

识别要点：草本；叶分裂或复叶；花两性、5基数，各部离生；雄蕊和雌蕊螺旋状着生于膨大的花托上；聚合瘦果或蓇葖果。

代表植物：毛茛（*Ranunculus japonicus* Thunb.）、乌头（*Aconitum carmichaeli* Debx.）、黄连（*Coptis chinensis* Franch.）、铁线莲（*Clematis florida* Thunb.）等。

9. 睡莲科（Nymphaeaceae）

识别要点：水生草本；具根状茎；叶心形至盾状；花大，单生；花萼、花瓣与雄蕊逐渐过渡；坚果埋于海绵质的花托内或为浆果状。

代表植物：睡莲（*Nymphaea tetragona* Georgi）、芡实（*Euryale ferox* Salisb.）等。

10. 罂粟科（Papaveraceae）

识别要点：植物体有白色或黄色汁液；无托叶；萼早落，雄蕊多数，离生；侧膜胎座；蒴果。

代表植物：罂粟（*Papaver somniferum* L.）、虞美人（*P. rhoeas* L.）等。

11. 金缕梅科（Hamamelidaceae）

识别要点：木本，具星状毛；单叶互生；萼筒与子房壁结合，子房下位；2室，花柱宿存；木质蒴果。

代表植物：枫香（*Liquidambar formosana* Hance）、檵木［*Loropetalum chinense*（R. Br.）Oliver］等。

12. 桑科（Moraceae）

识别要点：木本，常有乳汁；单叶互生；花小，单性，集成各种花序，花单被，4基数；坚果或核果，或各式聚花果。

代表植物：桑（*Morus alba* L.）、榕树（*Ficus microcarpa* L.）等。

13. 榆科（Ulmaceae）

识别要点：木本；单叶互生；花小，单被；翅果、核果或有翅坚果。

代表植物：榆树（*Ulmus pumila* Linn.）、朴树（*Celtis sinensis* Pers.）。

14. 荨麻科（Urticaceae）

识别要点：草本；茎韧皮纤维发达；叶内有钟乳体；花单性，单被，聚伞花序；核果或瘦果。

代表植物：苎麻［*Boehmeria nivea*（Linn.）Gaudich.］、冷水花（*Pilea notata* Wright）等。

15. 胡桃科（Juglandaceae）

识别要点：落叶乔木；羽状复叶；单性花，子房下位；**坚果核果状或具翅**。

代表植物：枫杨（*Pterocarya stenoptera* C. Dc.）、胡桃（*Juglans regia* L.）等。

16. 杨柳科（Salicaceae）

识别要点：木本；单叶互生，有托叶；花单性异株，葇荑花序，裸花；蒴果；种子有丝状毛。

代表植物：小叶杨（*Populus simonii* Cvarr.）、垂柳（*Salix babylonica* L.）等。

17. 壳斗科（Fagaceae）

识别要点：木本；单叶互生，托叶早落，羽状脉直达叶缘；子房下位；坚果，包于壳斗（木质化的总苞）内。

代表植物：栓皮栎（*Quercus variabilis* Bl.）、板栗（*Castanea mollissima* Bl.）等。

18. 十字花科（Cruciferae）

识别要点：草本；总状花序，十字形花冠，四强雄蕊；子房1室，2个侧膜胎座，具假隔膜；角果。

代表植物：油菜（*Brassica campestris* L.var.*oleifera* DC.）、荠菜 [*Capsella bursa-pastoris*（L.）Medic.] 等。

19. 石竹科 Caryophyllaceae.

识别要点：草本，节膨大；单叶对生；萼宿存，石竹形花冠；特立中央胎座，蒴果。

代表植物：康乃馨（*Dianthus caryophyllus*）、繁缕 [*Stellaria media*（Linn.）Cyr.] 等。

20. 蓼科 Polygonaceae

识别要点：草本，节膨大；单叶互生，全缘，托叶常膜质、鞘状包茎或叶状贯茎；瘦果三棱形或凸镜形，花萼宿存。

代表植物：大黄（*Rheum officinale* Baill.）、酸模（*Rumex acetosa* Linn.）等。

21. 藜科 Chenopodiaceae

识别要点：草本；花小，单被，草质或肉质，雄蕊对花被；胞果。

代表植物：地肤 [*Kochia scoparia*（Linn.）Schrad.]、梭梭 [*Haloxylon ammodendron*（C. A. Mey.）Bunge] 等。

22. 苋科 Amaranthaceae

识别要点：多草本；花小，单被，常干膜质，雄蕊对花被片；常为盖裂的胞果。

代表植物：牛膝（*Radix achyranthis* Bidentatae）、鸡冠花（*Celosia civistata* L.）等。

23. 堇菜科 Violaceae

识别要点：单叶，有托叶；花 5 基数、萼片常宿存，下面一枚花瓣常扩大，基部囊状或有距，侧膜胎座；蒴果或浆果。

代表植物：三色堇（*Viola tricolor* Linn.）、紫花地丁（*Viola philippica* Car.）等。

24. 景天科 Crassulaceae

识别要点：草本；叶肉质；花整齐，两性，5 基数，各部离生；雄蕊为花瓣的 2 倍；蓇葖果。

代表植物：垂盆草（*Sedum sarmentosum* Bunge）、落地生根 [*Kalanchoe pinnatum*（L.）Pers] 等。

25. 虎耳草科 Saxifragaceae

识别要点：草本；叶常互生，无托叶；雄蕊着生在花瓣上，子房与萼状花托分离或合生；蒴果。

代表植物：溲疏（*Deutzia scabra* Thunb.）、绣球 [*Hydrangea macrophylla*（Thunb.）Seringe] 等。

26. 酢浆草科 Oxalidaceae

识别要点：草本；指状复叶或羽状复叶；花两性，整齐，5 基数；子房基部合生，中轴胎座；蒴果或肉质浆果。

代表植物：酢浆草（*Oxalis corniculata* Linn.）等。

27. 凤仙花科 Balsaminaceae

识别要点：肉质草本；花有颜色，最下一枚萼片延伸成一管状的距；肉质蒴果，弹裂。

代表植物：凤仙花（*Impatiens balsamina* Linn.）等。

28. 悬铃木科 Platanaceae

识别要点：落叶乔木；柄下侧芽；单叶互生，掌状叶脉，托叶常具鞘；球形头状花序；聚合果呈球形。

代表植物：悬铃木［*Platanus acerifolia*（Ait.）Willd.］等。

29. 蔷薇科（Rosaceae）

识别要点：叶互生，常有托叶；花两性，蔷薇形花冠，周位花；梨果、核果、瘦果或蓇葖果。

代表植物：中华绣线菊（*Spiraea chinensis* Maxim.）、月季（*Rosa chinensis* Jacq.）、草莓（*Fragaria ananassa* Duch.）、桃（*Amygdalus persica* var. *compressa* Bean）、梨（*Malus pumila* Mill.）等。

30. 含羞草科（Mimosaceae）

识别要点：常木本；羽状复叶；花辐射对称，雄蕊常多数；荚果。

代表植物：含羞草（*Mimosa pudica* L.）、合欢（*Albizzia julibrissin* Durazz.）等。

31. 苏木科（Caesalpiniaceae）

识别要点：木本；花两侧对称，花瓣上升覆瓦状排列；雄蕊10或少，离生；荚果。

代表植物：苏木（*Caesalpinia sappan* L.）、紫荆（*Cercis chinensis* Bunge）、羊蹄甲（*Bauhinia blakeana* Dunn）等。

32. 蝶形花科（Fabaceae, Papilionaceae）

识别要点：有托叶；花两侧对称，花瓣向下升覆瓦状排列，蝶形花冠；常二体雄蕊；荚果。

代表植物：蚕豆（*Vicia faba* L.）、槐（*Sophora japonica* L.）、甘草（*Glycyrrhiza uralensis* Fisch.）等。

33. 芸香科（Rutaceae）

识别要点：有油腺，含芳香油，叶具透明腺点；多复叶；下位花盘，外轮雄蕊常与花瓣对生；柑果、蓇葖果等。

代表植物：花椒（*Zanthoxylum bungeanum* Maxim.）、黄檗（*Phellodendron amurense* Rupr.）、柑橘（*Citrus reticulata* Banco）等。

34. 槭树科（Aceraceae）

识别要点：叶对生，常掌状分裂；双翅果。

代表植物：五角枫（*Acer mono* Maxim.）等。

35. 漆树科（Anacardiaceae）

识别要点：圆锥花序，花小，辐射对称；雄蕊内有花盘，子房常1室；核果。

代表植物：漆树［*Toxicodendron vernicifluum*（Stokes）F. A. Barkl.］、盐肤木（*Rhus chinensis* Mill.）等。

36. 冬青科（Aquifoliaceae）

识别要点：常绿木本；单叶常互生；花单性异株，排成腋生的聚伞花序或簇生花序；浆果状核果。

代表植物：猫儿刺（*Ilex pernyi* Franch.）等。

37. 卫矛科（Celastraceae）

识别要点：单叶；花小，淡绿色，聚伞花序；子房常为花盘所绕或多少陷入其中，雄蕊位于花盘之上、边缘或下方；种子常有肉质假种皮。

代表植物：大叶黄杨（*Euonymus japonicus* Thunb.）等。

38. 大戟科（Euphorbiaceae）

识别要点：植物体常有乳汁；花单性；子房上位，常3室，胚珠悬垂；常蒴果。

代表植物：泽漆（*Euphorbia helioscopia* L.）、蓖麻（*Ricinus communis* L.）、乌桕［*Sapium sebiferum*（Linn.）Roxb.］等。

39. 葡萄科（Vitaceae）

识别要点：藤本，有卷须；花序与叶对生；雄蕊与花瓣对生；浆果。

代表植物：葡萄（*Vitis vinifera* Linn.）、爬山虎［*Parthenocissus tricuspidata*（Sieb. et Zucc.）Planch.］等。

40. 椴树科（Tiliaceae）

识别要点：常木本，树皮柔韧；单叶互生，基出脉，常被星状毛，有托叶；聚伞花序，有苞片，花瓣内侧常有腺体；雄蕊多数，子房上位；核果或蒴果。

代表植物：椴树（*Tilia tuan* Szysz.）等。

41. 锦葵科（Malvaceae）

识别要点：单叶互生，常为掌状叶脉，有托叶；花常具副萼；单体雄蕊；蒴果。

代表植物：蜀葵［*Althaea rosea*（L.）Cavan.］、扶桑（*Hibiscus rosa-sinensis* L.）、木槿（*Hibiscus syriacus* L.）等。

42. 山茶科（Theaceae）

识别要点：常绿木本；单叶互生；花单生或簇生，有苞片；雄蕊多数，成数轮，常花丝基部合生而成数束雄蕊，着生于花瓣上，中轴胎座；蒴果或核果。

代表植物：油茶（*Camellia oleifera* Abel）、山茶（*Camellia japomica*）等。

43. 山茱萸科（Cornaceae）

识别要点：多木本；单叶；花序有苞片或总片，萼管与子房合生，花瓣与雄蕊同生于花盘基部，子房下位；核果或浆果状核果。

代表植物：梾木（*Cornus macrophylla* Wall.）、四照花（*Benthamidia japonica* var. *chinensis*）等。

44. 五加科（Araliaceae）

识别要点：伞形花序，5基数花；上位花盘，子房下位；浆果或核果。

代表植物：楤木（*Aralia chinensis* L.）、刺楸［*Kalopanax septemlobus*（Thunb.）Koidz.］、常春藤［*Hedera nepalensis* K.Koch var. *sinensis*（Tobl.）Rehd.］等。

45. 伞形科（Umbelliferae）

识别要点：芳香性草本；常有鞘状叶柄；复伞形花序，5基数花，上位花盘；子房下位；双悬果。

代表植物：胡萝卜（*Daucus carota*）、柴胡（*Bupleurum chinense* DC.）、当归［*Angelica sinensis*（Oliv.）Diels.］等。

46．杜鹃花科（Ericaceae）

识别要点：木本；冬芽具芽鳞；单叶互生；花萼宿存，合瓣花，5基数；雄蕊生于下位花盘的基部，花药孔裂；多蒴果。

代表植物：杜鹃（*Rhododendron simsii* Planch.）、满山红（*R. mariesii* Hemsl. et Wiles.）。

47．报春花科（Primulaceae）

识别要点：草本，常有腺点和白粉；花两性，雄蕊与花冠裂片同数而对生，特立中央胎座；蒴果。

代表植物：过路黄（*Lysimachia christinae* Hance）、点地梅［*Androsace umbellata*（Lour.）Merr.］等。

48．龙胆科（Gentianaceae）：

识别要点：常草本；单叶对生；两性花，花冠裂片右向旋转排列，冠生雄蕊与花冠裂片同数而互生；蒴果二瓣开裂。

代表植物：龙胆（*Gentiana scabra* Bge）等。

49．夹竹桃科（Apocynaceae）

识别要点：多木本，具汁液；单叶对生或轮生；花冠喉部常有副花冠，冠生雄蕊，花药矩圆形或箭头形；多蓇葖果；种子常一端被毛。

代表植物：夹竹桃（*Nerium indicum* Mill）、长春花［*Catharanthus roseus*（L.）G.Don］等。

50．萝藦科（Asclepiadaceae）

识别要点：多草本，具乳汁；单叶对生或轮生，有副花冠，雄蕊与雌蕊合生成合蕊柱，具花粉块；蓇葖果双生；种子顶端被毛。

代表植物：夜来香（*Telosma cordarum* Merr.）、牛皮消（*Cynanchum auriculatum* Royle ex Wight）等。

51．茄科（Solanaceae）

识别要点：多草本，单叶互生；花萼宿存，果时常增大，雄蕊冠生，花药常孔裂，心皮2；浆果或蒴果。

代表植物：枸杞（*Lycium chinense* Mill.）、番茄（*Lycopersicon esculentum* Mill.）、马铃薯（*Solanum tuberosum*）等。

52．旋花科（Convolvulaceae）

识别要点：藤本；叶互生；两性花，有苞片，萼片常宿存；合瓣花，开花前旋转状，有花盘；蒴果或浆果。

代表植物：牵牛［*Pharbitis nil*（L.）Choisy.］、甘薯［*Ipomoea batatas*（L.）Lam.］等。

53．马鞭草科（Verbenaceae）

识别要点：常木本；叶对生；基本花序为穗状或聚伞花序，花萼宿存，花冠合瓣、两侧对称对称；雄蕊4，冠生，子房上位；核果或蒴果。

代表植物：马缨丹（*Lantana camara* Linn.）、海州常山（*Clerodendrum trichotomum* Thunb.）、黄荆（*Vitex negundo* L.）等。

54．唇形科（Labiatae）

识别要点：常草本，含芳香油；茎四棱；叶对生；花冠唇形，轮伞花序；二强雄蕊，2心皮子房，裂成4室，花柱生于子房裂隙的基部；4个小坚果。

代表植物：一串红（*Salvia splendens* Ker-Gawl.）、夏枯草（*Prunella vulgaris* Linn.）等。

55．木犀科（Oleaceae）

识别要点：木本；叶常对生；花整齐，花被常4；雄蕊2，子房上位，2室，每室常2胚珠。

代表植物：桂花（*Osmanthus fragrans* Lour.）、女贞（*Ligusrtum lrcidum*）、迎春花（*Jasminum nudiflorum* Lindl.）等。

56．玄参科（Scrophulariaceae）

识别要点：常草本；单叶，常对生；花左右对称，花被4或5；常二强雄蕊，心皮2，2室；蒴果。

代表植物：泡桐［*Paulownia tomentosa*（Thunb.）Steud.］、地黄（*Rehmannia glutinosa* Libosch.）等。

57．茜草科（Rubiaceae）

识别要点：单叶对生，托叶或为叶状、有时连合成鞘，宿存或脱落；合瓣花，子房下位，2室；多为蒴果。

代表植物：六月雪［*Serissa serissoides*（DC.）Druce］、栀子（*Gardenia jasminoides* Ellis）等。

58．忍冬科（Caprifoliaceae）

识别要点：常木本；叶对生，无托叶；合瓣花，子房下位，常3室。

代表植物：忍冬（*Lonicera japonica* Thunb.）、接骨草（*Sambucus chinensis* Lindl.）等。

59．菊科（Compositae）

识别要点：头状花序，有总苞，合瓣花；聚药雄蕊，子房下位；连萼瘦果。

代表植物：菊芋（*Helianthus tuberosus* Linn.）、向日葵（*Helianthus annuus*）、蒲公英（*Taraxacum officnala*）等。

60．车前科（Plantaginaceae）

识别要点：草本；叶基生，基部成鞘；穗状花序，花4基数，花单生于苞片腋部，花冠干膜质；蒴果或坚果。

代表植物：车前（*Plantago asiatica* Linn.）等。

61．葫芦科（Cucurbitaceae）

识别要点：藤本，卷须与叶对生，单叶互生，稀鸟足状复叶；花单性，花药药室常曲形，子房下位；瓠果。

代表植物：葫芦［*Lagenaria siceraria*（Thunb.）Makino］、南瓜（*Cucurbita moschata*）等。

62．泽泻科（Alismataceae）

识别要点：水湿生草本；花轮状排列，3基数，外轮花被萼状；雌雄蕊多数，离生；聚合瘦果。

代表植物：泽泻［*Alisma orientali*(Sam.)Juzep.］、慈姑（*Sagittaria sagittifolia* L.）等。

63．棕榈科（Palmae）

识别要点：木本；树干不分枝；叶常为羽状或扇形分裂，在芽中呈折扇状；肉穗花序；浆果或核果。

代表植物：棕榈［*Trachycarpus fortunei*（Hook. f.）H. Wendl.］、蒲葵（*Livistona chinensis* R. Brown）等。

64．天南星科（Araceae）

识别要点：草本，具有对人的舌有刺痒或灼热感的汁液；佛焰花序；浆果。

代表植物：马蹄莲（*Zantedeschia aethiopica* Spreng.）、魔芋（*Amorphophallus konjac* K. Koch）等。

65．鸭跖草科（Commelinaceae）

识别要点：草本；有叶鞘；双被花，子房上位；蒴果；种子有棱。

代表植物：紫竹梅（*Setcreasea purpurea* Boom.）、鸭跖草（*Commelina communis* L.）等。

66．莎草科（Cyperaceae）

识别要点：草本；秆三棱形，实心，无节，叶三列，有封闭的叶鞘；小坚果。

代表植物：香附子（*Cyperus rotundus*）等。

67．禾本科（Gramineae，Poaceae）

识别要点：多草本；秆圆柱形，中空，有节；叶二列，叶鞘开裂；花 3 基数，小花组成小穗；颖果。

代表植物：小麦（*Triticum aestivum*）、水稻（*Oryza sativa* L.）、毛竹［*Phyllostachys pubescens* Mazel ex H. de Lehaie］等。

68．姜科（Zingiberaceae）

识别要点：多年生草本，常有香气，叶鞘上具叶舌；外轮花被与内轮明显区分，发育雄蕊 1 枚，其余的常退化为花瓣状；子房下位；蒴果。

代表植物：姜（*Zingiber officinale* Rose.）等。

69．百合科（Liliaceae）

识别要点：花 3 基数；子房上位，中轴胎座；蒴果或浆果。

代表植物：百合（*Lilium brownii* var.*viridulum* Baker）、麦冬（*Ophiopogon japonicus*）等。

70．石蒜科（Amaryllidaceae）

识别要点：多年生草本；叶基生；常伞形花序，生于花茎顶上，具膜质苞片，花 3 基数；常具副花冠；子房下位，中轴胎座；蒴果或浆果状。

代表植物：石蒜（*Lycoris radiata*）、水仙花（*Narcissus tazetta* var. *chinensis*）等。

71．薯蓣科（Dioscoreaceae）

识别要点：多年生缠绕草本；叶掌状，网状脉；花单性；蒴果有翅或浆果；种子有翅。

代表植物：薯蓣（*Dioscorea opposite* Thumb.）等。

72．鸢尾科（Iridaceae）

识别要点：多年生草本；具地下变态茎；叶常二列、条形，有叶鞘；花由鞘状苞片内抽出，常有大而美丽的斑点；子房下位；蒴果背裂。

代表植物：鸢尾（*Iris tectorum* Maxim.）等。

73．兰科（Orchidaceae）

识别要点：草本；须根附生有肥厚的根被；花两侧对称，有唇瓣，雄蕊和雌蕊合生成合蕊柱，花粉结合成花粉块，子房下位；蒴果；种子多、微小。

代表植物：天麻（*Gastrodia elata* Bl.）、春兰（*Cymbidium goeringii*）等。

附录2　种子植物分科检索表

1. 胚珠裸露，不包藏在子房内，不形成果实；木本 ………… 裸子植物门 Gymnospermae
   2. 茎常不分枝；叶大型，羽状，集生于粗大的树干或分枝的顶端 … 苏铁科 Cycadaceae
   2. 茎或树干通常分枝；叶较小，单生，不集于树干的顶端。
      3. 叶呈扇形，有多数二叉分支的叶脉；落叶乔木 ………… 银杏科 Ginkgoaceae
      3. 叶不为扇形，也不具二叉分支的叶脉；常绿乔木或灌木，稀落叶。
         4. 雌球花发育成球果状；种子无肉质假种皮。
            5. 雌球花的珠鳞与苞鳞互相分离；每珠鳞有2颗胚珠；花粉具气囊 … 松科 Pinaceae
            5. 雌球花的珠鳞与苞鳞互相半合生或完全合生；每珠鳞有1至多颗胚珠；花粉无气囊。
               6. 种鳞与叶均螺旋状排列，少交互对生；每种鳞有2～9粒种子 ……………………………………………………………杉科 Taxodiaceae
               6. 种鳞与叶均对生或轮生；每种鳞有1至多粒种子 ……… 柏科 Cupressaceae
         4. 雌球花发育为单粒种子，不形成球果；种子有肉质假种皮。
            7. 雄蕊有2花药，花粉常具气囊；胚珠常倒生 … 罗汉松科 Podocarpaceae
            7. 雄蕊有3～9花药，花粉无气囊；胚珠直立。
               8. 雌球花具长梗；雄花数朵或多朵聚生成头状花序或穗状花序 ………… 三尖杉科 Cephalotaxaceae
               8. 雌球花无梗或近无梗；雄花单生在叶腋内 …………………………………………………………………红豆杉科 Taxaceae
1. 胚珠包藏在子房内，形成果实；木本或草本 …………… 被子植物门 Angiospermae
                  9. 乔木、灌木、半灌木或木质藤本植物。
                     10. 寄生或半寄生的绿色植物。
11. 灌木或草本，常寄生在其他植物的根上；果为坚果或核果……… 檀香科 Santalaceae
11. 灌木，常着生在其他木本植物的茎上；果为浆果，有黏性…………桑寄生科 Loranthaceae
                     10. 自养的绿色植物。
   12. 叶片极小，鳞形，无叶柄和托叶…………………………………… 柽柳科 Tamaricaeae
   12. 叶片不退化。
      13. 果为荚果；花冠极不整齐，呈蝶形或稍不整齐或整齐…… 豆科 Leguminosae
      13. 果不为荚果。
         14. 茎秆具节，节间中空，具根状茎；箨叶常革质…禾本科 Gramineae（竹亚科 Bambusoideae）
         14. 非上述性状。
            15. 花序具佛焰苞，乔木或灌木；叶丛生茎顶，掌状或羽状分

　　　　　　　　裂………………………………………………………………棕榈科 Palmaceae
　　　15. 花序不具佛焰苞。
　　　　　16. 花和果生于叶片主脉上，落叶灌木……山茱萸科 Cornaceae
　　　　　　　（青荚叶属 *Helwingia*）
　　　　　16. 花和果生于叶腋内或枝顶。
　　　　　　　17. 冬芽包于膨大的叶柄基部内。
　　　　　　　　　18. 乔木；花雌雄同株；小坚果集生成球状果序，1～3
　　　　　　　　　　　枚生于叶腋………………………悬铃木科 Platanaceae
　　　　　　　　　18. 木质藤本；花单性，雌雄异株；浆果…… 猕猴桃科
　　　　　　　　　　　Actinidaceae
　　　　　　　17. 叶柄基部不包着冬芽。
　　　　　　　　　19. 植株具卷须或卷须状的叶柄，木质藤本或稀蔓
　　　　　　　　　　　生草本。
　　　　　　　　　　　20. 叶柄缠绕代替卷须… 毛茛科 Ranunculaceae
　　　　　　　　　　　　（铁线莲属 *Clematis*）
　　　　　　　　　　　20. 卷须非叶柄所代替。
21. 卷须和花序与叶对生，卷须有时变为吸盘；双被花…………………葡萄科 Vitaceae
21. 卷须生于叶柄的两侧；单被花………………………百合科 Liliaceae（菝葜属 *Smilax*）
　　　　　　　　　19. 植株无卷须。
　　22. 藤本；萼片花瓣状，雄蕊多数；瘦果成熟时花柱伸长呈羽毛状…………………
　　　　…………………………………………………………………毛茛科 Ranunculaceae
　　22. 果实非上述性状。
　　　　23. 叶对生、轮生或近似对生。
　　　　　　24. 叶为各式复叶。
　　　　　　　　25. 叶为 3～7 枚小叶组成的掌状复叶。
　　　　　　　　　　26. 乔木；枝圆柱形；花瓣离生，雄蕊 5～9 枚 ………七叶树科
　　　　　　　　　　　　Hippocastanaceae
　　　　　　　　　　26. 灌木或小乔木；枝四方形；花瓣合生，唇形花冠，雄蕊常 4
　　　　　　　　　　　　枚 ………………… 马鞭草科 Verbenaceae（牡荆属 *Vitex*）
　　　　　　　　25. 叶为三出复叶或羽状复叶。
　　　　　　　　　　27. 具两翅展开的双翅果……………………… 槭树科 Aceraceae
　　　　　　　　　　27. 非双翅果，有时为单翅的翅果。
　　　　　　　　　　　　28. 子房下位…忍冬科 Caprifoliaceae（接骨木属 *Sambucus*）
　　　　　　　　　　　　28. 子房上位。
　　　　　　　　　　　　　　29. 花瓣离生。
　　　　　　　　　　　　　　　　30. 花常两性，心皮 3 枚………… 省沽油科
　　　　　　　　　　　　　　　　　　Staphyleaceae
　　　　　　　　　　　　　　　　30. 花常单性，心皮 4～5 枚 …芸香科 Rutaceae
　　　　　　　　　　　　　　29. 花瓣合生，如果离生则雄蕊 2 枚。

31. 雄蕊 4 枚，二强雄蕊，花冠漏斗状；裂片 5 枚 ………… 紫葳科 Bignoniaceae
31. 雄蕊 2 枚，花冠基部合生或少有离生…………………………木犀科 Oleaceae
    24. 叶为单叶，全缘、具齿或深裂。
      32. 双被花，花瓣合生。
        33. 子房下位。
          34. 具托叶………………………………………………… 茜草科 Rubiaceae
          34. 无托叶……………………………………………… 忍冬科 Caprifoliaceae
        33. 子房上位。
          35. 雄蕊 2 枚，有时具不育雄蕊。
            36. 无不育雄蕊…………………………………………木犀科 Oleaceae
            36. 具不育雄蕊 2 枚或 3 枚。
              37. 落叶乔木或灌木；花萼不整齐，无副花冠……… 紫葳科 Bignoniaceae
              37. 附生常绿矮小半灌木；花萼整齐，具副花冠… 苦苣苔科 Gesneriaceae
          35. 雄蕊 4 枚或 5 枚。
            38. 植物体具乳汁。
              39. 具副花冠和花粉块，花药合生………… 萝摩科 Asclepiadaceae
              39. 无副花冠和花粉块，花药离生……… 夹竹桃科 Apocynaceae
            38. 植物体无乳汁。
              40. 常绿攀援状灌木或常绿半灌木，后者植物体具腺点。
41. 常绿攀援状灌木……………………………………………… 马钱科 Loganiaceae
41. 常绿半灌木；具匍匐根状茎，叶、花、果均具腺点…………… 紫金牛科 Myrsinaceae
              40. 落叶植物。
42. 花辐射对称，花萼和花冠均 4 裂，雄蕊 4 枚等长………… 醉鱼草科 Buddlejaceae
42. 花常两侧对称，花冠常 5 裂，雄蕊 4 枚或 5 枚。
    43. 灌木，幼枝光滑，花萼草质，雄蕊等长………… 马鞭草科 Verbenaceae
    43. 乔木，幼枝被星状绒毛；花萼革质，雄蕊 2 长 2 短 ……玄参科 Scrophulariaceae
      32. 无被花或单被花，若双被花则花瓣离生。
        44. 果为两翅展开的双翅果……………………………………… 槭树科 Araceae
        44. 非双翅果，可以是具单翅的翅果。
          45. 无被花、单被花或花被退化为鳞片而苞片变成花瓣状。
            46. 具长、短枝，短枝密生环纹；叶在长枝上对生而在短枝上互生；花单性，无花被…………… 连香树科 Cercidiphyllaceae
            46. 非上述性状。
              47. 无被花，芳香，苞片近三角形，雄蕊 1～3 枚，合生……

金粟兰科 Chloranthaceae
　　　　47．单被花或退化的双被花。
　　　　　　48．花被片多枚，螺旋状排列，花药外向……… 蜡梅科 Calycanthaceae
　　　　　　48．花被片或多或少，或双被花，花冠退化为鳞片状。
　　　　　　　　49．花被离生。
　　　　　　　　　　50．叶分裂或有齿，基出脉；子房1室，雄蕊与花被片同数且对生 ……… 荨麻科 Urticaeae
　　　　　　　　　　50．叶全缘，羽状脉；子房3室，雄蕊与花被片同数且互生 ……… 黄杨科 Buxaceae
　　　　　　　　49．花被合生，或花冠退化为鳞片状或缺。
51．雄蕊4枚或5枚，子房2~4室 ……………………………… 鼠李科 Rhamnaceae
51．雄蕊8枚，子房1室 ……………………………………… 瑞香科 Thymelaeaceae
　　　　45．双被花。
　　　52．子房上位，有时花盘发达而子房藏于花盘内。
　　　　　　53．雄蕊多数，具副萼片4枚………… 蔷薇科 Rosaceae（鸡麻属 *Rhodotypos*）
　　　　　　53．雄蕊4枚或5枚，稀10枚，无副萼片。
　　　　　　　　54．核果……………………………………… 鼠李科 Rhamnaceae
　　　　　　　　54．蒴果，种子具假种皮……………………… 卫矛科 Celastraceae
　　　52．子房下位或半下位。
　　　　　　55．具副花冠；叶多具3~9条基出脉 …… 野牡丹科 Melastomataceae
　　　　　　55．无副花冠。
　　　　　　　　56．花萼肉质肥厚，萼筒5~7裂，花瓣5~7片生于萼筒内，具皱纹；浆果具肥厚革质果皮………………… 石榴科 Punicaceae
　　　　　　　　56．花非上述性状。
　　　　　　　　　　57．常绿植物。
　　　　　　　　　　　　58．叶常有腺点，全缘；两性花…… 桃金娘科 Cornaceae
　　　　　　　　　　　　58．叶无腺点，有齿；单性花，雌雄异株…… 山茱萸科 Cornaceae
　　　　　　　　　　57．落叶植物。
　　　　　　　　　　　　59．雄蕊4枚，与花瓣互生…… 山茱萸科 Cornaceae
　　　　　　　　　　　　59．雄蕊8~10枚或更多…… 虎耳草科 Saxifragaceae
　　23．叶互生或簇生枝顶及短枝上。
　　　　　　　　　　　60．叶为各种复叶。
61．藤本，掌状或三出复叶…………………………………… 木通科 Lardizabalaceae
61．乔木、灌木或蔓生灌木。
　　62．双被花，花冠合瓣，雄蕊2枚………… 木犀科 Oleaceae（茉莉花属 *Jasminum*）
　　62．双被花、单被花或无被花，花冠离瓣。
　　　　63．子房下位。

64. 单被花，花单性，雌堆同株，雄花为柔荑花序…… 胡桃科 Juglandaceae
64. 双被花，两性花。
    65. 花托壶状，雄蕊多数着生于花托边缘；梨果…… 蔷薇科 Rosaceae
    65. 花托非壶状，雄蕊与花瓣同数；核果或浆果…… 五加科 Araliaceae
63. 子房上位，有时花盘发达包埋着子房。
    66. 二回三出复叶；花大，单一或数朵顶生或同时腋生，花瓣 5 至多效，雄蕊多效，心皮 2～7 枚离生，菁葵果 …… 毛茛科 Ranunculaceae（芍药属 *Paeonia*）
    66. 非二回三出复叶。
        67. 掌状三出复叶；单被花，单性，雌雄异株，子房 3～4 室 …………………………………… 大戟科 Euphorbiaceae
        67. 多为羽状复叶；花常两性。
            68. 单身复叶或羽状复叶，具透明油点，全体含挥发油；花盘发达；柑果或菁葵果 …… 芸香科 Rutaceae
            68. 非单生复叶，可以是其他复叶，叶内无透明油点。
                69. 雄蕊和花被共同着生壶状或杯状花托的边缘，雄蕊多数，基部多少合生 …… 蔷薇科 Rosaceae
                69. 雄蕊有定数，4～10 枚，非上述着生方式。
                      70. 花瓣 5 枚，不等大，外面 3 枚大，不育；内面 2 枚极小，常 2 裂，与小花瓣对生，雄蕊 5 …… 清风藤科 Sabiaceae（泡花树属 *Meliosma*）
                      70. 花瓣或花被等大，雄蕊非上述情况。
71. 雄蕊数常为花瓣的 2 倍，合生成雄蕊管，顶端 10～12 裂，花药着生在裂片间的内面 …………………………………………………………………… 楝科 Meliaceae
71. 雄蕊不形成雄蕊管。
    72. 常绿灌木 …………………………………………………… 小檗科 Berberidaceae
    72. 落叶乔木，稀灌木。
        73. 偶数羽状复叶。
            74. 小叶基部对称；蒴果 …………… 楝科 Meliaceae（香椿属 *Toona*）
            74. 小叶基部歪斜不对称；核果。
                75. 小叶披针形，顶端渐尖，全缘… 漆树科 Anacardiaceae（黄连木属 *Pistacia*）
                75. 小叶卵状披针形至长椭圆形，顶端较钝，叶缘呈微波状 … 无患子科 Sapindaceae（无患子属 *Sapindus*）
        73. 奇数羽状复叶。
            76. 树皮常含树脂、乳汁或漆汁；心皮合生，花丝基部光滑… 漆树科 Anacardiaceae
            76. 树皮不分泌液汁但味极苦；心皮多离生，花丝基部有鳞片

.... 苦木科 Simaroubaceae
　　　　　60. 叶为单叶，全缘或各种程度的分裂。
　　　　　　　77. 雄蕊和花被共同着生在壶状或杯状花托的边缘… 蔷薇科 Rosaceae
　　　　　　　77. 雄蕊和花被非上述着生方式。
　　　　　　　　　78. 具副萼，花丝结合成筒状，套着花柱，花药单室
　　　　　　　　　　………………………………………………… 锦葵科 Malvaceae
　　　　　　　　　78. 无副萼，花丝常不结合成筒状，花药 2 室。
　　　　　　　　　　　79. 藤本植物，叶盾状着生；叶若非盾状着生，则花瓣顶端 2 裂 …………… 防己科 Menispermaceae
　　　　　　　　　　　79. 叶非盾状着生。
　　　　　　　　　　　　　80. 两性花两侧对称，花瓣 3～5，不等大；中央一瓣为龙骨瓣状，雄蕊 8 枚，花丝合生呈鞘状，花药顶端孔裂……… 远志科 Polygalaceae
　　　　　　　　　　　　　80. 花辐射对称，花药非顶端孔裂。
81. 全体有银白色或褐（锈）色盾状或星状鳞片，尤叶背明显，常灌木 …………………………………………………………………………… 胡颓子科 Elaeagnaceae
81. 植物体无盾状或星状鳞片。
　　82. 无被花或单被花。
　　　　83. 无被花，或至少雄花无花被，具苞片或不具苞片。
　　　　　　84. 树皮和叶片折断后有白色细胶丝相连………… 杜仲科 Eucommiaceae
　　　　　　84. 树皮和叶不具上述性状。
　　　　　　　　85. 至少雄花为柔荑花序。
　　　　　　　　　　86. 雌雄同株，花基部无花盘和腺体，坚果或翅果……… 桦木科 Betulaceae
　　　　　　　　　　86. 雌雄异株，花基部有杯状花盘或腺体，蒴果…杨柳科 Salicaceae
　　　　　　　　85. 花序穗状、头状或簇生于叶腋。
　　　　　　　　　　87. 落叶乔木；花 6～12 朵簇生叶腋处，雄蕊 6～14 枚；翅果………………………………………… 领春木科 Eupteleaceae
　　　　　　　　　　87. 常绿植物；花序穗状或雌花序头状……杨梅科 Myricaceae
　　　　83. 单被花。
　　　　　　88. 子房下位，多为柔荑花序。
　　　　　　　　89. 坚果生于壳斗上… 山毛榉科（壳斗科）Fagaceae
　　　　　　　　89. 坚果或翅果，坚果外面被果苞托着或包着…桦木科 Betulaceae
　　　　　　88. 子房上位，花序多种，少为柔荑花序。
　　　　　　　　　90. 花被片 1～5 枚，一轮着生。
91. 花被合生成管状，4 裂，雄蕊 8～10 枚成二轮着生于花被管上，近无花丝 ………………………………………………………………………… 瑞香科 Thymelaeaceae

91. 花被和雄蕊非上述特征。
    92. 雄蕊与花被同数或为其2倍且与之对生。
        93. 叶基部常偏斜；花单生或簇生成聚伞花序………………… 榆科 Ulmaceae
        93. 叶基部对称。
            94. 乔木、灌木或藤本，多具白色乳汁，花序头状、隐头、柔荑或复聚伞花序；聚花果……………………………………… 桑科 Moraceae
            94. 半灌木状的纤维植物，无乳汁，总状或圆锥花序；单果……… 荨麻科 Urticaceae（苎麻属 *Boehmeria*）
    92. 雄蕊数与花被无规则的数量关系，且多与之互生。
        95. 单体雄蕊，心皮5；蒴果呈膏葖果状，成熟前裂开为叶状果瓣，种子2~4着生于果瓣基部的边缘 ………… 梧桐科 Sterculiaceae
        95. 雄蕊和果实非上述性状。
            96. 常绿植物。
                97. 枝常有刺，叶卵形，长4~8cm…大风子科 Flacourtiaceae（柞木属 *Xylosma*）
                97. 枝无刺，叶长椭圆形。
                    98. 叶长3~7cm；蒴果…金缕梅科 Hamamelidaceae（蚊母树属 *Distylium*）
                    98. 叶长10~15cm；核果 … 交让木科 Daphniphyllaceae
            96. 落叶植物。
                99. 叶掌状3~7裂，掌状脉5~7条，托叶线形，红色，早落；蒴果集成球形果序，花柱宿存针刺状 ……金缕梅科 Hamamelidaceae（枫香属 *Liquidambar*）
                99. 叶全缘，稀3浅裂；蒴果不集成球形果序。
                    100. 植物体常具乳汁；具2~3室的蒴果，每室1颗种子 ……… 大戟科 Euphorbiaceae
                    100. 植物体不具乳汁；具1室的蒴果或浆果，前者有多颗种子… 大风子科 Flacourtiaceae
        90. 花被片6或更多，二轮或多轮着生。
101. 藤本植物；具穗状或头状的聚合果 …… 木兰科 Manoliaceae（五味子属 *Schisandra*）
101. 乔木或灌木。
    102. 枝条节处具针刺，短枝上的叶簇生 …………………………… 小檗科 Berberidaceae
    102. 枝条节上无针刺，叶互生或簇生于枝顶端。
        103. 雌蕊3心皮合生，花药瓣裂 ……………………………………… 樟科 Lauraceae
        103. 雌花多心皮离生，花药非瓣裂 …………………………………木兰科 Magnoliaceae
82. 双被花，花瓣合生或离生。
    104. 子房上位。
        105. 花冠离瓣。

106. 雄蕊 4 枚或 5 枚，有时具退化雄蕊。
　　107. 雄蕊与花瓣互生。
　　　　108. 叶散生细小油点；花单性，雌雄异株，雄花呈总状花序，每花 1 枚大型苞片，花 4 基数；蒴果……芸香科 Rutaceae［臭（日本）常山属 *Orixa*］
　　　　108. 叶无细小油点。
　　　　　　109. 叶多聚于枝顶；花瓣常向外反卷，侧膜胎座；蒴果 3 瓣裂……………………海桐科 Pittosporaceae
　　　　　　109. 叶散生枝上；果非上述性状。
　　　　　　　　110. 花无发达花盘；浆果状核果 …… 冬青科 Aquifoliaceae
　　　　　　　　110. 花具发达花盘；蒴果或翅果，种子多有假种皮 ……………… 卫矛科 Celastraceae
　　107. 雄蕊与花瓣对生。
111. 植物体常具刺；花瓣大小一致，花瓣着生萼筒内，常短于或小于花萼 ………………………………………………………………………… 鼠李科 Rhamnaceae
111. 植物体无刺，花瓣大小不一，常内侧 2 片较小 ………… 清风藤科 Sabiaceae
　　106. 雄蕊 6 至多数。
　　112. 植物体具乳汁；叶柄顶端具 2 枚腺体；核果较大，2～5 室，每室 1 种子…大戟科 Euphorbiaceae（油桐属 *Aleurites*）
　　112. 植物体无乳汁；叶柄顶端无腺体。
　　　　113. 花具 2 枚小苞片，常对生于萼下。
　　　　　　114. 穗状或总状花序；萼片和花瓣均 4 枚，雄蕊 8 枚 ………… 旌节花科 Stachyuraceae
　　　　　　114. 花单生或簇生叶腋；萼片和花瓣多为 5 枚，雄蕊多数…山茶科 Theaceae
　　　　113. 花无小苞片，但花序轴有时具大型舌状苞片。
　　　　　　115. 叶 3～5 基出脉；花序轴有时具大型舌状苞片，花瓣边缘整齐，基具腺体 1 枚 …………………………………椴树科 Tiliaceae
　　　　　　115. 叶多羽状脉；花序轴无舌状苞片，花瓣边缘不整齐。
　　　　　　　　116. 常绿乔木；花瓣比萼片稍短或近等长，上部浅裂；核果或蒴果 ………………………… 杜英科 Elaeocarpaceae
　　　　　　　　116. 落叶植物；花瓣比萼片稍长或长很多；蒴果。
　　　　　　　　　　117. 圆锥花序顶生和腋生，花瓣有爪，内卷，边缘具齿或波状皱缩 …… 千屈菜科 Lythraceae（紫薇属 *Lagerstroemia*）
　　　　　　　　　　117. 由 3～6 枝总状花序构成顶生的圆锥花序，花瓣顶端微缺 ………………………………… 山柳科 Clethraceae
　　105. 花冠合瓣。
　　　　118. 叶、花萼和果实上均有腺点…紫金牛科 Myrsinaceae
　　　　118. 叶、花萼和果实上均无腺点。

119. 常具刺的蔓状灌木；花丝基部有毛环，浆果 ············ 茄科 Solanaceae（枸杞属 Lycium）
119. 植物体无刺；花丝无毛环。
　　120. 雄蕊与花冠裂片同数或 2 倍，花药顶端孔裂，花粉常为四分体··· 杜鹃花科 Ericaceae
　　120. 雄蕊非上述性状。
121. 花萼和花冠裂片及雄蕊数均为 5。
　　122. 花多单生；浆果 ··· 茄科 Solanaceae
　　122. 花常组成大型花序；核果或小坚果 ······················ 紫草科 Boraginaceae
121. 花萼和花冠裂片及雄蕊数不均为 5。
　　123. 单性花稀杂性同花，花萼深裂，结果时增大宿存；浆果 ························
　　　　 ··· 柿树科 Ebenaceae
　　123. 两性花稀杂性同花，花萼浅裂，宿存但不增大；核果或蒴果 ··················
　　　　 ··· 野茉莉科 Styracaceae
104. 子房下位或半下位。
　　124. 花冠离瓣，但有时花瓣在蕾期合生，开放时离生且反卷。
　　　　125. 花序轴具关节；花瓣与萼片同数，线形或舌形，蕾期结合成管状，开放时分离且反卷 ···················· 八角枫科 Alangiaceae
　　　　125. 花序轴无关节；花瓣在蕾期不结合，或与花萼合生成一帽状体。
　　　　　　126. 叶常具透明腺点 ······················· 桃金娘科 Myrtaceae
　　　　　　126. 叶无透明腺点。
　　　　　　　　127. 常绿植物。
　　　　　　　　127. 落叶植物。
　　　　　　　　　　128. 叶全缘。
　　　　　　　　　　　　129. 头状花序顶生或聚伞状总状花序；单性花···紫树科 Nyssaceae
　　　　　　　　　　　　129. 伞房状聚伞花序顶生，两性花 ······ 山茱萸科 Cornaceae
　　　　　　　　　　128. 叶具齿。
　　　　　　　　　　　　130. 伞形或头状花序 ············ 五加科 Araceae
　　　　　　　　　　　　130. 多为总状花序，稀花单生或簇生。
131. 植物体具星状毛；木质蒴果 ························ 金缕梅科 Hamamelidaceae
131. 植物体无星状毛；浆果多数有宿存的花萼 ················ 虎耳草科 Saxifragaceae
　　124. 花冠合瓣。
　　　　132. 有长枝和短枝；花冠管内面近花药处有一束粗毛，具副萼 ··· 铁青树科 Olacaceae
　　　　132. 无长枝和短枝之分；花非上述特征。
　　　　　　133. 雄蕊与花冠裂片同数或 2 倍，着生于花盘基部，花药顶端孔裂，药隔常有芒状附属物，花粉常为四分体 ·············· 杜鹃花科 Ericaceae
　　　　　　133. 花药非孔裂，花粉不为四分体。

134. 植物体常具星状毛或鳞片；雄蕊为花冠裂片的2倍，花丝基部常合生成筒；核果或蒴果，花萼裂片常脱落 ············· 野茉莉科 Styracaceae
134. 植物体具绒毛或柔毛；雄蕊多数，花丝分离或合生成几组，浆果状核果，顶端具宿存的萼裂片 ·················· 山矾科 Symplocaceae

9. 一年生或多年生草本或草质藤本植物。
135. 非绿色寄生或腐生草本植物，有时茎为绿色但也无绿叶。
　　136. 缠绕性草质藤本；花簇生成球状···旋花科 Convolvulaceae（菟丝子属 Cuscuta）
　　136. 直立草本植物。
　　　　137. 寄生于其他植物根上。
　　　　　　138. 花单性，单被花，花被片离生 ············· 蛇菰科 Balanophoracae
　　　　　　138. 花两性，双被花，花瓣合生···列当科 Orobanchaceae
　　　　137. 腐生草本植物。
　　　　　　139. 叶呈鞘状鳞片生于节上；具大型总状花序，萼片和花瓣合生呈壶状 ························· 兰科 Orchidaceae（天麻属 Gastrodia）
　　　　　　139. 叶为鳞片状互生在茎上；非大型总状花序。
　　　　　　　　140. 小型草本；花单生或3～8朵组成偏向一侧的总状花序 ········ 鹿蹄草科 Pyrolaceae
　　　　　　　　140. 大型草本；大型圆锥花序 ··· 兰科 Orchidaceae（山珊瑚兰属 Galeola）
135. 绿色草本植物。
141. 纤细食虫草本，沼生；叶基生，线形或匙形，长1cm，开花时萎缩消失；花冠合瓣，唇形 ·· 狸藻科 Lentibulariaceae
141. 植物体非上述性状。
　　142. 水生植物，有时挺水植物具两型叶。
　　　　143. 漂浮水面的叶状体，无茎叶区别，有根或无根 ············ 浮萍科 Lemnaceae
　　　　143. 具根茎叶的植物。
　　　　　　144. 叶盾状着生 ································· 睡莲科 Nymphaeaceae
　　　　　　144. 叶非盾状着生。
　　　　　　　　145. 叶柄中部膨大成海绵状气囊，浮水叶菱状三角形，具齿 ··· 菱科 Trapaceae
　　　　　　　　145. 叶柄粗细均匀不膨大，沉水植物；叶线形或披针形。
　　　　　　　　　　146. 叶同型或异型，叶片一至数回分裂或分叉。
　　　　　　　　　　　　147. 叶背面具腺点 ············· 玄参科 Scrophulariaceae
　　　　　　　　　　　　147. 叶背面无腺点 ············· 小二仙草科 Haloragidaceae
　　　　　　　　　　146. 叶片不分裂。
　　　　　　　　　　　　148. 头状花序1～4个，腋生，无总梗 ·······················

　　　　　　　　　　　…… 苋科 Amaranthaceae（莲子草属 *Alternanthera*）
　　　　　　　148. 非头状花序。
　　　　　　　　　149. 叶片卵形、圆形或肾形，基部心形。
　　　　　　　　　　　150. 叶柄粗壮，基部具鞘 ………… 雨久花科 Pontederiaceae
　　　　　　　　　　　150. 叶柄细长，基部无鞘，叶圆形或肾形
151. 叶背具海绵状（浮飘）组织 ……………………………… 水鳖科 Hydrocharitaceae
151. 叶背面无海绵状（浮飘）组织。
　　152. 弧形脉；大型圆锥或总状花序，花小 …………………… 泽泻科 Alismataceae
　　152. 掌状脉；花单生，花大 …………………………………… 睡莲科 Menyanthaceae
　　　　　　　　　149. 叶基部非心形。
　　　　　153. 叶具平行脉，或叶为线形；花芽外面包有托叶鞘，无苞片；花被4～6或无
　　　　　　　………………………………………………………… 眼子菜科 Potamogetonaceae
　　　　　153. 叶具羽状脉；花芽外无托叶鞘，单性花，雄蕊1枚…水马齿科 Callitrichaceae
142. 陆生植物或具单型叶的挺水植物。
　　　154. 叶退化为膜质鳞片、刺或缺。
　　　　　　155. 肉质草本，叶通常缺或退化，鳞片叶的叶腋生刺 …… 仙人掌科 Cactaceae
　　　　　　155. 非肉质草本。
　　　　　　　　156. 叶退化为膜质鳞片，叶状枝线形或针形，1至数枚簇生于退化
　　　　　　　　　　叶腋内；蔓生草本或草质藤本，具数个纺锤状块根 … 百合科 Liliaceae（天门冬属 *Asparagus*）
　　　　　　　　156. 叶退化仅存膜质叶鞘；茎不分枝，簇生且多湿生。
　　　　　　　　　　157. 叶鞘闭合；由小穗组成聚伞花序，或小穗单生 … 莎草科 Cyperaceae
　　　　　　　　　　157. 叶鞘开裂；由单花组成聚伞花序或圆锥花序 … 灯心草科 Juncaceae
　　　154. 叶为正常叶。
　　　　　　　　158. 由管状花和舌状花或全由管状花或舌状花组成的头
　　　　　　　　　　状花序，花序外由1至数层总苞片组成的总苞围
　　　　　　　　　　绕，花药聚合 …………………… 菊科 Compositae
　　　　　　　　158. 花序和花非上述性状。
　　　　　　　　　　159. 荚果（或节荚状）；多为蝶形花或多具二体雄
　　　　　　　　　　　　蕊 ……………………………… 豆科 Leguminosae
　　　　　　　　　　159. 非荚果。
　　　　　　　　　　　　160. 角果，花冠十字形；花瓣具爪，四强雄蕊
　　　　　　　　　　　　　　……… 十字花科 Cruciferae（Brassicaceae）
　　　　　　　　　　　　160. 非角果。
161. 双悬果，叶基部具鞘状抱茎，伞形或复伞形花序 ……………… 伞形科 Umbelliferae

161. 非双悬果。
　　162. 具膜质或草质筒状托叶鞘 ································· 蓼科 Polygonaceae
　　162. 无筒状托叶鞘。
　　　　163. 具卷须的藤本植物。
　　　　　　164. 卷须与叶对生；多分叉；子房上位 ············· 葡萄科 Vitaceae
　　　　　　164. 卷须生于叶腋或与叶柄呈 90°，子房下位 ········ 葫芦科 Cucubitaceae
　　　　163. 直立或匍匐草本，或无卷须的藤本植物。
　　　　　　165. 缠绕的草质藤本。
　　　　　　　　166. 叶片盾状着生 ······················ 防己科 Menispermaceae
　　　　　　　　166. 叶片非盾状着生。
　　　　　　　　　　167. 叶互生。
　　　　　　　　　　　　168. 植物体常有乳汁。
　　　　　　　　　　　　　　169. 单叶全缘或各种深裂；花蕾扭旋，花冠呈喇叭状 ·················· 旋花科 Convolvulaceae
　　　　　　　　　　　　　　169. 单叶或复叶，不裂，花蕾不扭旋，花冠钟形 ··· 桔梗科 Campanulaceae
　　　　　　　　　　　　168. 植物体无乳汁。
　　　　　　　　　　　　　　170. 单性花。
171. 掌状脉；核果 ····································· 防己科 Menispermaceae
171. 弧形脉；有时中部以上叶对生或基部 3～4 片叶轮生；蒴果具 3 个棱翅 ·· 薯蓣科 Dioscoreaceae
　　　　　　　　　　　　　　170. 两性花。
172. 叶 3～5 掌状分裂；花两侧盔状，萼片花瓣状，花瓣具长爪 ··· 毛茛科 Ranunculaceae（乌头属 Aconitum）
172. 叶和花非上述特征。
　　　　173. 花单生叶腋，两侧对称；蒴果 ············· 马兜铃科 Aristolochiaceae
　　　　173. 聚伞花序腋生，花辐射对称；浆果 ······ 茄科 Solanaceae（茄属 Solanum）
　　　　　　　　　　167. 叶对生。
　　　　　　　　　　　　174. 三出复叶或羽状复叶；若为单叶，则雄蕊花丝两侧有长柔毛；叶柄往往变成攀援器官 ············· 毛茛科 Ranuncula（铁线莲属 Clematis）
　　　　　　　　　　　　174. 单叶。
　　　　　　　　　　　　　　175. 植物体常具乳汁，茎圆柱形无刺，无恶臭味；叶全缘，花具副花冠；蓇葖果；种子有毛 ····················· 萝摩科 Asclepidaceae
　　　　　　　　　　　　　　175. 植物体无乳汁，茎有棱，倒生钩刺；或茎圆柱形无刺，但揉碎后具恶臭味。
　　　　　　　　　　　　　　　　176. 叶卵形或掌状五角形，掌状深裂或不裂，叶背面多有黄色腺点；单被花 ······················· 大麻科 Cannabinaceae
　　　　　　　　　　　　　　　　176. 叶卵心形或披针形，全缘，多轮生；以对生为主者茎圆柱形，叶和茎揉碎后具恶臭味 ··············· 茜草科 Rubiaceae

165. 直立、蔓生或攀援草本。
    177. 叶片盾状着生。
        178. 食虫小草本；叶半月形，边缘密生腺毛，顶端膨大，红紫色 ………………… 茅膏菜科 Droseraceae
        178. 叶非上述性状。
            179. 植株高大，多分枝；叶 5～11 掌状中裂；蒴果外被软刺… 大戟科 Euphorbiaceae（蓖麻属 *Ricinus*）
            179. 植株较小，不分枝，或无地上茎。
                180. 叶全缘，无地上茎；花具佛焰苞…天南星科 Araceae（芋属 *Colocasia*）
                180. 具地上茎；叶 4～9 浅裂；花无佛焰苞 … 小檗科 Berberidaceae（八角莲属 *Dysosma*）
    177. 叶片非盾状着生。
181. 叶基部有膜质鞘；肉穗花序外包有 1 枚各种颜色的佛焰苞 ………… 天南星科 Araceae
181. 花序外无佛焰苞。
    182. 由叶鞘相互抱合构成粗大假茎；叶大，长椭圆形，羽状脉平行… 芭蕉科 Musaceae
    182. 植物体非上述特征。
        183. 掌状复叶，有 3 小叶，小叶倒心形，蒴果 ……………… 酢浆草科 Oxalidaceae
        183. 叶非上述性状。
            184. 茎具坚韧的内皮，多为纤维植物。
                185. 花具副萼，花丝结合成筒，花药单室 ………… 锦葵科 Malvaceae
                185. 花无副萼，花丝不结合成筒，花药 2～4 室。
                    186. 花多单性，单被花。
                        187. 叶基部平截，近圆形或浅心形…桑科 Moraceae（水蛇麻属 *Fatoua*）
                      187. 叶基部楔形，或不对称 ……………… 荨麻科 Urticaceae
                  186. 花两性，双被花；叶卵形或剑状披针形，有齿；子房 3 室，少 5 室，若 5 室则叶基两则各有 1 枚下弯的钻形齿；蒴果多长形 …………………………………………… 椴树科 Tiliaceae
            184. 茎不具坚韧的内皮。
                188. 叶为各种复叶。
                    189. 叶对生或轮生。
                        190. 由 3～7 枚小叶组成掌状复叶，轮生于茎顶；伞形花序单生于茎顶……………………………… 五加科 Araliaceae（人参属 *Panax*）
                        190. 羽状或三出复叶。
191. 羽状复叶；复伞房花序 ……………… 忍冬科 Caprifoliaceae（接骨木属 *Sambucus*）
191. 1～2 回三出复叶；总状或圆锥花序 ………………………………………………………… 小檗科 Berberidaceae（淫羊藿属 *Epimedium*）

189. 叶互生、簇生或基生。
192. 由3～7枚小叶组成的掌状复叶；花瓣呈十字形排列，具雌雄蕊柄；蒴果……白花菜科 Capparidaceae
192. 非上述性状。
193. 叶具透明腺点；雄蕊8枚或10枚，具花盘……………………芸香科 Rutaceae
193. 叶无透明腺点；雄蕊不定数，多无花盘。
194. 花两侧对称，有距。
195. 雄蕊6枚，成二体 …… 罂粟科 Papaveraceae（紫堇属 Corydalis）
195. 雄蕊多数，非二体 ……………………… 毛茛科 Ranunculaceae
194. 花无距。
196. 叶基不对称；伞形花序多数组成顶生大型圆锥花序，花基数5 ………………………… 五加科 Araliaceae（楤木属 Aralia）
196. 非上述性状，叶基部常对称。
197. 小叶5～9对，大小相间排列；花药贴合成一圆锥体 …………………………… 茄科 Solanaceae（茄属 Solanum）
197. 小叶大小均匀，花药不贴合。
198. 具托叶；花托凸起或内凹，雄蕊和花冠均着生在萼筒上，心皮离生，聚合瘦果、核果或蓇葖果……蔷薇科 Rosaceae
198. 非上述特征。
199. 雄蕊10枚，无退化雄蕊，心皮2枚…虎耳草科 Saxifragaceae
199. 雄蕊多数，有时具退化雄蕊，心皮多枚…毛茛科 Ranunculaceae
188. 叶为单叶，浅裂、深裂或全裂。
200. 花生于颖片或鳞片内，覆瓦状排列构成小穗，由小穗构成各种花序。
201. 茎秆圆柱形，具节，节间中空，叶鞘开裂，具叶舌；多为颖果……………………………………………………………… 禾本科 Gramineae
201. 茎秆常三棱形，实心无节，叶鞘闭合，无叶舌；小坚果 …………莎草科 Cyperaceae
200. 花序和花非上述性状。
202. 植物体具乳汁。
203. 单性花，无被，杯状聚伞花序，子房有长柄，3心皮 ……………………………… 大戟科 Euphorbiaceae（大戟属 Euphorbia）
203. 两性花，双被花，非杯状聚伞花序，子房无柄。
204. 花冠合生，雄蕊5枚。
205. 子房上位，雄蕊着生于花冠筒中部；蓇葖果双生 …… 夹竹桃科 Apocynaceae
205. 子房下位，雄蕊着生花盘边缘；蒴果 …… 桔梗科 Campanulaceae

204．花冠离生，雄蕊多数，多具有色乳汁 …………… 罂粟科 Papaveraceae
202．植物体不具乳汁。
　　　206．肉质草本，茎和叶均肉质肥厚。
　　　　　207．蓇葖果，心皮与花瓣同数，雄蕊与花瓣同数或 2 倍…景天科 Crassulaceae
　　　　　207．蒴果；心皮、花瓣与雄蕊之间数量关系无规则。
　　　　　　　208．萼片 2 枚，子房 1 室 …………马齿苋科 Portulaceae
　　　　　　　208．花萼 4～5 枚分离或多少联合，子房 2～6 室…番杏科 Aizoaceae
　　　206．非肉质草本或仅茎肉质而叶非肉质多汁。
　　　　　　209．子房上位。（另见第 161 页）
　　　　　　　210．单被花、裸花或花被退化为各种形状，以及少数花冠为膜质的双被花。
211．叶线形或条状披针形，平行脉；花被无鲜艳颜色。
　212．双被花，花冠筒状膜质，穗状花序 ……………… 车前科 Plantaginaceae
　212．单被花或裸花。
　　　213．两性花，单被花，叶疏生白色长毛；花簇生或单生再排成聚伞花序 ……
　　　　　……………………………灯心草科 Juncaceae（地杨梅属 Luzula）
　　　213．单性花，裸花或单被花。
　　　　　214．花紧密排列成蜡烛状或棍棒状的穗状花序 ………… 香蒲科 Typhaceae
　　　　　214．花紧密排列为头状花序。
　　　　　　　215．花序生于花葶顶端，雌、雄花同序 ………谷精草科 Eriocaulaceae
　　　　　　　215．花序生于茎枝顶端，雌、雄花分别生于不同的花序上…黑三棱科 Sparganiaceae
211．叶非线形或长条形，若为线形则具艳色的花被，网状脉或弧状脉。
　　　216．双被花，花冠合生或离生，膜质或鳞片状；穗状花序…车前科 Plantaginaceae
　　　216．单被花或裸花。
　　　　　217．单被花多具艳色，花被合生或离生。
　　　　　　　218．穗状、头状或圆锥花序，花被片干膜质；胞果 ……
　　　　　　　　　………………………………………… 苋科 Amaranthaceae
　　　　　218．非上述性状。
　　　　　　　219．雌蕊由 2 枚或 3 枚或更多枚心皮合生。
　　　　　　　　　220．雄蕊 4 枚；叶有显著的纵脉和横脉…百部科 Stemonaceae
　　　　　　　　　220．雄蕊 6 枚。
221．花两侧对称，其中 1 枚雄蕊较大 ……………… 雨久花科 Pontederiaceae
221．花辐射对称，雄蕊大小一致，具鳞茎或球茎或块茎 ………百部科 Liliaceae
　　　　　　　　　219．雌蕊由单心皮或数个离生或半合生心皮组成。

222. 蓇葖果，多心皮离生，花被离生 ………………………… 毛茛科 Ranunculaceae
222. 瘦果或蒴果，心皮 1 枚或 5 枚，花被合生。
　　223. 小叶互生，披针形 ……… 虎耳草科 Saxifragaceae（扯根菜属 Penthorum）
　　223. 叶对生，卵形 ………………………………… 紫茉莉科 Nyctaginaceae
　　　　217. 裸花或单被花，花被肉质或膜质，无鲜艳色彩。
　　　　224. 裸花，每花仅具 1 枚小苞片，总状花序或穗状花序，有时基部有 4 枚
　　　　　　白色花瓣状苞片；托叶贴生在叶柄上 ………… 三白草科 Saururaceae
　　　　224. 单被花。
　　　　　　225. 雌蕊为单心皮或合生心皮，子房 1 室。
　　　　　　　　226. 叶基楔形或不对称；花多单性，花丝在芽中内曲；瘦果或核
　　　　　　　　　　果 ……………………………………………… 荨麻科 Urticaceae
　　　　　　　　226. 花多两性，花丝在芽中直立，坚果或胞果。
　　　　　　　　　　227. 一年生匍匐草本，多分枝，节处多生根；叶对生 ………
　　　　　　　　　　　　 ………………………………………… 苋科 Amaranthaceae
　　　　　　　　　　227. 直立草本；叶互生 ……………… 藜科 Chenopodiaceae
　　　　　　225. 雌蕊为离生的多心皮，或由 3~5 心皮合生，子房 3~5 室。
　　　　　　　　228. 雌蕊为 8~10 枚离生心皮组成；块根肉质圆柱形 …
　　　　　　　　　　 ……………………………………… 商陆科 Phytolaccaceae
　　　　　　　　228. 雌蕊为 3~5 心皮合生，子房 3~5 室。
　　　　　　　　　　229. 叶对生或轮生 ……… 粟米草科 Molluginaceae
　　　　　　　　　　229. 叶互生 ………………… 大戟科 Euphorbiaceae
　　　　210. 双被花，花被合生或离生。
　　　　　　230. 花冠离生。
231. 叶具叶鞘或叶基有鞘状膜质边缘；萼片和花瓣均 3 枚，雄蕊多为 6 枚。
　　232. 叶茎生；雌蕊合生；蒴果 …………………… 鸭跖草科 Commelinaceae
　　232. 叶基生；雌蕊由多枚离生心皮组成；瘦果 ……… 泽泻科 Alismataceae
231. 叶无叶鞘；花基数 4 或 5。
　　233. 常绿多年生草本，叶基生，总状花序生花葶上，花 5 基数；蒴果，花柱宿
　　　　存 ………………………………………………… 鹿蹄草科 Pyrolaceae
　　233. 植物体、花和果非上述特征。
　　　　234. 花具退化雄蕊，蒴果浅裂，每果瓣有 1 种子，成熟时果瓣由基部向上
　　　　　　反卷，与花柱相连接形成喙 ……………… 牻牛儿苗科 Geraniaceae
　　　　234. 果实非上述性状。
　　　　　　235. 叶对生或轮生。
　　　　　　　　236. 植物体常具透明或黑色腺点；雄蕊多数，常合生束 ……
　　　　　　　　　　 ………………………………………… 金丝桃科 Hypericaceae
　　　　　　　　236. 植物体不具腺点；雄蕊与花瓣同数或为其 2 倍，不合生成束
　　　　　　　　　　 ……………………………………… 千屈菜科 Lythraceae
　　　　　　235. 叶互生或簇生。

237. 叶多簇生，无茎或少有茎，具托叶并宿存；花两侧对称，花萼宿存，子房 1 室，种子多数……堇菜科 Violaceae
237. 非上述特征。
    238. 聚伞花序顶生，花 4～5 基数，辐射对称；蓇葖果 …………………………………… 景天科 Crassulaceae
    238. 非聚伞花序顶生
        239. 花丝分离，花药离生 … 毛茛科 Ranunculaceae
        239. 花丝连合呈鞘状，或花丝上部连合，花药连合围抱着雄蕊
            240. 萼片 3 枚，背后 1 枚较大；基部延伸成距 …………………… 凤仙花科 Balsaminaceae
            240. 萼片 5 枚，无距，花冠中间 1 片呈龙骨瓣状 …………………… 远志科 Polygaceae
        230. 花冠合生。
241. 叶互生或簇生。
    242. 花冠两侧对称，若辐射对称，则叶只有 1 片或 2 片，基生，或花丝具须毛。
        243. 多年生草本，叶 1 片或 2 片或数片基生，无地上茎… 苦苣苔科 Gesneriaceae
        243. 具地上茎，叶互生或兼基 …………………………… 玄参科 Scrophulariaceae
    242. 花冠辐射对称。
        244. 植物体有糙毛；顶生二歧分支蝎尾状聚伞花序，或总状花序或穗状花序，后者花冠筒喉部有鳞片；核果或小坚果 …… 紫草科 Boraginaceae
        244. 植物体常无糙毛；非蝎尾状聚伞花序；浆果或蒴果。
            245. 花单生于花葶上或花葶顶端为伞形花序、总状花序，少单生叶腋；蒴果 ………………………… 报春花科 Primulaceae
            245. 花顶生、腋生或腋外生的聚伞花序或丛生花序，有时单生或簇生；浆果，少蒴果，后者具较长的花冠筒 ……… 茄科 Solanaceae
241. 叶对生或轮生。
    246. 花冠辐射对称。
        247. 雄蕊 2 枚 ………………………… 玄参科 Scrophulariaceae
        247. 花萼裂片、花冠裂片和雄蕊均为 5…报春花科 Primulaceae
    246. 花冠两侧对称。
        248. 茎常四棱形；果实为 4 枚小坚果，或蒴果包在萼内成熟后裂为 4 枚带翅小坚果。
            249. 子房 4 裂，花柱基生；果实为 4 枚小坚果…唇形科 Labiatae
            249. 子房不裂，花柱顶生；蒴果包在萼内成熟后裂为 4 枚带翅小坚果 …… 马鞭草科 Verbenaceae
        248. 茎常圆柱形；瘦果或蒴果，其蒴果成熟后不裂成 4 枚小坚果。

250. 瘦果包于萼内，下垂，棒状，有 3 枚萼齿呈芒状钩刺 ……… 透骨草科 Phrymataceae

250. 蒴果，无芒状萼齿。

251. 叶大，椭圆形，长达 15～18cm；叶柄有翅，基部合生呈船形，或叶柄无翅，花常单生叶腋，或对生，或呈头状。

252. 具纤弱走茎的草本；发育雄蕊 2；蒴果镰刀状 ……… 苦苣苔科 Gesneriaceae

252. 直立草本；发育雄蕊 4；蒴果四棱状长卵形或长椭圆形 … 胡麻科 Pedaliaceae

251. 叶常较小，若叶长达 15cm 者，则花具苞片；花常组成大型花序，若单生叶腋者，则叶较小近无柄。

253. 花序常具艳色苞片，小苞片 2 或退化，花药 2 室或 1 室，蒴果 ……………………………………………… 爵床科 Acanthaceae

253. 花序无艳色苞片，花药 2 室，等大并等高；蒴果内无种钩 ……………………………………………… 玄参科 Scrophylariaceae

209. 子房下位或半下位。

254. 叶对生或轮生。

255. 花冠合生。

256. 叶常轮生，少对生，全缘，常具托叶 …… 茜草科 Rubiaceae

256. 叶对生，具齿或羽状裂，无托叶。

257. 聚伞花序，无苞片 ……………… 败酱科 Valerianaceae

257. 头状花序或间断的穗状花序，有苞片且顶端尖成芒 …… ……………………………………… 川续断科 Dipsaceae

255. 花冠离生，单被花或裸花。

258. 茎四棱，有糙伏毛；叶披针形具 3～9 条纵脉；头状花序顶生具副花冠 … 野牡丹科 Melastomataceae

258. 茎常圆柱形；叶脉网状；非顶生头状花序，无副花冠。

259. 双被花，花萼筒状，与子房合生且延伸于外…柳叶菜科 Onagraceae

259. 单被花或裸花。

260. 植物体细弱，无明显的节，具根状茎，单被花，单生或聚伞花序 ……… 虎耳草科 Saxifragaceae

260. 植物体直立，节明显，无根状茎；裸花，穗状、圆锥或头状花序 ……… 金粟兰科 Chloronthaeae

254. 叶互生或簇生。

261. 叶具网状脉或掌状基出脉；无叶鞘。

262. 叶片 1～2 枚基生，心形或肾形；花单生叶腋………… 马兜铃科 Aristolochiaceae（细辛属 *Asarum*）

262. 叶片多枚；花组成花序。
　　263. 茎节明显且膨大，叶基偏斜；萼片花瓣状 ………… 秋海棠科 Begoniaceae
　　263. 茎节常不明显膨大，叶基对称。
　　　　264. 花萼筒状，与子房合生且延伸于外，雄蕊生于花瓣上……………………
　　　　　　……………………………………………………… 柳叶菜科 Onagraceae
　　　　264. 花萼筒状或漏斗状，不向外延伸；常无花瓣……………………………
　　　　　　………………………………………………………虎耳草科 Saxifragaceae
261. 叶具平行脉，常有叶鞘，叶常线形或剑形。
　　265. 花具合蕊柱，内轮花被其中 1 片呈唇瓣，有时基部延伸成距；种
　　　　子多而极小 ………………………………………………… 兰科 Orchidaceae
　　265. 花不具合蕊柱。
　　　　266. 发育雄蕊 1 枚，不育雄蕊花瓣状。
　　　　　　267. 总状花序或圆锥花序顶生，萼片离生，花药 1 室…美人
　　　　　　　　蕉科 Cannaceae
　　　　　　267. 穗状花序或圆锥花序由根状茎节部抽出，萼片联合呈管
　　　　　　　　状或佛焰苞状，花药 2 室 ………… 姜科 Zingiberaceae
　　　　266. 发育雄蕊 3～6 枚。
　　　　　　268. 叶常基生而嵌叠状成 2 列；聚伞花序 …… 鸢尾科 Iridaceae
　　　　　　268. 叶基生非嵌叠状成 2 列；伞形花序或总状花序。
　　　　　　　　269. 总状花序 ………百合科 Liliaceae（沿阶草属 *Ophiopogon*）
　　　　　　　　269. 伞形花序 …………… 石蒜科 Amaryllidaceae

附录3　野外实习须知

野外实习是植物学教学中理论联系实际，巩固和加深课堂教学内容的重要环节。它不仅促进学生对植物多样性、生境特点、群落组成、地位、作用及相互间关系等学科知识的理解和内化，对学生的科学素养和创新能力的养成也有重要作用，有利于学生亲近自然、理论与实践相结合，并使素质和能力得到提高。通过实习，进一步锻炼学生的观察能力和动手能力，培养学生探索未知事物、积极求进的科研精神，提高学生的保环意识。同时通过艰苦的环境锻炼，培养学生吃苦耐劳、团结合作精神，激发学生的学习兴趣，增强学生观察、分析、解决问题的能力，对促进其后续课程的学习及自身的发展具有重要的意义。

一、熟悉实习基地自然和资源状况

目前，各个高校的野外实习基地往往都在自然保护区或风景名胜区。这些地方具有较为复杂、奇特的地形和地貌，植物的种类、植物群落的分布和植被类型也非常丰富。实习前对野外实习基地基础资料的收集和积累，为野外实习工作的开展奠定基础。其基础资料一般包括如下三个方面：①自然概况，即实习基地的地理位置、总面积、主峰海拔、地形地貌结构、气候因素、土壤类型等；②社会概况，即实习基地的演变历史，历代科学家考察所积累的资料和周围的风土人情，以及当地人对植物资源的利用和保护情况；③植物资源概况，即实习基地各种植物的资料，特别是高等植物（包括苔藓植物、蕨类植物、裸子植物和被子植物）的资料，需要尽可能地了解详细，如它们的植物种类（尤其是特有种类）、数量、分布格局等。另外还应该了解实习基地的植被类型情况，可以为后续生态学课程的学习打下一定的基础。

二、掌握必需的植物形态学知识

植物的茎、叶、花、果实、种子等的形态学特征是植物分门别类的重要依据。实习前，要求学生在老师的指导下，对植物分类的形态学知识这部分内容进行复习和巩固，一定要熟练掌握植物有关茎、叶、花、果实和种子等的形态学概念，并能用科学的植物形态学知识描述植物。

三、熟悉植物检索表的编制和使用方法

植物检索表是供分类鉴定植物时查阅用的工具书，是一种重要的分类学文献。在实习前，要求学生在教师的指导下学会通过查阅检索表鉴定植物，并能用检索表对不同的植物进行区分，为野外实习中对未知植物的检索、鉴定奠定基础。

四、野外实习方案与实施

野外实习方案包括野外实习的意义、实习时间与地点、实习内容与安排、作息时间与要求、实习报告与专题论文写作、实习考核与管理、实习注意事项等几部分。

实习前专业教师应对实习安排形成一致的意见，包括实习的方式方法、实习日程的安排、考核等方面，并将这些安排事先告知学生，让学生做好思想准备。实习前不仅要

进行野外实习的相关知识、技术培训（植物采集、调查、描述、压制标本等），还应向学生提出实习任务、实习纪律和注意事项等要求。要求学生掌握重点科的识别特征，掌握植物标本的采集、记录和制作方法，能用检索表鉴定未知的植物，并了解植物的经济用途、植物与环境的相互关系、植物和植被分布的规律等；纪律方面，要求学生一切行动听从教师的指挥，文明实习，爱护实习基地的一草一木。

实习领导小组由实习总指挥、领队、技术总负责和实习指导教师、学生代表等组成，一切实习工作必须在实习领导小组的统一领导下进行。

实习以小组为单位，每组 5～7 名学生，每小组选定或自拟一个研究性专题并配备 1 名或 2 名专业指导教师。

实习结束后，每位同学应独立完成一份野外实习报告，每小组完成一篇研究性专题论文。实习报告包括引言（实习的时间、地点，实习的目的和意义，地理环境，动物、植物概况等）、调查研究方法、实习内容总结、实习收获与体会，以及对实习的意见与建议。

五、实习器材与资料的准备

植物学野外实习，常规的器材和资料是不可或缺的，是实习能够顺利进行的必备条件。实习前，应在专业教师的指导下准备实习相关的工具书、仪器设备、采集用具，并准备个人实习必需的物品，如数码相机、望远镜、笔记本电脑、投影仪、GPS、坡度计、测高仪、记数仪等，野外实习手册、教科书、笔记本、铅笔、放大镜、解剖针、刀片，以及个人生活的必需用品。

开展研究性野外实习教学活动则必须将研究性专题事先分发至各个研究小组，指导老师对所选课题进行必要的讲解，指导学生查阅资料、撰写研究方案、师生共同讨论确定研究内容的实施方案，为研究性实习活动打好基础。

六、野外实习的内容

野外实习内容包括植物多样性识别、植物群落组成、结构与分布、植物标本的采集与制作、研究性实习专题几部分。要求学生学会：①野外调查、采集、记录、压制、上台纸等腊叶标本制作方法；浸渍标本制作方法。②观察、记录与描述植物，运用检索表鉴定植物。③认识 200～300 种植物，从而掌握常见科，属，种的识别特征。④学会编写实习地区常见植物检索表。⑤按不同生境条件，调查不同群落类型、名称、物种组成，以及物种多度、密度、盖度和频度等。观察群落种间和种内关系（竞争、寄生、附生、攀缘等），以及植物对环境的适应性（向阳坡地的阳生植物、林下植物的耐阴性等）。

为充分调动学生在实习中的主观能动性，培养学生自主学习、自主实践、自主创新的能力，教师可设计研究性专题，或在老师指导下学生自行拟题。研究性专题必须注重探究性、综合性、实践性、自主性，符合实习地实际情况。例如，实习地植物资源或物种多样性调查与分析、特有物种分布调查、群落结构与分布调查、外来入侵植物分布与成因调查与分析、地方文化习俗与物种和生态保护的关联性研究等。学生在实地观察、调查、分析、整理、交流、总结和讨论的基础上，撰写研究性专题报告并上交。

七、实习的考核与管理

实习考核包括实习表现、实习效果、实习总结报告三个方面。实习表现包括参与度、团队精神、环保意识、组织纪律性、公物完好率。实习效果包括标本采集制作质量、物种识别数量、设备与工具书熟练使用程度、调查方法应用的熟练程度等。实习总结报告包括研究性专题论文和实习报告两部分，实习报告内容可包括各学科知识总结、思想感悟、个人评价、对野外实习的思考和建议等。

野外实习考核应突出综合性、过程性考核，考核学生的各个方面，以及实习的整个过程与各个环节。不仅要考核学生的知识、技能，还应考核学生的态度、环保意识、合作精神、科学素养和情感价值观等。不仅要考核学生观察、调查和辨别的能力，还要考核学生收集、分析和综合数据资料的能力。强调动机、过程和效果的统一性，采用学生自评、同学互评、教师点评和考核相结合的方式，真正做到全面、客观和准确的评价学生的实习情况。

实习的精心组织和准备是有效实习的前提。实习中的有序管理是有效实习的保证。严明实习纪律，保障安全。每晚小组交流、学习、总结和汇报是有效实习的动力。

实习结束后如果管理到位能得圆满的实习效果。研究性论文和实习报告的写作、标本的后期制作和完善、实习工作总结、实习成果展示等都是野外实习的重要环节。